알기 쉬운
유체역학

다케이 마사히로 지음 | 황규대 옮김

동양북스

알기 쉬운
유체역학

초판 인쇄 | 2022년 2월 17일
초판 발행 | 2022년 3월 10일

지은이 | 다케이 마사히로
옮긴이 | 황규대
발행인 | 김태웅
책임편집 | 이중민
교정교열 | 김희성
조판 | 김현미
디자인 | nu:n
마케팅 | 나재승
제 작 | 현대순

발행처 | (주)동양북스
등 록 | 제 2014-000055호
주 소 | 서울시 마포구 동교로22길 14 (04030)
구입 문의 | 전화 (02)337-1737 팩스 (02)334-6624
내용 문의 | 전화 (02)337-1762 dybooks2@gmail.com

ISBN 979-11-5768-790-9 93550

▶ 잘못된 책은 구입처에서 교환해드립니다.
▶ 도서출판 동양북스에서는 소중한 원고, 새로운 기획을 기다리고 있습니다.
http://www.dongyangbooks.com

머리말

저는 10년 가까이 사립대학의 기계공학과에서 2학년이나 3학년을 대상으로 유체역학을 가르쳐왔습니다. 기계공학, 화학공학, 토목공학 등을 전공하는 이공계 학생에게는 유체역학이 필수과목인 경우가 많습니다. 대학에 따라서는 유동역학이나 수력학이라고도 합니다. 최근 몇 년 동안 유체역학 시험이 끝나면 항상 "시험을 잘 못 봐서 그런데 과제를 제출할 테니 학점 좀 주세요"라고 말하는 학생들이 있었습니다. 또 어떤 학생들은 여러 장의 답안지에 수식을 쓰면 학점을 잘 받을 수 있다고 생각하는 것 같았습니다. 저는 유체역학을 제대로 이해하지 못한 학생에게는 "과제를 내도 유체역학 학점은 줄 수 없다"라고 말해왔습니다.

현재, 입시가 다양화됨에 따라 학생의 기초학력 저하가 지적되고 있습니다. 그 문제를 해결하려면 기존의 교과서나 참고서와는 완전히 다른, 학생의 관점에서 이해하기 쉬운 새로운 교과서와 참고서가 반드시 필요하다고 생각합니다.

'유체역학을 이해하고 좋은 학점을 받으려면 어떻게 공부해야 할까요?' 이 책은 그런 소박한 질문에서 시작되었습니다. 그 대답이 『알기 쉬운 유체역학』의 기본 콘셉트가 된다고 생각했기 때문입니다. 즉, 이 책은 기존 전공교재나 참고서와는 다른 출판 목적이 있습니다. 기존의 전공교재나 참고서가 순수하게 유체역학이라는 학문적 진실을 기술하는 목적으로 만들어졌다면 저는 학생이 학점을 받기 위해 유체역학을 이해하고 공부하는 과정을 돕는 것은 수업에서 담당교수들이 해야 할 역할이라고 생각합니다. 따라서 이 책에서는 유체역학을 알기 쉽게 이해하는 과정을 중요시하여 학생이 학점을 잘 받는 데 도움이 되고자 합니다.

앞에서 말한 소박한 질문에 대한 답으로 '중요한 수식의 인식', '상세하고 친절한 설명', '직감적인 이해', '수식의 비주얼화'와 같은 4가지 기본 콘셉트를 도출하였습니다. 구체적으로는 다음과 같습니다.

① 도출되는 수식을 가급적 처음에 나타내고 그 다음에 설명을 기술하면서 중요한 식을 주황색 선으로 표시함으로써 중요한 수식이 어떤 것인지 일목요연하게 인식할 수 있도록 하였습니다.

② 문장 중 말풍선에 의한 설명을 많이 추가하고 계산식 참조나 대입을 생략하지 않았습니다. 또한, 전문용어와 그 기호를 반복해서 설명함으로써 친절하게 구성되도록 유의하였습니다. 그리고 표준 연습문제를 많이 게재하고 풀이도 친절하게 설명하였습니다.

③ 실제 생활을 비롯해 산업이나 사회에서 볼 수 있는 유체역학적 현상과 관련된 그림이나 일러스트를 제시하여 수식의 의미를 직감적으로 이해하도록 하였습니다.

④ 수식 전개를 가급적 그림으로 많이 나타내 수식을 비주얼화하였습니다.

이러한 4가지 기본 콘셉트를 적용함으로써 학생 입장을 고려한 새로운 유체역학 교재가 만들어졌다고 생각합니다. 고등학교 때 물리 과목이 어려웠던 학생이라도 이 책을 활용하여 유체역학의 학점을 60점이 아니라 100점까지 받을 수 있게 된다면 저자로서 매우 기쁠 것입니다.

이 책을 집필하면서 일본대학 이공학부 기계공학과 다케이(武居) 연구실의 사노 토시에 직원에게 많은 도움을 받았습니다. 또한, 고단샤(講談社) 사이언티픽의 와타나베 타쿠 씨, 요코야마 신고 씨에게는 이 책의 기획부터 편집까지 많은 도움을 받았습니다. 이에 지면으로나마 감사의 말씀을 전합니다.

저자 다케이 마사히로(武居昌宏)

옮긴이의 말

유체역학은 물 혹은 공기와 같이 액체나 기체 상태로 존재하는 유체를 대상으로 하여 물리적 현상의 특성을 분석하거나 유체가 보유한 에너지를 연구하는 학문이다. 이러한 유체역학은 기계, 자동차, 조선, 우주항공, 플랜트, 화학, 디지털 가전 등 다양한 산업 분야에 응용되고 있다. 최근에는 혈관 속 혈액의 흐름과 같은 생물학적 현상이나 실밥에 따른 야구공의 변화, 골프공의 딤플, 전신 수영복 등과 같은 스포츠 분야에 이르기까지 다양한 분야로 유체역학의 응용이 확대되고 있는 추세이다. 또한 컴퓨터 프로세서 성능의 발전으로 주목받고 있는 유동해석(Computational Fluid Dynamics) 분야에서도 지배 방정식들이 유체역학에 기반을 두고 있으므로 학습의 중요성은 매우 크다고 할 수 있다.

이 책에서는 유체역학을 배우기 전에 알아야 할 유체의 성질과 일상생활에서 접할 수 있는 유체 현상을 0장에서 언급하였고 1장에서 3장까지는 정지유체에서의 압력과 부력, 파스칼의 원리 등에 대해 다루었다. 4장에서 7장까지는 유동유체에서의 연속방정식, 오일러 방법, 베르누이 방정식, 운동량 방정식 등 유체역학의 주요 방정식에 대해 설명하였다. 또한 8장과 9장에서는 점성유체에서의 나비에-스토크스 운동방정식과 층류 유동에 대해 기술하였고 10장에서 12장까지는 난류 유동과 압력손실에 대해 설명하였다. 항공역학의 기초가 되는 항력과 양력의 기본 개념에 대해 13장에서 서술하였고 경계층과 박리 현상에 대한 설명은 14장에서 기술하였다.

이 책의 원서인『학점을 올릴 수 있는 유체역학 노트(単位が取れる流体力学ノート)』는 2011년에 초판이 발행된 이래 유체역학 교재와 참고서로서 인기리에 꾸준히 판매되고 있다. 이것은 저자가 유체역학을 처음 배우는 학생의 관점에서 일상생활에서의 유체역학 응용 사례 등을 직관적으로 알기 쉽게 설명함으로써 수학이나 물리 같은 전공 기초가 부족한 학생들도 흥미를 가지고 학습할 수 있도록 구성한 결과라고 할 수 있다.

원서를 우리말로 번역하면서 가타카나와 한자 용어는 국내에서 출판되는 유체역학 관련 서적을 참고하였고 일본식 표현 문장은 우리말 정서에 맞게 순화하여 의역하였다. 유체역학에 대한 원저자의 교육 철학과 집필 의도를 충분히 반영하고자 노력하였으나 부족한 점은 향후 개정판을 통해 보완해 나갈 생각이다. 아무쪼록 이 책을 통해 유체역학에 흥미를 느끼고 학습하여 향후 산업 현장에서 응용하는 데 도움이 되었으면 하는 바람이다.

끝으로 수요가 많지 않은 전문 교재임에도 불구하고 흔쾌히 출판을 허락해주신 동양북스의 김태웅 대표님과 나재승 상무님, 이중민 차장님 그리고 편집부 여러분께 깊은 감사의 말씀을 전한다.

황규대 드림

목 차

제 7 장 운동량 방정식

제 8 장 점성과 원관 내 층류

제 9 장 점성유체의 운동방정식과 에너지 방정식

제 10 장 상사법칙과 난류의 기본 성질

제 11 장 원관 내의 난류

제 12 장 불균일 유동에서의 압력손실

제 13 장 항력과 양력

제 0 장

유체역학을 배우기 전에

유체역학은 유체의 성질이나 운동, 유체 속 물체의 운동 등을 연구하는 학문이다. 더 구체적으로 유체역학 세계를 살펴보자. 다음과 같은 질문에 대한 답은 전부 유체역학에서 얻을 수 있다.

- 왜 타워에 빨리 올라가면 귀가 아플까?
- 왜 자유낙하 상태에서는 컵 안의 주스를 마실 수 없을까?
- 왜 로켓은 상승할까?
- 왜 셰이크는 마시기 어려울까?
- 왜 비행기는 하늘을 날 수 있을까?
- 왜 골프공 표면은 울퉁불퉁할까?

이러한 '왜'라는 질문에 대해서는 앞으로 강의를 통해 설명하기로 하자. 유체역학은 교통기관이나 펌프, 스포츠 분야에서만 응용되는 것이 아니다. 인류의 생명이나 생존과 관련된 문제 및 지구환경 문제와도 밀접하게 관련되어 있다. 예를 들어 인공심장 내 혈액의 흐름, 지구온난화에 따른 기류나 해류의 변화에 의해 미래의 지구가 어떻게 되는가 등도 유체역학에서 다루는 문제라고 할 수 있다.

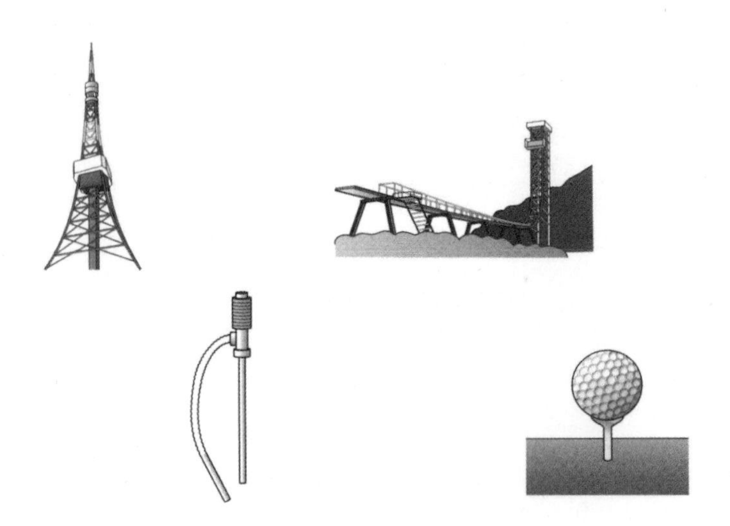

|그림 0-1| 유체역학에서의 '왜'라는 질문

이 책은 유체역학을 처음 배우는 사람을 대상으로 다음과 같이 구성하였다. 1~3장은 정지유체에서의 역학, 4~7장은 운동하는 이상유체에서의 역학, 8~9장은 점성유체와 층류에서의 역학, 10~12장은 난류에서의 역학, 13~14장은 항력 및 양력과 같이 구분하여 공학계열인 기계공학과, 화학공학과, 토목공학과 등에서 배우는 유체역학, 수력학, 유동역학의 일반적인 강의 내용에 맞게 만들어졌다. 각 장에서의 강의는 매번 다른 강의 번호를 많이 참조하므로 필요한 강의부터 읽기 시작해도 무리 없이 이해할 수 있을 것이다. 그러면 본격적으로 유체역학 강의를 시작해보자.

제 1 장

정지유체에서의 압력

1-1 유체와 고체

1-2 압력과 힘

1-3 밀도와 비중

1-4 높이와 압력의 관계

1-5 절대압력과 게이지압력

1-6 파스칼의 원리

1-7 압력 측정

유체역학은 역학의 한 종류이며 가장 기본이 되는 힘은 압력이다. 이번 강의에서는 압력이란 무엇인가, 높이와 압력의 관계, 한 점에 작용하는 압력은 모든 방향에서 같다는 '파스칼의 원리'와 압력 측정 방법에 대해 학습한다.

1-1 유체와 고체

지구는 물과 공기로 이루어진 행성이며, 이러한 물과 공기가 대표적인 유체라고 할 수 있다. 유체와 상반되는 의미의 단어가 고체다. 이 고체와 유체는 온도에 따라 형태가 달라진다. 얼음이라는 고체에 열을 가하면 잠시 후 물이라는 액체가 된다. 이 상태에서 더 가열하여 100°C가 되면 수증기라는 기체가 된다. 기체인 수증기와 액체인 물을 통틀어 유체라고 한다.

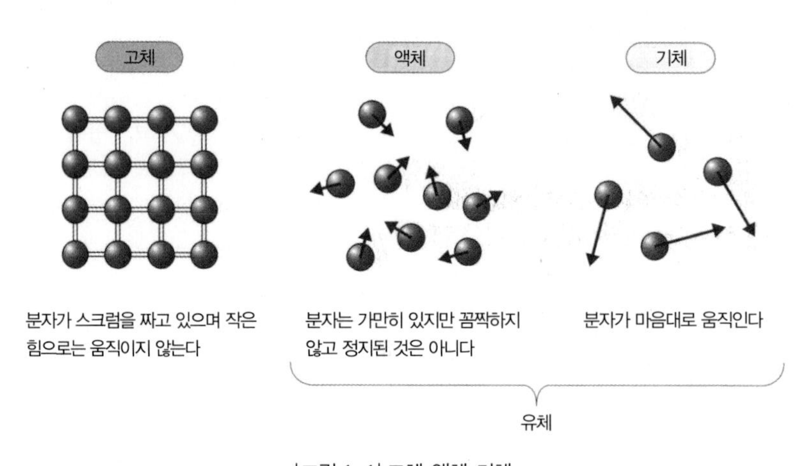

|그림 1-1| 고체, 액체, 기체

그림 1-1과 같이 수증기는 분자 수준에서 봤을 때 매우 제멋대로 움직인다. 물은 조금 안정된 상태이지만 가만히 정지된 것은 아니다. 즉, 유체는 움직이면서 '흐른다'고 할 수 있다. 고체 속 분자는 단단히 스크럼을 짜고 있으며 작은 힘으로는 움직이지 않는다.

1-2 압력과 힘

압력솥은 밀봉한 용기에 열을 가해 압력을 대기압(1기압)보다 높임으로써 물의 끓는점을 높일 수 있다. 이 압력솥의 압력은 무엇을 말하는 것일까? 압력솥 내부를 볼 수 없으므로 상상해보자. 그림 1–2(b)에 나타낸 것처럼 압력솥 내부에 있는 유체(기체와 액체)의 분자는 운동하며 압력솥의 내벽과 충돌한다. 내벽에는 충돌할 때마다 바깥쪽 방향으로 미는 힘이 작용한다.

이때 단위면적당 수직방향으로 작용하는 **힘**force을 **압력**pressure이라고 한다. 예를 들어 그림 1–3과 같이 면적 $A[\mathrm{m}^2]$에 힘 $F[\mathrm{N}]$가 가해졌을 때 압력 p는 다음과 같이 정의된다.

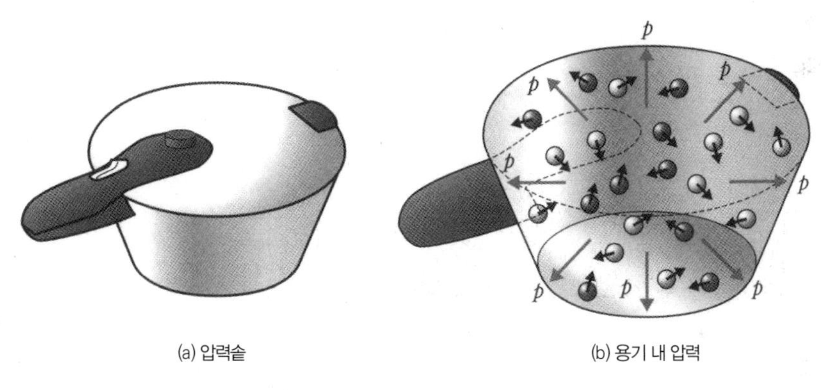

|그림 1–2| 압력솥과 용기 내 압력

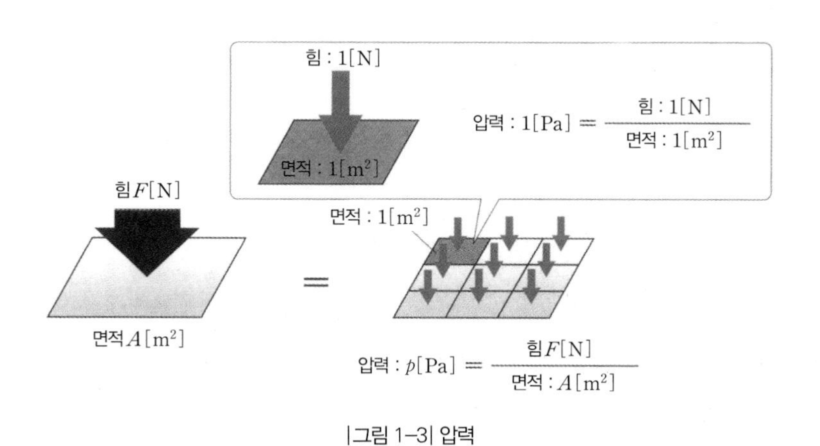

|그림 1–3| 압력

$$p = \frac{F}{A} \tag{1.1}$$

여기서, 힘의 단위는 [N](뉴턴)이고, 압력의 단위는 [Pa](파스칼)이며 면적 1[m^2]에 힘 1[N](질량이 약 102[g]인 물체에 작용하는 중력)이 작용했을 때의 압력이 1[Pa]이다. 식 (1.1)의 정의에서 압력의 단위 [Pa]은 [N/m^2](Newton per square meter)라고 쓸 수 있다. 압력에 면적을 곱한 것을 **전압력**total pressure P라고 하며, 전압력은 힘과 같은 물리량으로 단위는 [N]이다. 이 책에서는 압력을 소문자 p, 전압력을 대문자 P로 나타낸다.

여기서 '힘'과 '압력'을 확실히 구별해보자. 힘 F에 대한 정의식에서 질량을 m, 가속도를 a라고 하면 다음과 같다.

$$F = m \times a \tag{1.2}$$

1[N]의 힘이란, **질량**mass 1[kg]인 물체에 1[m/s^2]의 **가속도**acceleration를 발생시키는 힘이다. 또한, 힘이나 가속도와 같이 크기와 방향을 가진 물리량을 **벡터양**vector volume이라고 한다. 이에 반해 면적이나 질량과 같이 크기만 가지는 물리량을 **스칼라양**scalar volume이라고 한다. 식 (1.2)에서 알 수 있듯이 벡터양은 $\boldsymbol{x}$, $\boldsymbol{v}$, $\boldsymbol{a}$ 등과 같이 굵은 글씨로 나타내고, 스칼라양은 t, m과 같이 가는 글씨로 나타낸다.

유체는 고체와 달리 형태가 명확하지 않으므로 작용하는 힘을 '단위체적당 힘' 또는 '단위면적당 힘'으로 생각한다. 여기서 '단위면적당 작용하는 힘'에 대해 조금 더 상세히 살펴보자. 그림 1-4와 같이 바닥에 놓인 밑면적 A의 직육면체를 힘 F로 윗면 또는 측면에서 민다고 생각해보자. 이때,

$$\sigma = \frac{F}{A}, \quad \tau = \frac{F}{A} \tag{1.3}$$

와 같이 단위면적당 작용하는 힘을 **응력**stress이라고 하며 단위는 [Pa]이다. 그림 1-4(a)와 같이 바닥에 수직인 방향으로 작용하는 응력을 **수직응력**normal stress σ(시그마)라고 한다. 압력은 이러한 수직응력의 한 종류이다. 한편, 그림 1-4(b)와 같이 바닥과 평행한 방향으로 작용하는 응력을 **전단응력**shear stress τ(타우)라고 한다. 점성응력(8장 참조)은 전단응력의 한 종류이다.

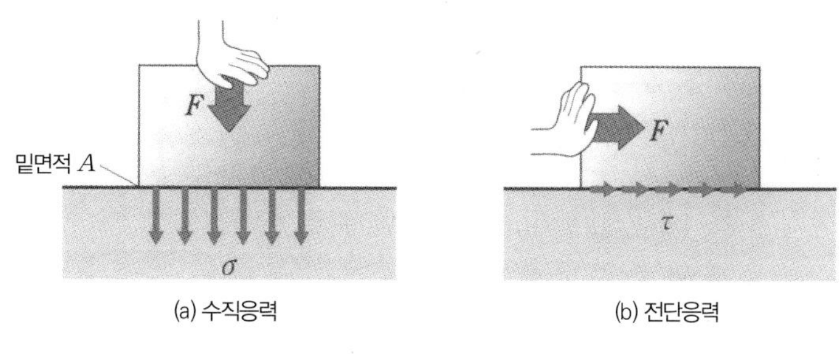

|그림 1-4| 수직응력과 전단응력

1-3 밀도와 비중

물과 기름은 밀도가 다르므로 라면의 기름은 국물 위에 뜬다(그림 1-5). **밀도**density란 단위 체적당(1[m^3]당) 질량을 말한다.

그림 1-6과 같이 폭, 높이, 깊이가 각각 1[m]인 수조에 물을 넣으면 물의 질량은 1000[kg] (물의 질량은 온도에 따라 약간 변화된다), 즉 1[t](톤)이 된다. 따라서 물의 밀도, 즉 1[m^3] 당 질량은 1000[kg/m^3](참고로 식용유의 밀도는 물보다 낮은 890[kg/m^3])다.

|그림 1-5| 라면의 기름은 국물 위에 뜬다

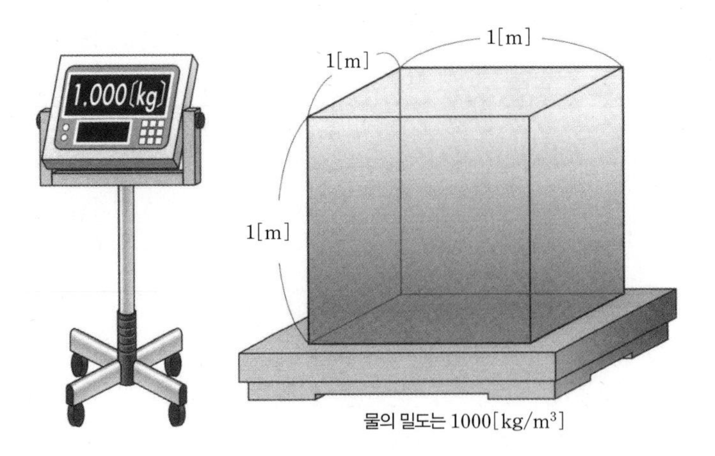

|그림 1-6| 1[m³]의 수조 안에 있는 물의 질량은 1000[kg]

일반적으로 밀도는 그리스 문자 ρ(로)를 써서 나타낸다. 질량 m[kg], 체적 V[m³]의 유체 밀도 ρ는 다음과 같으며 단위는 [kg/m³]다.

$$\rho = \frac{m}{V} \tag{1.4}$$

밀도는 물질에 따라 다른 값을 가지며 같은 물질이라도 온도나 압력에 따라 변화한다. 예를 들면 표준상태(압력: 1[atm](기압)=1.013×10^5[Pa], 온도: 0℃)에서 공기의 밀도는 1.293[kg/m³]이고, 공기에도 질량이 있다. 물의 밀도는 4℃에서 최댓값을 가지며 온도가 상승하면 밀도는 감소한다.

어떤 것을 기준으로 삼아 비교하면 물리량의 크기를 쉽게 가늠할 수도 있다. 4℃에서 물의 밀도 ρ_w=1000[kg/m³]를 기준으로 하여 어떤 유체의 밀도 ρ[kg/m³]와 비교한 것을 **비중** specific density s라고 하며 그것은 다음과 같이 나타낼 수 있다.

$$s = \frac{\rho}{\rho_\omega} \tag{1.5}$$

반대로 어떤 유체의 비중 s를 안다면 밀도 ρ는 $\rho=1000s$로 구할 수 있다. 여기서 밀도에는 단위[kg/m³]가 있지만 비중에는 단위가 없다는 데 주의해야 한다.

1-4 높이와 압력의 관계

높이가 높은 타워에서 엘리베이터를 타고 단시간에 높이 200[m]의 전망대까지 올라갈 경우 대부분 귀가 아파진다. 왜 이런 현상이 일어나는지 생각해보자. 상층부로 올라가면 지상으로부터 표고가 증가해 압력이 낮아진다. 그 이유는 그림 1-7과 같이 공기를 가상의 원기둥이라고 생각하면 이해하기 쉽다. 지상에서는 상공까지 매우 긴 가상의 공기 원기둥의 중력을 받지만, 표고가 높아지면 중력을 받는 가상의 공기 원기둥이 짧아진다. 즉, 표고가 높아지면 받는 압력이 작아진다. 상층부로 갑자기 올라가면 귀의 고막 안쪽의 압력 p_{in}은 지상의 압력과 맞춰져 있는데, 고막 바깥쪽의 압력 p_{out}은 감소하여 고막이 귀 바깥쪽으로 밀리게 되어 귀가 아파지는 것이다.

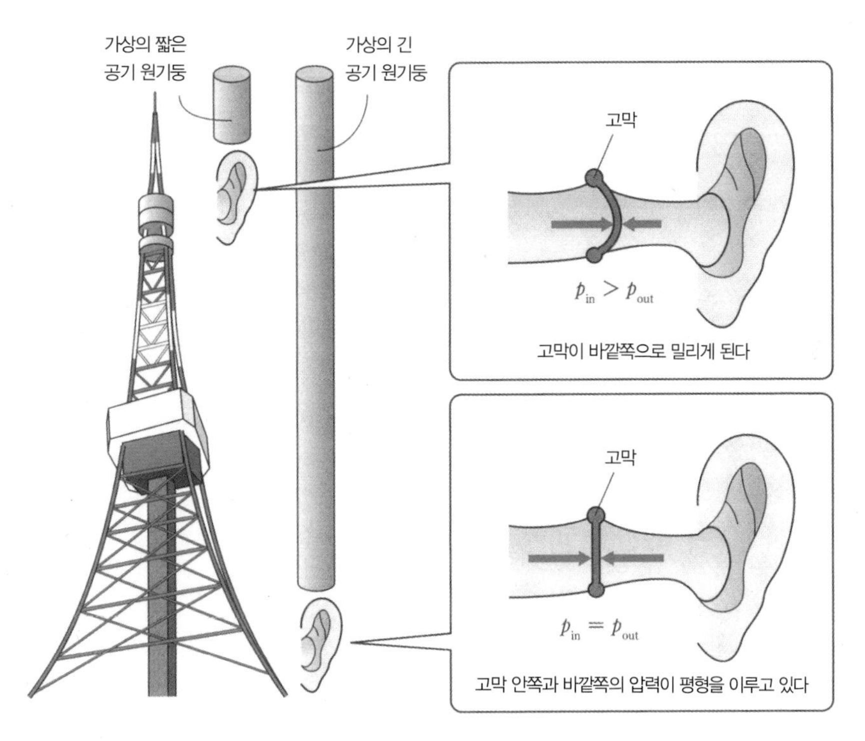

|그림 1-7| 타워에 올라가면 귀가 아파지는 이유

다음에는 지상에서의 높이와 압력의 관계를 구해보자. 그림 1-8과 같이 밀도 ρ의 정지한 유체 속에 밑면적 $\mathrm{d}A$, 높이 $\mathrm{d}z$의 미소('미소'란 수학에서 매우 작은 변화를 의미한다) 원기둥이 있다고 상상해보자.

z축은 연직 상향을 플러스(+)로 한다. 미소 원기둥의 밑면에서 압력을 p라고 하면 윗면 압력의 크기는 $p+(\mathrm{d}p/\mathrm{d}z)\mathrm{d}z$로 나타낼 수 있다. 여기서 윗면의 압력이 이와 같은 이유는 그림 1-8(b)에 나와 있다. 즉, 직선의 기울기에 거리를 곱하면 윗면과 아랫면의 압력차를 구할 수 있기 때문이다. 그림 1-8(a)와 같이 이 원기둥의 체적은 $\mathrm{d}z\mathrm{d}A$, 질량은 $\rho\mathrm{d}z\mathrm{d}A$이므로 중량은 $\rho g\mathrm{d}z\mathrm{d}A$가 된다는 데 주의하기 바란다.

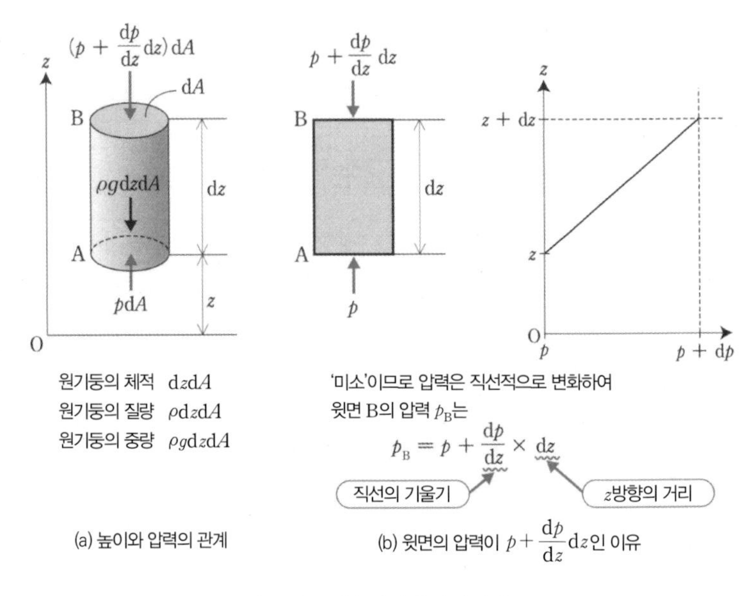

|그림 1-8| 높이와 압력의 관계

미소 원기둥 연직 방향으로 힘의 평형식을 살펴보자. 미소 원기둥에 작용하는 모든 힘을 플러스(+)와 마이너스(−) 방향을 고려해 좌변에 쓰고, 평형을 이룬다는 점에서 우변을 0으로 하면 다음과 같이 된다.

$$p\mathrm{d}A-\left(p+\frac{\mathrm{d}p}{\mathrm{d}z}\mathrm{d}z\right)\mathrm{d}A-\rho g\mathrm{d}z\mathrm{d}A=0 \tag{1.6}$$

이것을 정리하면 다음과 같다.

$$\mathrm{d}p=-\rho g\mathrm{d}z \tag{1.7}$$

식 (1.7)에서 dz가 플러스(+)면 dp는 마이너스(−)이므로 압력은 위쪽으로 갈수록 감소한다는 것을 알 수 있다. 밀도 ρ가 높이 z와 관계없다고 하면 ρ는 적분기호의 바깥쪽으로 낼 수 있고, 식 (1.7)의 좌변을 p_1에서 p_2까지, 우변을 z_1에서 z_2까지 적분하면 다음과 같이 된다.

$$\int_{p_1}^{p_2} \mathrm{d}p = -\rho g \int_{z_1}^{z_2} \mathrm{d}z$$

$$p_2 - p_1 = -\rho g (z_2 - z_1) \tag{1.8}$$

여기서, 지상의 압력 p_1과 높이 z_1을 기준으로 압력차 p_2-p_1을 Δp, 높이차 z_2-z_1을 h라고 하면 식 (1.8)은 다음과 같이 정리할 수 있다.

$$\Delta p = -\rho g h \tag{1.9}$$

여기서, 주의할 점은 $p_1 > p_2$이므로 Δp는 마이너스(−)가 되고, 압력은 위쪽으로 갈수록 '감소'한다는 것을 의미한다. 이 h를 **압력 헤드** 또는 **압력 수두**pressure head라고 하며, 압력차 Δp는 길이의 단위를 가진 압력 수두 h로 나타낼 수 있다.

여기서 힘의 평형식을 만드는 방법도 복습해두자. 다음 순서로 평형식을 만든다.

1. 그림 1-8(a)와 같이 모든 힘을 그림에 화살표로 그린다.

$$F_1 = p\mathrm{d}A$$
$$F_2 = \rho g \mathrm{d}z \mathrm{d}A$$
$$F_3 = \left(p + \frac{\mathrm{d}p}{\mathrm{d}z}\mathrm{d}z\right)\mathrm{d}A$$

2. 플러스(+) 방향을 결정한다.
3. 플러스(+)와 마이너스(−) 방향을 고려하여 힘을 모두 좌변에 쓴다.

$$+F_1 - F_2 - F_3$$

4. 물체가 정지하고 힘이 평형을 이룰 때는 우변을 0으로 한다. 즉, $\Sigma F = 0$에서 평형식은 다음과 같이 된다.

$$+F_1 - F_2 - F_3 = 0$$

한편, 질량이 m인 물체가 가속도 a로 운동하면 우변은 ma가 되어 다음과 같이 된다.

$$\Sigma F = ma$$

1-5 절대압력과 게이지압력

압력을 나타내는 방법에는 진공압력을 기준으로 하는 **절대압력**absolute pressure과 대기압을 기준으로 하는 **게이지압력**gauge pressure의 두 가지가 있다. 절대압력은 진공압력 0[Pa]을 기준으로 한 압력이다. 예를 들면, 수은주 760[mm]에 상당하는 표준대기압(국제 표준이 되는 대기압)은 절대압력으로 나타내면 101.3[kPa]이다. 대기압은 기상조건에 따라 변화하므로 대기압을 0[Pa]로 하여 압력을 측정하는 것이 좋을 때가 많다. 게이지압력은 대기압을 기준으로 하는 압력이다. **대기압**atmospheric pressure은 지구 표면상의 공기 중력을 단위면적당 힘으로 나타낸 것이며, 그림 1-9와 같이 시험관에 수은을 가득 채워 거꾸로 세우면 수은주가 760[mm]의 높이에서 정지한다. 즉, 표준대기압 1.0[atm]=101.3[kPa]=760[mmHg]=760[Torr](토르)와 같은 관계가 있으며 [mmHg]와 [Torr]는 같은 의미다.

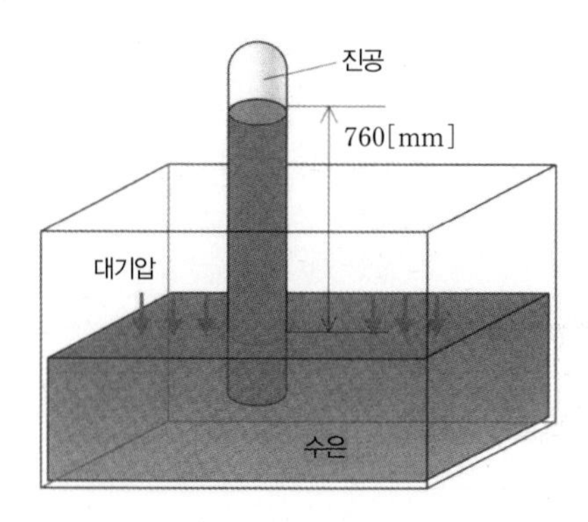

|그림 1-9| 표준대기압

[연습문제 1-1]

다음 그림과 같은 수조에 비중 1.0의 물이 들어 있다. 수면을 기준으로 깊이 h=35[m]에서 절대압력과 게이지압력을 각각 [Pa], [atm] 및 [mmHg] 단위로 구하여라. 단위 환산은 부록을 참조한다.

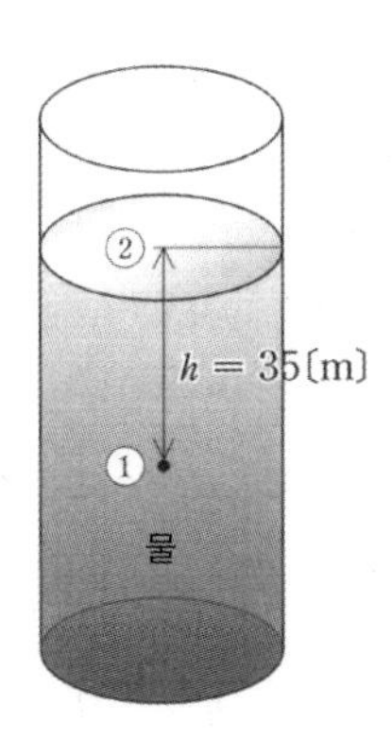

[풀이]

우선 절대압력을 구한다. 수면 ②의 압력 p_2는 대기압 101.3×10^3[Pa]과 같으므로 구하는 압력 p_1은 식 (1.8)에서 다음과 같이 된다.

$$p_1=\rho gh+p_2=1000\times9.81\times35+101.3\times10^3$$
$$=4.4\times10^5[\mathrm{Pa}]=4.4[\mathrm{atm}]=3.3\times10^3[\mathrm{mmHg}]\ \cdots\ (\text{답})$$

다음으로 게이지압력을 구한다. 수면 ②의 압력 p_2(대기압)는 $p_2=0$이라고 할 수 있으므로 식 (1.9)에서 다음과 같이 된다.

$$p_1=\rho gh=1000\times9.81\times35$$
$$=3.4\times10^5[\mathrm{Pa}]=3.4[\mathrm{atm}]=2.6\times10^3[\mathrm{mmHg}]\ \cdots\ (\text{답})$$

[연습문제 1-2]

깊이 $h=10.68$[km]인 해저에서 압력 p_1은 해수면의 압력 p_2보다 얼마만큼 클까? 단, 해수의 평균비중은 $s=1.05$라고 한다.

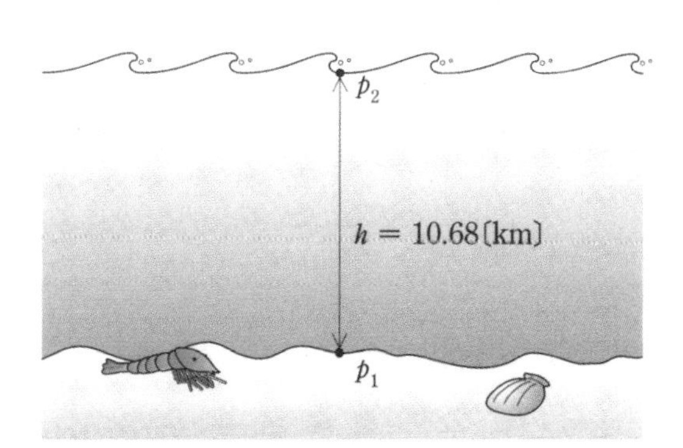

[풀이]

해수의 밀도를 ρ라고 하면 식 (1.5)에 의해 다음과 같이 된다.

$$\rho = s\rho_w = 1.05 \times 1000 = 1050[\mathrm{kg/m^3}]$$

해수면의 압력을 기준으로 하므로 $p_1 - p_2 = \Delta p$라고 하면 식 (1.9)에 의해 다음과 같이 된다.

$$\Delta p = \rho g h = 1050 \times 9.81 \times 10680$$
$$= 1.10 \times 10^8[\mathrm{Pa}] = 110[\mathrm{MPa}]$$ ··· (답)

압력 단위는 특별한 언급이 없을 경우 [Pa]을 사용한다.

[연습문제 1-3]

비중이 0.80인 기름을 깊이 $h_w = 2.10[\mathrm{m}]$의 물이 있는 탱크 내에 주입하면 물 위에 깊이 $h_{oil} = 0.90[\mathrm{m}]$의 기름층이 형성된다. 탱크의 바닥을 ①, 기름과 물의 경계면을 ②, 기름 표면을 ③이라고 한다. 탱크 바닥 ①의 압력 p_1을 게이지압력과 절대압력으로 구하여라.

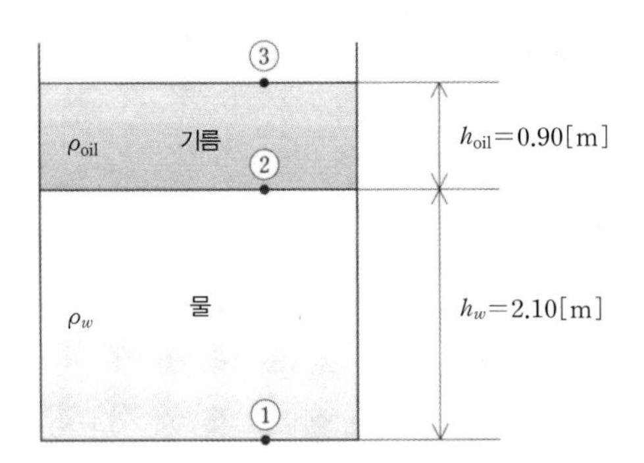

[풀이]

우선 기름과 물의 경계면에서의 게이지압력 p_2를 구한다. 기름 표면에서의 게이지압력은 $p_3 = 0$이고, 기름의 밀도 $\rho_{oil} = 1000 \times 0.80 = 800[\mathrm{kg/m^3}]$이므로 식 (1.5)에서 게이지압력 p_2는 다음과 같다.

$$p_2 = \rho_{oil} g h_{oil} = 800 \times 9.81 \times 0.90 = 7.06 \times 10^3[\mathrm{Pa}]$$ (게이지압력)

다음에 기름과 물의 경계면 ②를 기준으로, 물의 영향만 받는 위치 ①의 압력 p_w는 다음과 같이 된다.

$$p_w = \rho_w g h_w = 1000 \times 9.81 \times 2.10 = 2.06 \times 10^4[\mathrm{Pa}]$$

따라서, 탱크 바닥 ①의 게이지압력 p_1은 다음과 같다.

$$p_1 = p_2 + p_w = 27.7 \times 10^3[\mathrm{Pa}]$$ (게이지압력) ··· (답)

또한, 절대압력은 다음과 같이 된다.

$$p_1 = 27.7\times10^3 + 101.3\times10^3 = 1.29\times10^5[\mathrm{Pa}] \text{ (절대압력)} \cdots \text{(답)}$$

[연습문제 1–4]

다음 그림과 같이 해수면으로부터 깊이 z인 곳에 있는 갱도와 바닷속에서 작업하는 사람에게 작용하는 압력을 생각해보자. 상온에서 해수면의 공기 밀도를 $\rho_a = 1.22[\mathrm{kg/m^3}]$, 해수 밀도를 $\rho_w = 1027[\mathrm{kg/m^3}]$라고 한다. 이때 공기와 해수의 깊이 z에 대한 압력 p의 변화율 $\mathrm{d}p/\mathrm{d}z$를 비교해본다. 이때 연직 상향을 z축의 플러스(+)로 한다. 또한, 깊이 $-14.0[\mathrm{m}]$에서 작업할 때 작업하는 사람에게 작용하는 공기와 해수의 압력을 게이지압력으로 구하여라.

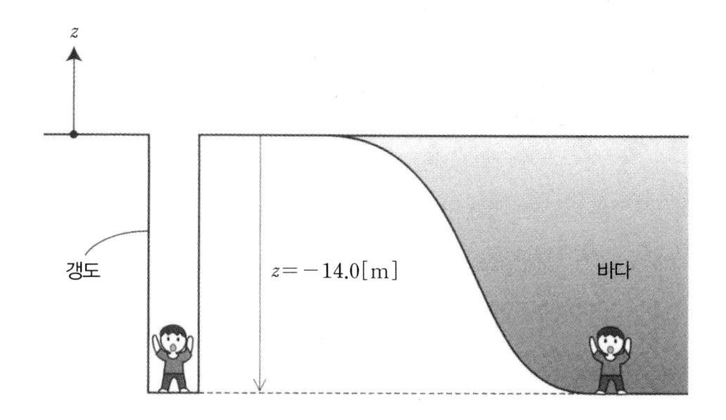

[풀이]

공기의 단위 깊이당 압력 γ_a는 다음과 같다.

$$\gamma_a = \rho_a g = 1.22\times9.81 = 11.97[\mathrm{kg/m^2{\cdot}s^2}] = 11.97[\mathrm{N/m^3}]$$

또한, 해수의 단위 깊이당 압력 γ_w는 다음과 같다.

$$\gamma_w = \rho_w g = 1027\times9.81 = 10075[\mathrm{N/m^3}]$$

여기서 높이 z에 대한 압력의 변화율은 식 (1.8)에서 $z_2 - z_1 = \Delta z$라고 하면 다음과 같다.

$$\frac{\Delta p}{\Delta z} = \frac{\mathrm{d}p}{\mathrm{d}z} = -\rho g = -\gamma$$

그러므로 다음과 같은 답이 산출된다.

$$\left.\begin{aligned}\frac{\mathrm{d}p_a}{\mathrm{d}z} &= -11.97\\ \frac{\mathrm{d}p_\omega}{\mathrm{d}z} &= -10075\end{aligned}\right\} \cdots \text{(답)}$$

그리고 깊이가 $z=-14.0$[m]인 위치에서 공기의 게이지압력 p_a, 해수의 게이지압력 p_w는 각각 다음과 같이 된다.

$$\left.\begin{aligned} p_a &= (-11.97)\times(-14.0) = 1.67\times10^2\,[\mathrm{Pa}] \\ p_w &= (-10075)\times(-14.0) = 1.41\times10^5\,[\mathrm{Pa}] \end{aligned}\right\} \cdots \text{(답)}$$

1-6 파스칼의 원리

그림 1-10과 같이 자동차에 체인을 장착할 때 한 손으로도 차를 들어올릴 수 있는 유압잭이라는 것이 있는데, 이것은 **파스칼의 원리**Pascal's principle를 응용한 것이다. 파스칼의 원리는 '정지 상태 유체 속의 한 점에 작용하는 압력 크기는 모든 방향에서 같다'라고 하고 간단히 말하면 '만원 전철 속에서는 자기가 움직이지 않아도 주위에 의해 떠밀린다'와 같은 느낌이다.

그림 1-11과 같이 U자형 관에 유체를 넣고 우측 관의 단면적은 좌측의 10배라고 하자. 좌측 관의 피스톤에 크기 10[N]의 힘을 가하면 유체 표면에 압력 p가 작용한다. 파스칼의 원리에 따라 압력은 유체 전체에 균등하게 걸리므로 우측 관의 피스톤에도 압력 p가 가해진다. 단, 우측 관의 단면적은 10배이므로 피스톤이 받는 힘(압력×면적)도 10배이기 때문에 100[N]이 된다. 즉, 좌측 피스톤에 가해진 힘을 10배로 증폭시킨 것이 된다.

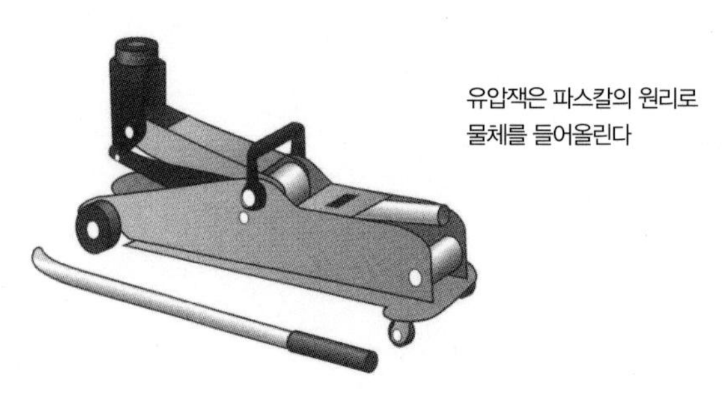

|그림 1-10| 유압잭으로 어떻게 무거운 물체를 들어올릴 수 있을까?

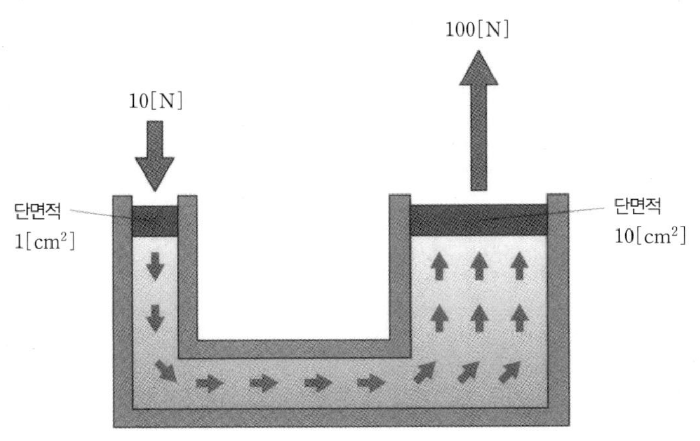

|그림 1-11| 파스칼의 원리 응용

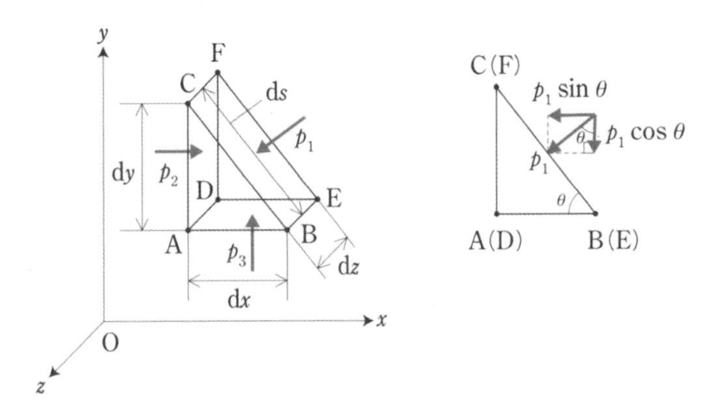

|그림 1-12| 파스칼의 원리 증명

그러면 다음에는 이 파스칼의 원리를 힘의 평형식으로 증명해보자. 그림 1-12와 같이 유체 속에 x, y, z축 좌표를 정하고 변 AB의 길이가 $\mathrm{d}x$, 변 AC의 길이가 $\mathrm{d}y$, 변 BC의 길이가 $\mathrm{d}s$, z축 방향 두께가 $\mathrm{d}z$인 직각삼각기둥을 생각하고, 그 삼각기둥 자체의 중량은 무시한다. 이 삼각기둥은 $\mathrm{d}x$, $\mathrm{d}y$, $\mathrm{d}z$를 0에 근접시키면 체적도 0에 근접하며 유체 속 한 개의 질점이 된다. 직각삼각기둥의 변 BCFE, 면 ACFD, 면 ABED에 걸리는 압력을 각각 p_1, p_2, p_3라고 하면, 면 BCFE에 걸리는 전압력은 다음 식과 같이 압력 p_1에 면적 $\mathrm{d}s\mathrm{d}z$를 곱하여 구할 수 있다.

$$(\text{면 BCFE의 전압력}) = p_1 \mathrm{d}s\mathrm{d}z \tag{1.10}$$

변 BC가 x축 방향과 이루는 각을 θ라고 하면 식 (1.10)의 전압력의 x 방향 성분은 $p_1 \mathrm{d}s\mathrm{d}z \sin\theta$, y 방향 성분은 $p_1 \mathrm{d}s\mathrm{d}z \cos\theta$이다. 그리고 유체는 정지해 있으므로 x와 y 방향에서 힘의 합은 각각 0이며 다음 식과 같이 성립된다.

$$p_2 \mathrm{d}y\mathrm{d}z - p_1 \mathrm{d}s\mathrm{d}z \sin\theta = 0 \tag{1.11}$$

$$p_3 \mathrm{d}x\mathrm{d}z - p_1 \mathrm{d}s\mathrm{d}z \cos\theta = 0 \tag{1.12}$$

또한, 면 ABC는 직각삼각형이므로 $\mathrm{d}x = \mathrm{d}s \cos\theta$, $\mathrm{d}y = \mathrm{d}s \sin\theta$이고 식 (1.11)과 식 (1.12)는 다음과 같이 된다.

$$p_2 - p_1 = 0, \quad p_3 - p_1 = 0 \tag{1.13}$$

결국 식 (1.13)은 다음 식과 같이 된다.

$$p_1 = p_2 = p_3 \tag{1.14}$$

x, y, z축은 임의의 방향으로 잡아도 되므로 식 (1.14)의 세 방향의 압력 p_1, p_2, p_3이 같다는 것은 유체 속 한 점에서 작용하는 압력이 모든 방향에서 같다는 의미가 된다.

[연습문제 1-5]

다음 그림과 같이 원통 2개의 피스톤으로 이루어진 유압잭이 있다. 이 유압잭에 $F=100$[N]의 힘을 가했을 때 이 유압잭이 버틸 수 있는 부하 F_2를 구하여라.

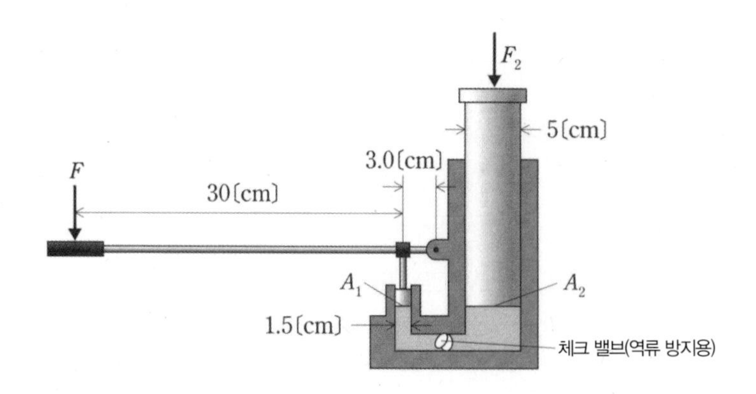

[풀이]

유압잭 좌측에 있는 작은 피스톤에 걸리는 힘 F_1은 1차 모멘트의 계산에서 다음과 같다.

$$F_1 = \frac{0.33 \times 100}{0.03} = 1100[\mathrm{N}]$$

작은 피스톤 내의 압력을 p_1, 면적을 A_1, 작은 피스톤의 지름을 D_1이라고 하면 다음과 같다.

$$p_1 = \frac{F_1}{A_1} = \frac{F_1}{\pi D_1^2/4} = 6.23 \times 10^6[\mathrm{Pa}]$$

파스칼의 원리에서 작은 피스톤 내의 액체 압력이 큰 피스톤으로 유도되므로 큰 피스톤의 면적을 A_2, 지름을 D_2라고 하면 부하 F_2는 다음과 같이 된다.

$$F_2 = p_1 A_2 = p_1 \frac{\pi D_2^2}{4}$$
$$= 6.23 \times 10^6 \times \frac{3.14 \times 0.05^2}{4} = 12.2[\mathrm{kN}] \cdots (답)$$

1-7 압력 측정

그림 1-13과 같이 주스가 담긴 종이팩을 손으로 가볍게 누르면 주스가 빨대 안에서 상승한다. 더 강하게 누르면, 종이팩 안의 압력이 높아져 주스는 더 올라간다. 반대로 생각하면 이것은 빨대 내부 액면의 높이를 측정하면 용기 내부 압력을 알 수 있다는 의미다. 이 원리를 응용하여 정지 상태 액체의 모세관 내 높이를 측정함으로써 유체의 압력을 구하는 압력계를 **액주계** 또는 **마노미터**manometer라고 한다.

그림 1-14와 같이 압력이 p_A, 밀도가 ρ_1인 유체가 있는 용기에 밀도가 ρ_2인 액체가 있는 U자관을 연결하고, U자관의 다른 한쪽 끝은 대기압 p_0로 개방한다. $p_A > p_0$이므로 용기 내의 유체는 U자관 내의 유체를 밑으로 눌러 내려 용기 내 액체의 높이 h_1, U자관 내 유체의 높이 h_2의 위치에 각 유체가 평형을 이루면서 정지했다고 하자. 이 상태에서 용기 내 점 A의 압력 p_A를, 측정한 액체의 높이 h_1, h_2와 주어진 밀도 ρ_1, ρ_2를 이용하여 구하여라. 여기서 주목해야 할 부분은 점 B와 점 C이다. 점 B에서의 압력을 생각하면 용기 내 점 A의 압력 p_A, 높이 h_1,

밀도 ρ_1의 유체 압력 $\rho_1 g h_1$이 아래를 향해 걸리고, 위를 향한 압력 p_B가 작용하면서 유체가 정지한다.

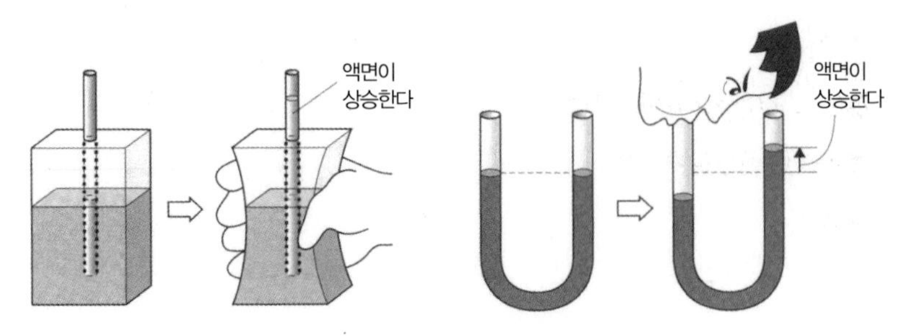

|그림 1-13| 종이팩의 빨대와 마노미터

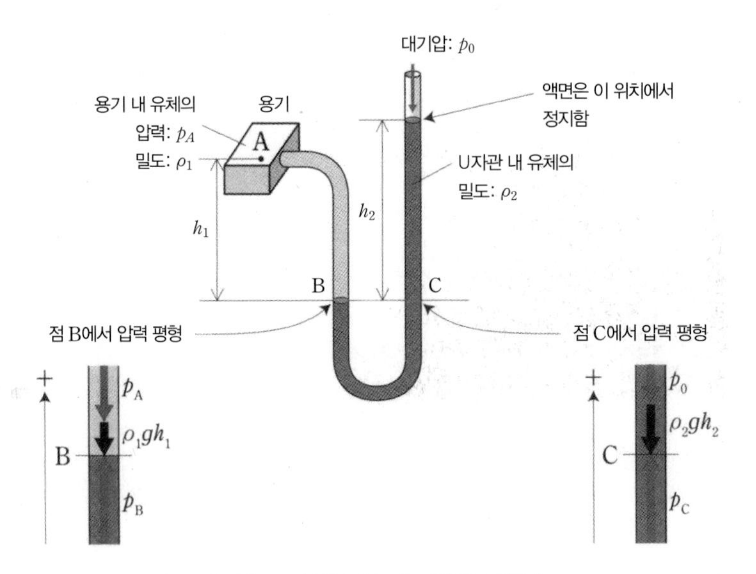

|그림 1-14| 액주의 높이로 압력을 구한다

연직 상향을 플러스(+)로 하면 점 B에서 힘의 평형식(엄밀하게 말하면 단위면적당 힘의 평형식이다)은 다음과 같다.

$$p_B - \rho_1 g h_1 - p_A = 0$$

$$p_B = \rho_1 g h_1 + p_A \tag{1.15}$$

그리고 점 C에서는 대기압 p_0, 높이 h_2, 밀도 ρ_2의 액체 압력 $\rho_2 g h_2$가 아래쪽으로 작용하고 있다. 이 점 C에서도 유체가 정지해 있으므로 위를 향한 압력 p_C가 아래로 작용하는 힘을 지지하고 있다. 점 B와 마찬가지로 점 C에서 압력의 평형식은 다음과 같다.

$$p_C - \rho_2 g h_2 - p_0 = 0$$

$$p_C = \rho_2 g h_2 + p_0 \tag{1.16}$$

여기서, 점 B와 점 C는 높이가 같으므로 파스칼의 원리에 의해 두 지점의 압력도 같아 $p_B = p_C$가 된다. 따라서, 식 (1.15)와 식 (1.16)의 우변이 같으므로 용기 내 점 A의 압력은 다음과 같이 된다.

$$p_A = \rho_2 g h_2 + p_0 - \rho_1 g h_1 = g(\rho_2 h_2 - p_1 h_1) + p_0 \tag{1.17}$$

이에 따라 점 A의 압력은 밀도 ρ_1과 ρ_2를 이미 알고 있으므로 액주의 높이 h_1과 h_2를 측정하면 구할 수 있다.

그림 1-15와 같이 2개의 용기 A, B 사이에 U자관을 설치해 용기 2개의 압력차를 측정하는 기구를 **시차압력계**multiple-fluid manometer라고 한다. 압력 p_A, 밀도 ρ_1의 유체가 들어 있는 용기 A와 압력 p_B, 밀도 ρ_3의 유체가 들어 있는 용기 B에서 두 점 간 압력차 $p_A - p_B$를 마노미터와 같은 원리를 이용해 구하여라. 그림 1-15에 점 C, D, E의 압력 평형을 나타내었다. 점 C에서 압력의 평형식은 다음과 같다.

$$p_C = \rho_1 g h_1 - p_A = 0$$

$$p_C = p_A + \rho_1 g h_1 \tag{1.18}$$

마찬가지로 점 D, E에서의 압력 p_D, p_E는 각각 다음과 같다.

$$p_D = p_B + \rho_3 g (h_3 - h_2) \tag{1.19}$$

$$p_E = p_D + \rho_2 g h_2 \tag{1.20}$$

여기서, 점 C와 점 E는 높이가 같으므로 파스칼의 원리에 의해 압력도 같아 $p_C = p_E$가 된다. 따라서, 식 (1.18)과 식 (1.20)의 우변끼리 같으므로 다음 식을 얻을 수 있다.

$$p_A + \rho_1 g h_1 = p_D + \rho_2 g h_2 \tag{1.21}$$

또한, 식 (1.21)의 p_D에 식 (1.19)의 우변을 대입하면 다음과 같은 식이 된다.

$$p_A + \rho_1 g h_1 = p_B + \rho_3 g (h_3 - h_2) + \rho_2 g h_2$$

$$p_A - p_B = \rho_3 g (h_3 - h_2) + \rho_2 g h_2 - \rho_1 g h_1 \tag{1.22}$$

두 용기 안의 압력차 $p_A - p_B$는 각 유체의 밀도 ρ_1, ρ_2, ρ_3을 이미 알고 있으므로 액주의 높이 h_1, h_2, h_3을 측정하면 구할 수 있다.

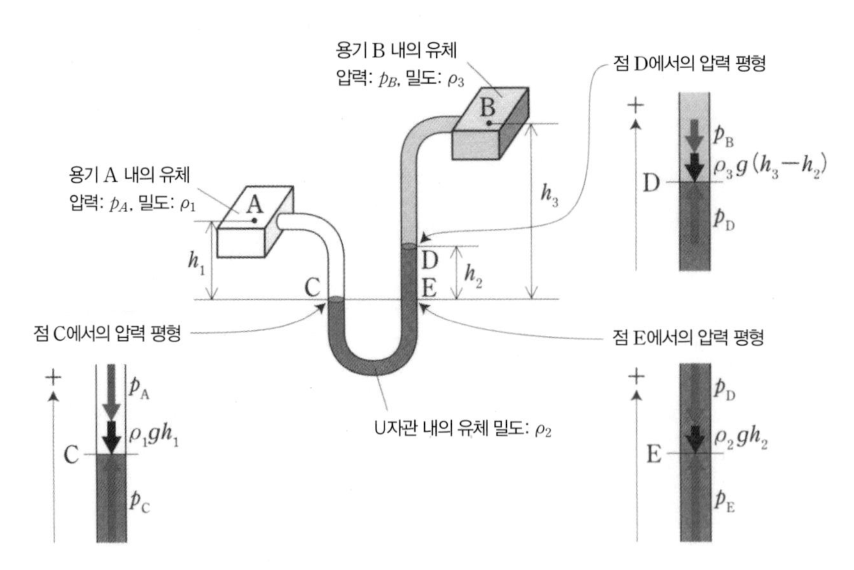

|그림 1-15| 시차압력계 각 점에서의 압력

[연습문제 1-6]

다음 그림과 같이 용기 내에 밀도 $\rho_w = 1000[\text{kg/m}^3]$의 물이 정지 상태로 채워져 있고, 용기의 바닥부에 밀도 $\rho_{\text{Hg}} = 13600[\text{kg/m}^3]$의 수은이 들어 있는 U자관이 붙어 있다. U자관에 있는 액체의 높이 h_2가 $60[\text{cm}]$, 용기 중앙부터 U자관 좌측의 액면 높이 h_1이 $180[\text{cm}]$일 때 용기 중앙에서의 게이지압력을 구하여라.

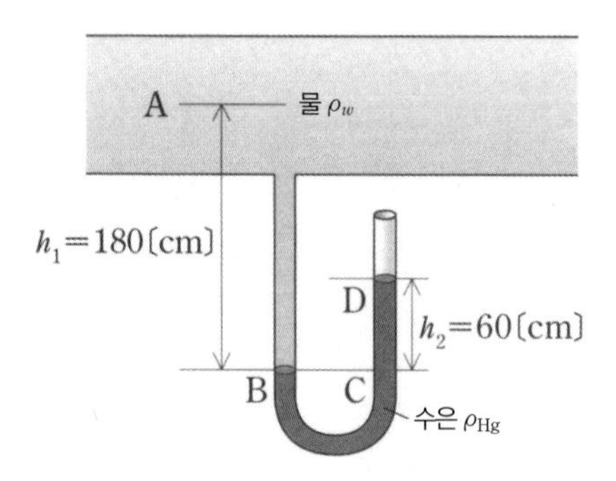

[풀이]

U자관은 대기 중에 개방되어 있으므로 수은 표면인 D 지점에서의 게이지압력은 0이 된다. 따라서, C 지점에서의 압력 p_C는 다음과 같다.

$$p_C = \rho_{\text{Hg}} g h_2$$

그리고 B 지점에서의 압력 p_B는 다음과 같다.

$$p_B = \rho_w g h_1 + p_A$$

B 지점은 C 지점과 높이가 같으므로 $p_B = p_C$가 되어 다음과 같이 정리할 수 있다.

$$\rho_{Hg} g h_2 = \rho_w g h_1 + p_A$$

여기서, A 지점에서의 압력 p_A는 다음과 같다.

$$p_A = g(\rho_{Hg} h_2 - \rho_w h_1) = 9.81 \times (13600 \times 0.60 - 1000 \times 1.80)$$
$$= 62.4[\text{kPa}] \quad \text{(게이지압력)} \cdots \text{(답)}$$

[연습문제 1-7]

이중 U자관 마노미터가 두 개의 용기 A, B에 연결되어 있고, 그림과 같은 상태로 마노미터 내의 액체가 평형을 이루고 있을 때 A 지점에서의 압력 p_A와 B 지점에서의 압력 p_B의 압력차 $p_A - p_B$를 구하여라. 단, 물의 밀도를 $\rho_w = 1000[\text{kg/m}^3]$, 기름의 비중을 0.873, 수은의 비중을 13.6으로 한다.

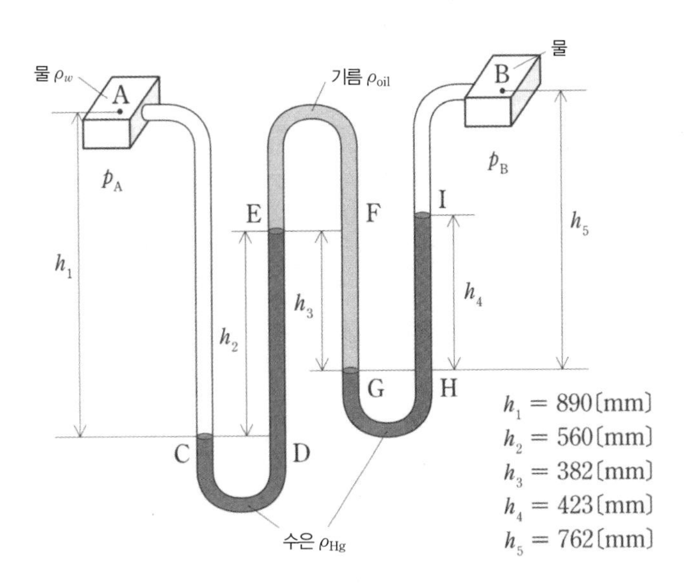

[풀이]

기름의 밀도 $\rho_{oil} = 873[\text{kg/m}^3]$, 수은의 밀도 $\rho_{Hg} = 13600[\text{kg/m}^3]$가 된다.

점 C에서의 평형식은 다음과 같다.

$$p_C - p_A - \rho_w g h_1 = 0$$

$$p_C = p_A + \rho_w g h_1 \qquad \cdots (1)$$

마찬가지로 점 D, G, H, I에서의 평형식은 각각 다음과 같다.

$$p_D = p_E + \rho_{Hg} g h_2 \quad \cdots (2)$$

$$p_G = p_F + \rho_{oil} g h_3 \quad \cdots (3)$$

$$p_H = p_1 + \rho_{Hg} g h_4 \quad \cdots (4)$$

$$p_1 = p_B + \rho_w g (h_5 - h_4) \quad \cdots (5)$$

여기서, $p_C = p_D$이므로 식 (1), 식 (2)에서 다음과 같이 정리할 수 있다.

$$p_A - p_E = \rho_{Hg} g h_2 - \rho_w g h_1 \quad \cdots (6)$$

마찬가지로 $p_G = p_H$이므로 식 (3), 식 (4)에서 다음과 같이 정리할 수 있다.

$$p_F - p_1 - \rho_{Hg} g h_4 - \rho_{oil} g h_3 \quad \cdots (7)$$

식 (7)에 식 (5)를 대입하여 p_1을 소거하면 다음과 같다.

$$p_F - p_B - \rho_w g (h_5 - h_4) = \rho_{Hg} g h_4 - \rho_{oil} g h_3$$

$$p_F - p_B = \rho_{Hg} g h_4 - \rho_{oil} g h_3 + \rho_w g (h_5 - h_4) \quad \cdots (8)$$

식 (6)+식 (8)은 다음과 같다.

$$p_A - p_E + p_F - p_B = g\{\rho_{Hg}(h_2 + h_4) + \rho_w (h_5 - h_4 - h_1) - \rho_{oil} h_3\} \quad \cdots (9)$$

여기서, $p_E = p_F$이므로 식 (9)의 좌변은 $p_A - p_B$가 되어 다음 식으로 정리된다.

$$\begin{aligned} p_A - p_B &= g\{\rho_{Hg}(h_2 + h_4) + \rho_w (h_5 - h_4 - h_1) - \rho_{oil} h_3\} \\ &= 9.81 \times \{13600 \times (0.560 + 0.423) + 1000 \times (0.762 - 0.423 - 0.890) \\ &\quad - 873 \times 0.382\} \\ &= 122471.12[\text{Pa}] \fallingdotseq 1.22 \times 10^5[\text{Pa}] \cdots (\text{답}) \end{aligned}$$

[연습문제 1-8]

그림과 같은 탱크 내에 공기와 비중 0.80의 기름이 들어 있고, 마노미터가 설치되어 있다. 마노미터 내에는 공기와 비중 13.57의 수은이 들어 있다. 그림에 나타난 바와 같이 $h_1 = 40[\text{cm}]$, $h_2 = 100[\text{cm}]$, $h_3 = 80[\text{cm}]$로 평형을 이룰 때 탱크 내 공기의 게이지압력 p_{air}를 구하여라.

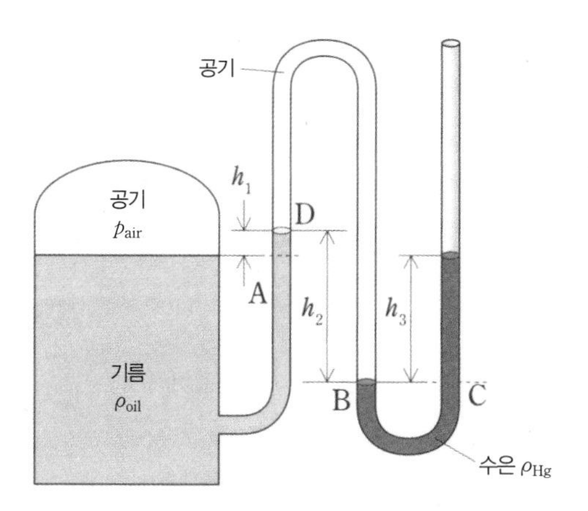

[풀이]

기름의 밀도 $\rho_{oil}=800[kg/m^3]$, 수은의 밀도 $\rho_{Hg}=13570[kg/m^3]$다. 그림과 같이 A 지점에서의 압력 평형식에서 D 지점에서의 압력 p_D는 다음과 같다.

$$p_D = p_{air} - \rho_{oil} g h_1 \quad \cdots (1)$$

C 지점에서의 평형식은 대기압을 무시하면 다음과 같다.

$$p_C = \rho_{Hg} g h_3 \quad \cdots (2)$$

B 지점에서는 공기가 들어 있는 관 내에 파스칼의 원리를 적용하면, 다음과 같이 된다.

$$p_B = p_D \quad \cdots (3)$$

여기서, B 지점과 C 지점에서는 $p_B = p_C$이므로 이 식에 식 (1), 식 (2), 식 (3)을 대입하면 다음과 같다.

$$p_{air} = \rho_{Hg} g h_3 + \rho_{oil} g h_1 = g(\rho_{Hg} h_3 + \rho_{oil} h_1)$$
$$= 9.81(13570 \times 0.80 + 800 \times 0.40)$$
$$= 109.6[kPa] \text{ (게이지압력)} \cdots \text{(답)}$$

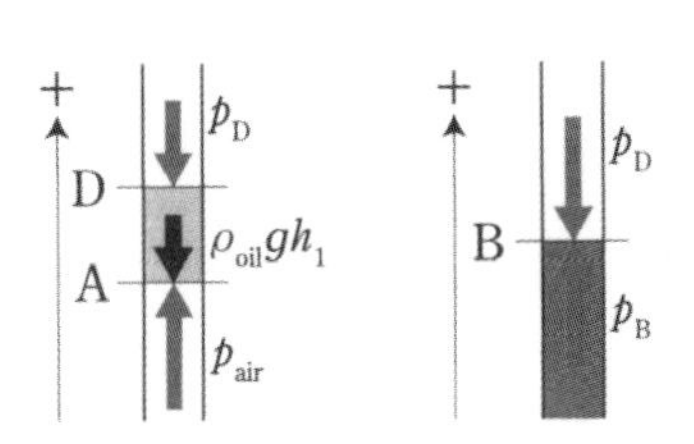

제 2 장 평면과 곡면에 작용하는 전압력

정지 유체는 용기 속, 수조, 바닷속 구조물 등에 힘을 가한다. 그 힘이 어디에 얼마만큼 작용하는지 이해하지 못하고 설계하면 용기, 수조, 구조물은 파괴될 수 있다. 여기서는 평면 벽이나 곡면에 작용하는 전압력이 어떤 식으로 표현되고 그 힘이 어디에 얼마나 작용하는지 학습한다.

2-1 평면에 작용하는 전압력

그림 2-1과 같이 수족관에는 거대한 수조가 있는데, 이 수조 앞면의 투명한 패널을 보고 깨지지 않을까라고 걱정해본 사람이 있을 것이다. 압력은 단위면적당의 힘이며 압력에 면적을 곱하면 전압력이 된다(1장 참조). 물의 밀도는 1000[kg/m^3]로 상대적으로 크기 때문에 수량에 따라 압력이 커지므로 수조의 패널에는 엄청나게 큰 힘이 가해진다.

|그림 2-1| 거대한 수조의 투명 패널은 왜 깨지지 않을까?

수조를 설계하려면 용기 내 밀도가 ρ인 유체에 따라 면적 A의 평면 벽에 어느 정도의 힘이 작용하는지 알아야 한다. 그림 2-2에 나타낸 전압력 P는 다음 식과 같다.

$$P = \rho g \bar{h} A = \bar{p} A \tag{2.1}$$

여기서, $\bar{h}$는 수면에서부터 용기의 평면 벽 도심(도형의 중심) G까지의 거리다. 식 (1.9)에서 수면을 기준으로 하면 평면 벽 도심의 압력 $\bar{p}$는 $\bar{p}=\rho g\bar{h}$가 되고, 전압력 P는 평면 벽의 중심에서 압력 $\bar{p}$에 면적 A를 곱한 값이 된다. 식 (2.1)은 평면 벽이 기울어져 있어도 적용 가능하다.

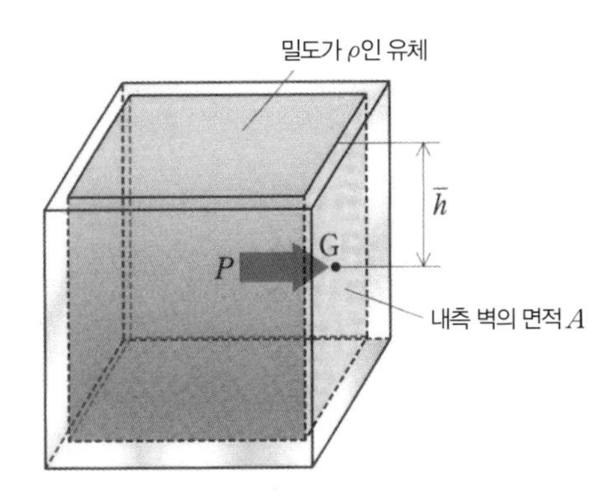

|그림 2-2| 수조의 벽면에 걸리는 전압력

다음에 식 (2.1)을 이론적으로 도출해보자. 더 일반적인 예로 그림 2-3과 같이 액체의 자유표면과 α의 각도를 이루며 액체 속에 존재하는 평면 벽 BD를 기준으로 X축과 Y축을 정하고, 그 평면 벽의 상면에 작용하는 전압력 p를 구한다.

깊이가 h인 점의 압력을 p라고 하면 그 깊이에서 미소면적 dA에 작용하는 전압력 dP는 $p=\rho gh$, $h=y\sin\alpha$이므로 다음과 같이 된다.

$$\mathrm{d}P=p\mathrm{d}A=\rho gh\mathrm{d}A=\rho g(y\sin\alpha)\mathrm{d}A \tag{2.2}$$

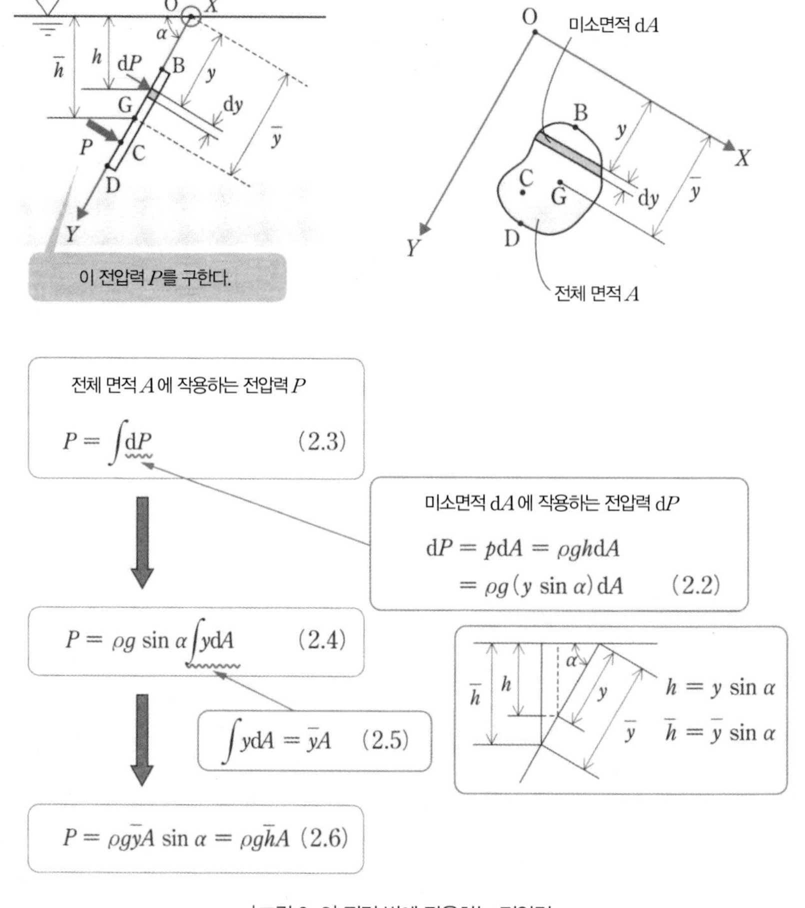

|그림 2-3| 평면 벽에 작용하는 전압력

여기서, y는 X축에서 미소면적까지의 거리다. 평면 벽의 전체 면적 A에 작용하는 전압력 P는 $\mathrm{d}P$를 적분하면 다음과 같이 구할 수 있다.

$$P=\int \mathrm{d}P \tag{2.3}$$

$\mathrm{d}P$에 식 (2.2)를 대입하면 ρ, g, $\sin\alpha$는 전체 면적 A의 함수가 아니므로 적분 밖으로 빼면 다음 식을 얻을 수 있다.

$$P=\rho g \sin\alpha \int y\,\mathrm{d}A \tag{2.4}$$

여기서, 식 (2.4)의 $\int y\mathrm{d}A$는 도심의 정의에서 거리 y에 그 미소면적 $\mathrm{d}A$를 곱해 적분한 것으로 도심까지의 거리 $\bar{y}$에 전체 면적 A를 곱한 것과 같으므로 다음과 같이 정리할 수 있다.

$$\int y\mathrm{d}A = \bar{y}A \quad \text{(공업역학 교재 참조)} \tag{2.5}$$

식 (2.5)를 식 (2.4)에 대입하면 $\bar{y}\sin\alpha = \bar{h}$이므로 다음과 같다.

$$P = \rho g(\bar{y}\sin\alpha)A = \rho g\bar{h}A \tag{2.6}$$

이상으로 평면 벽에 작용하는 전압력의 식 (2.1)이 증명되었다.

2-2 압력 중심의 좌표

평면에 작용하는 전압력 P가 작용하는 점을 **압력 중심**center of pressure이라고 한다. 압력 중심이 반드시 도심인 것은 아니다. 압력 중심 C는 그림 2–4, 그림 2–6과 같이 다음의 식으로 나타낼 수 있다.

$$\text{압력의 중심 } C = \left(\bar{x} + \frac{I_{xyG}}{\bar{y}A},\ \bar{y} + \frac{I_G}{\bar{y}A}\right)$$

앞에서 설명한 액체 속에 각도 α로 존재하는 평면 벽(그림 2–3)을 생각해서 X축과 Y축을 잡으면 $\bar{x}$는 Y축에서 도형 중심 G까지의 거리(도형 중심 G의 X 좌표), $IxyG$는 도형 중심 G를 통과해 X축과 Y축에 평행한 XG축과 YG축에 대한 **단면 상승 모멘트**product of inertia of area, A는 평면 벽의 전체 면적, $\bar{y}$는 X축에서 도형 중심 G까지의 거리(도형 중심 G의 Y 좌표), IG는 도형 중심 G를 통과해 Y축과 평행한 축(그림 2–7 참조)에서의 **단면 2차 모멘트**geometrical moment of inertia다. 이 용어들에 대해서는 뒤에서 상세히 설명한다.

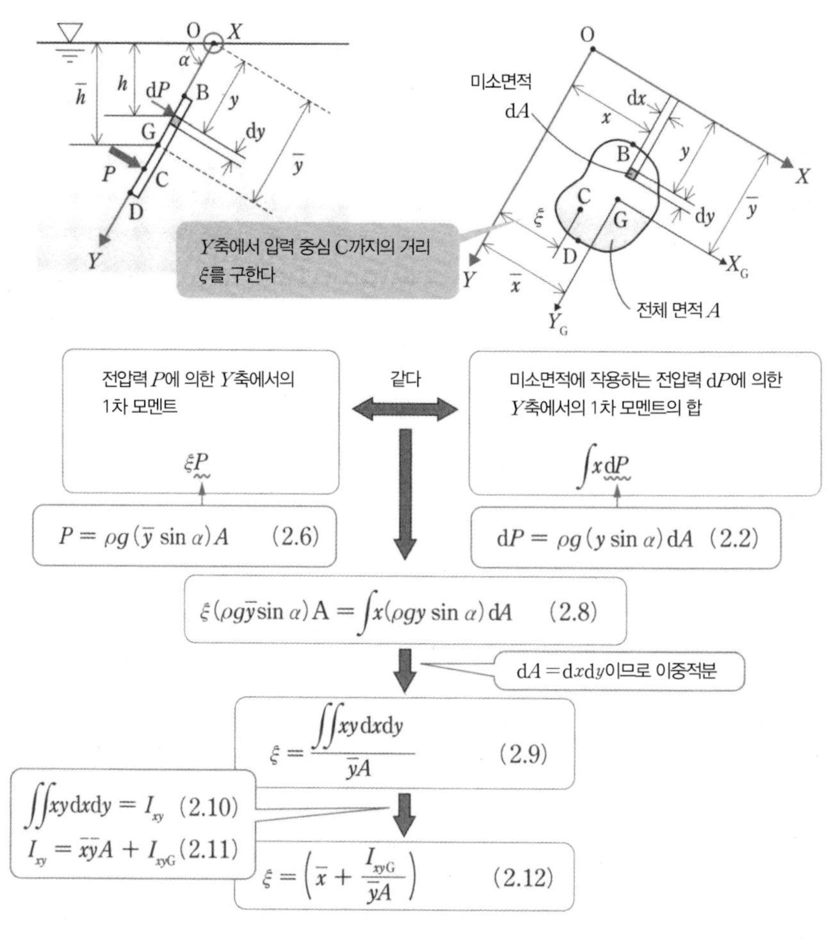

|그림 2-4| 평면 벽에 걸리는 압력 중심의 X 좌표

압력 중심 C의 좌표를 이론적으로 구해보자. 먼저 그림 2-4와 같이 Y축에서 점 C까지의 거리(점 C의 X 좌표) ξ(크시)를 구한다. 전체 압력 P의 Y축에서의 1차 모멘트 ξP는 각각의 미소면적 dA에 작용하는 전압력 dP의 Y축에서의 1차 모멘트 xdP를 적분한 값과 같으므로 다음 식과 같다.

$$\xi P = \int x\,\mathrm{d}P \tag{2.7}$$

이 식의 우변 dP에 식 (2.2), 좌변의 P에 식 (2.6)을 대입하면 다음과 같다.

$$\xi\{\rho g(\bar{y}\sin\alpha)A\} = \int x\{\rho g(y\sin\alpha)\mathrm{d}A\} \tag{2.8}$$

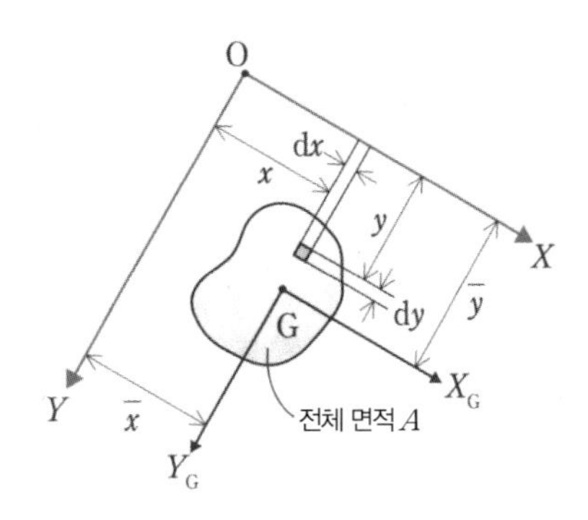

|그림 2-5| 단면 상승 모멘트

$dA = dxdy$이므로 이중적분으로 식 (2.8)을 정리하면 다음과 같다.

$$\xi = \frac{\iint xy\,dx\,dy}{\bar{y}A} \tag{2.9}$$

여기서,

$$\iint xy\,dx\,dy = I_{xy} \tag{2.10}$$

라고 하면 I_{xy}는 원점 O에서 $X-Y$축에 대한 단면 상승 모멘트다(상세한 내용은 재료역학 교재 참조).

도심 G를 통과해 X, Y축에 평행한 축을 X_G, Y_G축이라고 하고, X_G-Y_G축에 대한 단면 상승 모멘트를 I_{xyG}라고 하면 그림 2-5와 같이 $X-Y$축에 대한 단면 상승 모멘트 I_{xy}는 다음과 같이 나타낼 수 있다.

$$I_{xy} = \bar{x}\bar{y}A + I_{xyG} \tag{2.11}$$

식 (2.9)에 식 (2.10) 및 식 (2.11)을 대입하면 압력 중심 C의 X 좌표 ξ는 다음과 같다.

$$\xi = \bar{x} + \frac{I_{xyG}}{\bar{y}A} \tag{2.12}$$

전압력 P는 도심 G에서 X축을 따라 거리 $I_{xyG}/\bar{y}A$만큼 아래쪽에 있는 점 C에 작용한다는 것을 알 수 있다.

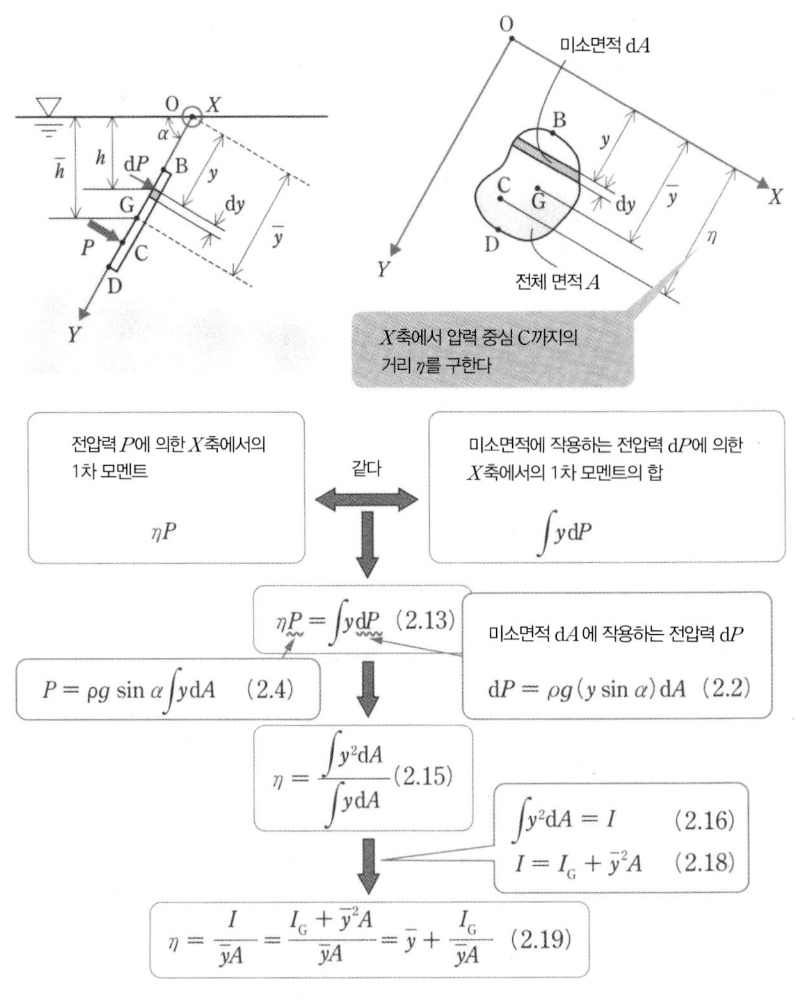

|그림 2-6| 평면 벽에 걸리는 압력 중심의 y 좌표

다음에는 압력 중심 C의 Y 좌표 η를 구해보자. 그림 2-6과 같이 X축에서 점 C까지의 거리(점 C의 Y 좌표)를 η(에타)라고 하면 전압력 P의 X축 주위의 1차 모멘트 ηP는 각각의 미소단면 $\mathrm{d}A$에 작용하는 전압력 $\mathrm{d}P$의 X축에서의 1차 모멘트 $y\mathrm{d}P$를 적분한 값과 같으므로 다음과 같다.

$$\eta P = \int y \mathrm{d}P \qquad (2.13)$$

여기서, $\mathrm{d}P$와 $\mathrm{d}A$의 함수식(식 (2.2))를 식 (2.13)의 우변 $\mathrm{d}P$에 대입하면 다음과 같이 변형할 수 있다.

$$\eta P = \rho g \sin\alpha \int y^2 \mathrm{d}A \tag{2.14}$$

그리고 P와 $\mathrm{d}A$의 관계식(식 (2.4))를 식 (2.14)의 좌변 P에 대입하여 정리하면 다음과 같이 η를 y와 $\mathrm{d}A$로 나타낼 수 있다.

$$\eta = \frac{\int y^2 \mathrm{d}A}{\int y \mathrm{d}A} \tag{2.15}$$

여기서, 면적이 A인 도형의 X축에서의 단면 2차 모멘트(관성 모멘트라고도 한다)를 I라고 하면 식 (2.15)의 분자는 다음과 같다.

$$\int y^2 \mathrm{d}A = I \tag{2.16}$$

식 (2.5)에서 분모는 $\bar{y}A$와 같으므로 식 (2.15)는 다음과 같이 된다.

$$\eta = \frac{I}{\bar{y}A} \tag{2.17}$$

또한, 그림 2-7과 같이 도형 중심 G를 통과하며 X축과 평행한 축에 대한 도형의 단면 2차 모멘트를 I_G라고 하면 평행축의 정리(상세한 내용은 공업역학 교재 참조)에서 다음과 같은 관계가 된다.

$$I = I_G + \bar{y}^2 A \tag{2.18}$$

이것을 활용하면 식 (2.17)은 다음과 같다.

$$\eta = \frac{I}{\bar{y}A} = \frac{I_G + \bar{y}^2 A}{\bar{y}A} = \bar{y} + \frac{I_G}{\bar{y}A} \tag{2.19}$$

따라서 전압력 P는 도심 G에서 Y축을 따라 거리 $I_G/\bar{y}A$만큼 아래쪽 점 C에 작용한다는 것을 알 수 있다.

지금까지의 설명에 따라 평면 벽에 걸리는 압력 중심 C의 X, Y 좌표는 다음과 같이 나타낼 수 있다.

$$압력\ 중심\ C=\left(\bar{x}+\frac{I_{xyG}}{\bar{y}A},\ \bar{y}+\frac{I_G}{\bar{y}A}\right)$$

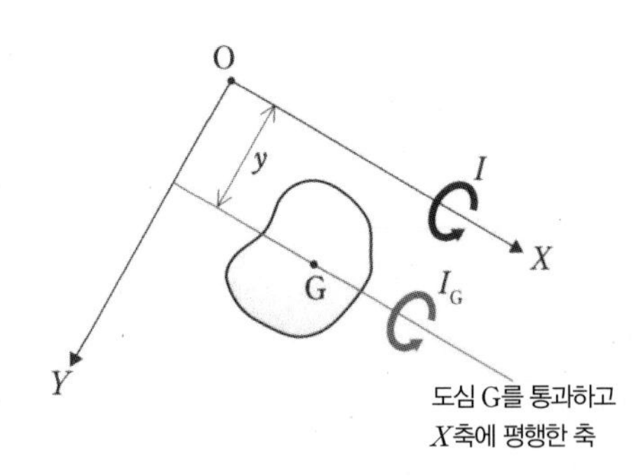

|그림 2-7| 단면 2차 모멘트

[연습문제 2-1]

높이 $h=2.44[\mathrm{m}]$, 폭 $W=1.22[\mathrm{m}]$인 기둥을 만들기 위해 밀도가 $\rho=2400[\mathrm{kg/m^3}]$인 액체 상태의 콘크리트를 그림과 같은 벽 안에 부었다. 벽면 A에 작용하는 전압력을 구하여라.

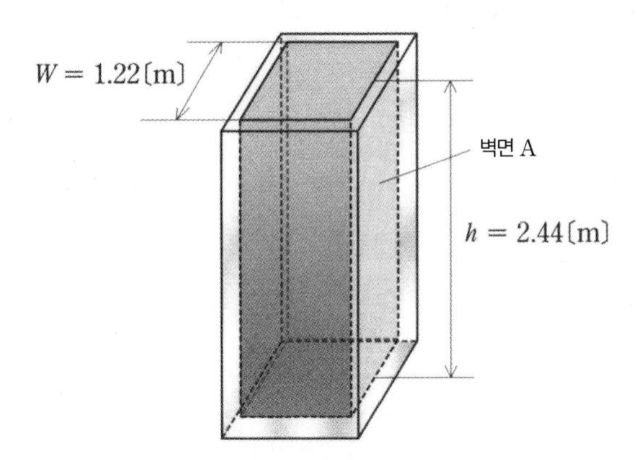

[풀이]

벽면 A의 중심에 걸리는 압력 $\bar{p}$는 다음과 같다.

$$\bar{p}=\rho g\bar{h}=2400\times9.81\times1.22=2.87\times10^4[\mathrm{Pa}]$$

벽면의 면적은 다음과 같다.

$$Wh=1.22\times2.44=2.98[\mathrm{m^2}]$$

따라서, 벽면 A에 작용하는 전압력 P는 다음과 같이 된다.

$$P=\bar{p}\,Wh=2.87\times10^4\times2.98=85.5[\mathrm{kN}]\ \cdots\ (답)$$

[연습문제 2-2]

그림과 같이 수심 $L=3.6[\mathrm{m}]$인 댐 하부에 높이 $H=2.4[\mathrm{m}]$, 폭 $B=1.8[\mathrm{m}]$인 수문이 설치되어 있다. 이 댐에 밀도 $\rho_w=1000[\mathrm{kg/m^3}]$인 물이 고여 있을 때 다음 값을 구하여라.

(1) 수문에 걸리는 전압력 P

(2) 수면에서 전압력 P의 압력 중심 C까지의 수심 η

(3) 수문을 수직 상태로 유지하는 데 필요한 O축에서의 1차 모멘트 M_O

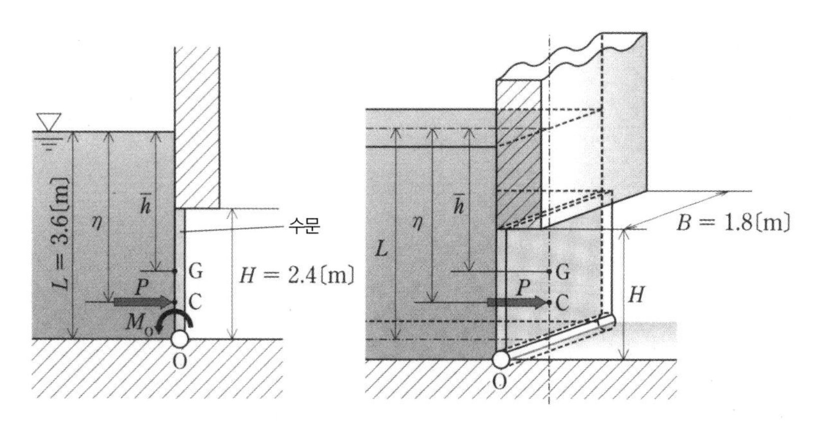

힌트! (2)는 식 (2.19)를 사용한다. I_G는 수문에 좌표를 정의하고 단면 2차 모멘트의 정의식 (2.16)으로 적분하여 구한다.

[풀이]

(1) 수문 중심 G까지의 깊이 $\bar{h}$는 다음과 같다.

$$\bar{h}=L-\frac{H}{2}=3.6-\frac{2.4}{2}=2.4[\mathrm{m}]$$

따라서, 전압력 P는 식 (2.1)에 의해 다음과 같다.

$$P=\rho_\omega g\bar{h}BH=1000\times9.81\times2.4\times1.8\times2.4=101710[\mathrm{N}]=101.7[\mathrm{kN}]\ \cdots\ (\text{답})$$

(2) 다음 그림과 같이 수문 좌표를 정의하고, 중심 G를 통과하는 수평 축에서의 단면 2차 모멘트 I_G를 식 (2.16)과 $\mathrm{d}A=B\mathrm{d}y$로 구하면 다음과 같다.

$$I_G=\int_{-\frac{H}{2}}^{\frac{H}{2}}y^2B\mathrm{d}y=B\left[\frac{1}{3}y^3\right]_{-\frac{H}{2}}^{\frac{H}{2}}=\frac{1}{3}B\left(\frac{2}{8}H^3\right)=\frac{1}{12}BH^3$$

점 C까지의 수심 η는 식 (2.19)에서 다음과 같다.

$$\eta=\bar{h}+\frac{I_G}{BH\bar{h}}=\bar{h}+\frac{\frac{1}{12}BH^3}{BH\bar{h}}=2.4+0.2=2.6[\mathrm{m}]\ \cdots\ (\text{답})$$

(3) O축에서의 1차 모멘트 M_O는 다음과 같다.

$$M_O = (L-\eta)\times P = (3.6-2.6)\times 101710 = 101710[\mathrm{N\cdot m}]$$
$$= 101.7[\mathrm{kN\cdot m}] \cdots \text{(답)}$$

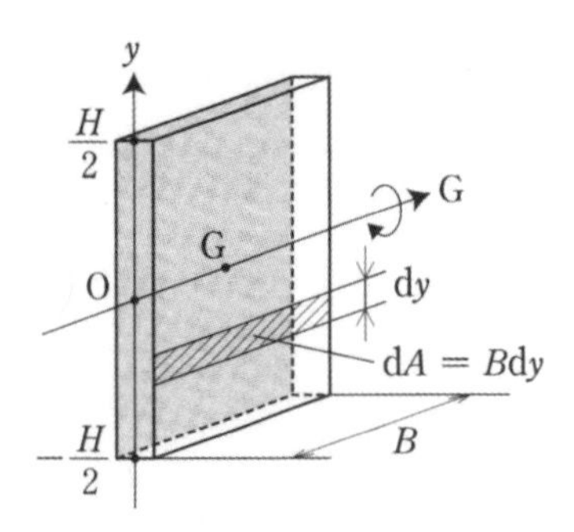

2-3 곡면에 작용하는 전압력

유체 속에 존재하는 벽이 곡면을 이룰 때 그 미소곡면의 면적 dA에 수직으로 작용하는 전압력 dP는 각 점에서 방향이 다르므로 x 방향 성분 dP_x와 y 방향 성분 dP_y로 분해해서 생각할 필요가 있다. 따라서, 두 성분을 적분하여 곡면에 작용하는 전압력 P_x와 P_y를 구한다. 그림 2-8과 같이 벽면 ABCD는 유체 속에 존재하는 면적 dA의 미소곡면이고 xy 평면에 평행한 평면을 생각해 그 평면 내 미소곡면의 곡률반경(곡면을 원의 일부라고 했을 때의 반지름)을 r이라고 한다. 그리고 r과 y축과 평행한 축이 이루는 각을 θ라고 한다. 이 미소곡면의 면적 dA에 압력 p가 작용하면 전압력은 dP=pdA이고 그 힘의 방향은 곡률반경 r의 방향이다. 또한, 이 전압력의 x 방향 성분 dP_x와 y 방향 성분 dP_y는 dP=pdA에 $\sin\theta$ 또는 $\cos\theta$를 곱하여 다음과 같이 구할 수 있다.

$$\mathrm{d}P_x = p\mathrm{d}A\sin\theta \quad (2.20)$$

$$\mathrm{d}P_y = p\mathrm{d}A\cos\theta \quad (2.21)$$

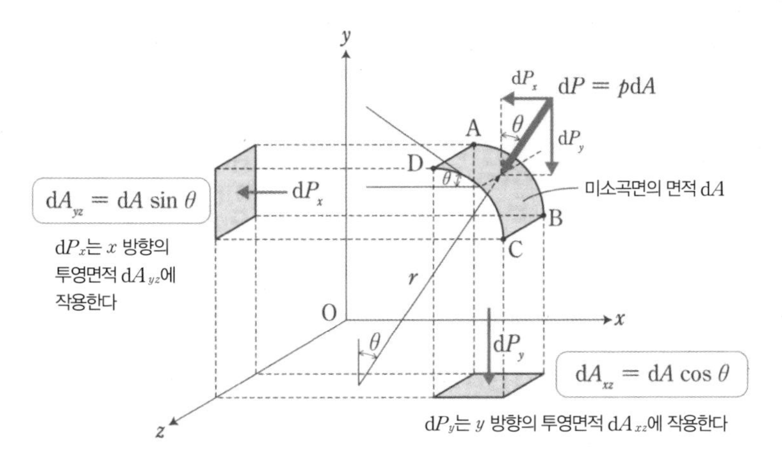

|그림 2-8| 미소곡면에 작용하는 전압력

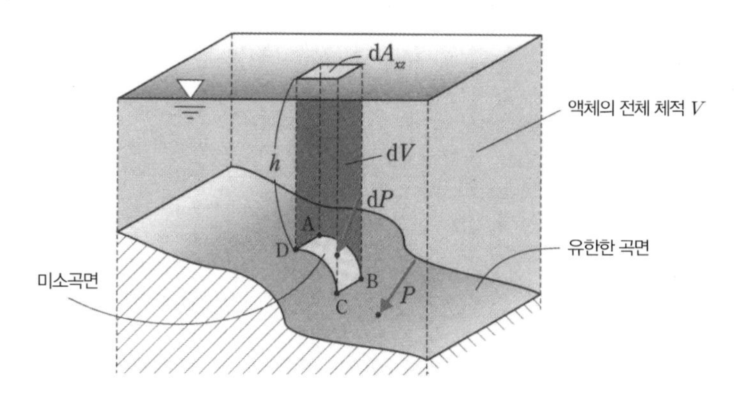

|그림 2-9| 미소곡면과 유한한 곡면

여기서, 식 (2.20)의 $dA\sin\theta$는 그림 2-8에서 알 수 있듯이 미소곡면 면적 dA의 yz 평면 투영면적 dA_{yz}이다. 마찬가지로 식 (2.21)의 $dA\cos\theta$는 미소곡면 면적 dA의 xy 평면 투영면적 dA_{xz}가 된다. 또한 $p=\rho gh$이므로 식 (2.20), 식 (2.21)은 각각 다음과 같이 된다.

$$dP_x = p dA_{yz} = \rho gh dA_{yz} \tag{2.22}$$

$$dP_y = p dA_{xz} = \rho gh dA_{xz} \tag{2.23}$$

이 식에 의해 미소곡면에 작용하는 전압력의 x 방향 성분 dP_x는 yz 평면에 미소곡면을 투영한 면적 dA_{yz}에 걸리는 전압력과 같다. 마찬가지로 y 방향 성분 dP_y는 xz 평면에 투영된 면적 dA_{xz}에 걸리는 전압력과 같다.

그림 2-9와 같이 유한한 곡면에 작용하는 전압력 P는 그림 2-8에 나타난 미소곡면에 작용하는 전압력 dP의 각 성분을 적분해서 구한다. 유한한 곡면에 작용하는 전압력의 x 방향 성분 P_x는 식 (2.22)의 dP_x를 적분하여 구할 수 있다.

$$P_x = \int dP_x = \rho g \int h dA_{yz} = \rho g \bar{h} A_{yz} \tag{2.24}$$

$$\int y dA = \bar{y} A \tag{2.5}$$

여기서, $\bar{h}$는 투영면적 A_{yz}의 중심까지의 깊이다. 즉, 곡면에 작용하는 전압력 P의 x 방향 성분 P_x는 이 곡면의 yz 평면 투영면적에 작용하는 전압력과 같다.

다음으로 식 (2.23)의 y 방향 성분 dP_y를 적분하면 전압력 P의 y 방향 성분 P_y는 다음과 같다.

$$P_y = \int dP_y = \rho g \int h dA_{xz} \tag{2.25}$$

이 식 중에서 $h dA_{xz}$는 그림 2-9와 같이 밑면적 dA_{xz}, 높이 h인 직육면체의 체적에 해당하므로 이것을 dV라고 하고 유한한 곡면상 액체의 모든 체적을 V라고 하면 다음과 같다.

$$P_y = \rho g \int dV = \rho g V \tag{2.26}$$

여기서, $\rho g V$는 곡면상에 존재하는 체적으로 표시된 유체의 전체 중량이다. 이러한 미소곡면에 작용하는 전압력과 그것을 적분하여 얻을 수 있는 유한한 곡면의 전압력을 구하는 방법을 그림 2-10에 나타낸다. 그 압력 중심의 x 및 y 좌표는 앞에서 설명한 평면 벽에서와 마찬가지로 구한다. 이 전압력 P_y는 이 체적의 중심에 작용한다.

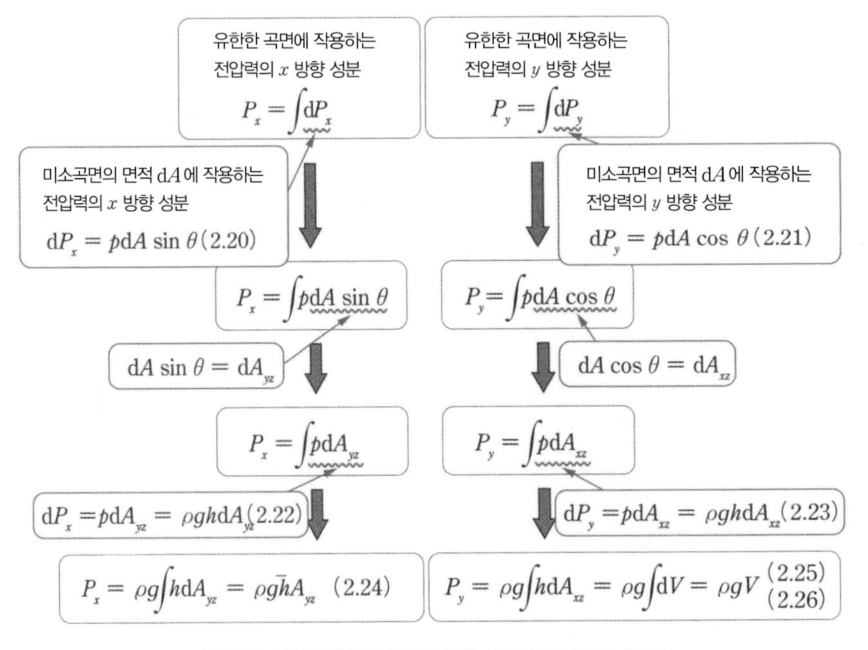

|그림 2-10| 유한한 곡면에 작용하는 전압력을 구하는 방법

[연습문제 2-3]

다음 그림과 같이 내경 $D=1.5[\mathrm{m}]$인 강관에 압력 $p=981[\mathrm{kPa}]$의 유체를 흐르게 한다. 강재가 파괴되지 않는 한계를 나타내는 허용인장응력을 $\sigma_t=107.91[\mathrm{MPa}]$이라고 했을 때 강관에 필요한 최소 벽 두께 t를 구하여라.

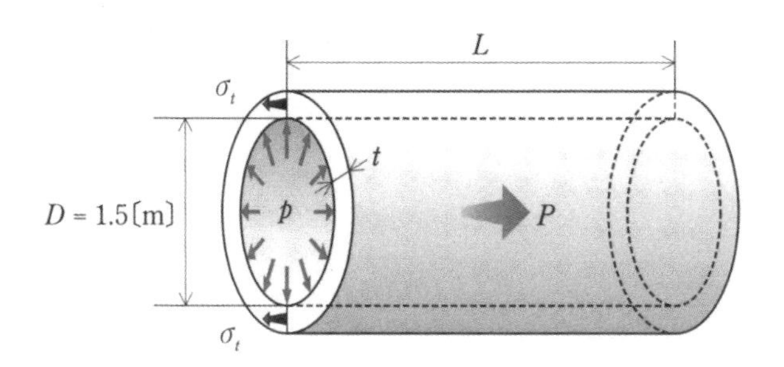

힌트! 강관은 곡면이므로 식 (2.24)를 사용해 전압력을 구한다.

[풀이]

강재의 허용인장응력은 $\sigma_t=107.91[\mathrm{MPa}]=107910[\mathrm{kPa}]$이다. 유체의 압력 p는 길이 L의 원호면에 작용한다. 그 전압력 P는 식 (2.24)에서 투영면적인 내경 면적 DL의 평면에 걸리는 전압력과 같으므로, 식 (2.24)의 $\rho g\bar{h}=p$, $A_{yz}=DL$로 바꾸면 다음과 같다.

$$P=pDL$$

그리고 이 전압력 P와 관벽 상면 및 하면 두 개의 허용인장응력 σ_t가 같을 때 파괴되지 않는 한계를 나타내므로 다음과 같이 된다.

$$P=2\sigma_t tL$$

따라서, 최소 벽 두께 t는 다음과 같다.

$$t=\frac{pD}{2\sigma_t}=\frac{981\times10^3\times1.5}{2\times107910\times10^3}=0.00682[\mathrm{m}]=6.82[\mathrm{mm}] \cdots (\text{답})$$

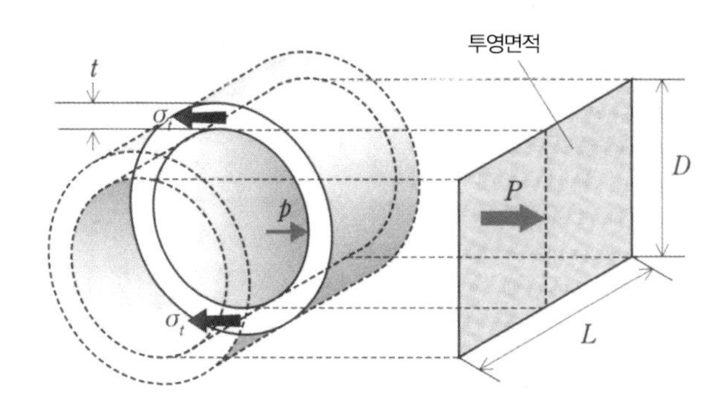

[연습문제 2-4]

다음 그림과 같은 저수조에 수심 $h=8$[m], 장축 $2a=5$[m], 단축 $2b=4$[m]인 타원의 수문 상부가 위치하고 있다. 수문은 지름 $D=4$[m]인 원관 끝을 덮으며, 수문 상부에 힌지가 설치되어 있다. 수면과 수문의 각도는 $\alpha=45°$다. 원점 O, X축, Y축, 중심 G를 그림과 같이 정의하고, 수문 중심 G를 통과하며 X축과 평행한 G축에 대한 타원의 단면 2차 모멘트를 $I_G=\frac{1}{4}\pi a^3 b$라고 한다. 원관에서 저수조 안으로 공기를 넣기 위해 수문을 열려고 할 때 다음 값을 구하여라. 단, 수문의 질량은 무시한다.

(1) 압력 중심 C의 Y 좌표 η

(2) 필요한 수문 하단의 힘 F

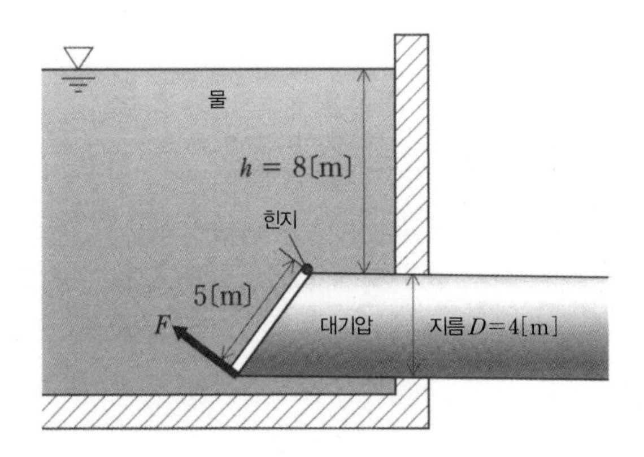

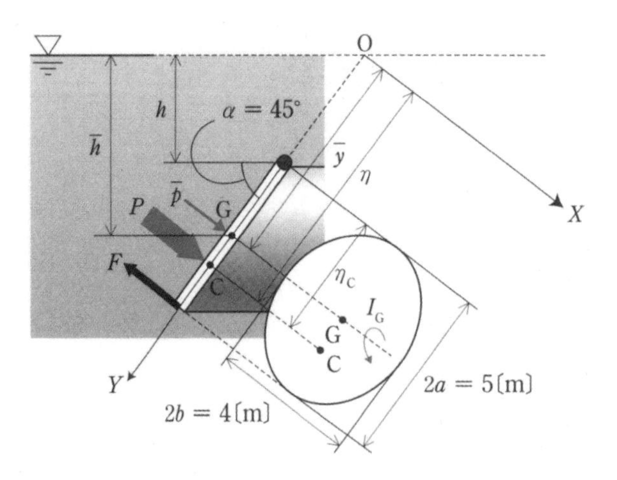

힌트! 식 (2.19)를 이용해서 Y 좌표 η를 구한다. 또 힌지에서의 1차 모멘트를 고려하여 힘 F를 구한다.

[풀이]

(1) 타원의 단면 2차 모멘트 I_G는 다음과 같다.

$$I_G = \frac{1}{4}\pi a^3 b$$

그러므로 수문의 압력 중심 C의 Y 좌표 η는 식 (2.19)에서 다음과 같이 된다.

$$\eta = \bar{y} + \frac{I_G}{\bar{y}A} = \bar{y} + \frac{\pi a^3 b/4}{\pi ab\bar{y}} = \bar{y} + \frac{a^2}{4\bar{y}}$$

여기서, 수면부터 중심 G까지의 Y축상 거리 $\bar{y}$는 다음과 같다.

$$\bar{y} = \frac{h}{\sin\alpha} + a = 13.8[\text{m}]$$

따라서, 이것을 대입하면 다음과 같다.

$$\eta = \bar{y} + \frac{a^2}{4\bar{y}} = 13.8 + \frac{2.5^2}{4 \times 13.8} = 13.91[\text{m}] \ \cdots \text{(답)}$$

(2) 타원 수문의 면적은 $A = \pi ab$, 중심 G까지의 수심은 $\bar{h} = h + a\sin\alpha = 9.77[\text{m}]$이므로 수문에 걸리는 전압력 P는 다음과 같다.

$$\begin{aligned} P &= \bar{p}A = \rho g\bar{h}A = \rho g\bar{h}\pi ab \\ &= 1000 \times 9.81 \times 9.77 \times 3.14 \times 2.5 \times 2 = 1.50 \times 10^6[\text{Pa}] \end{aligned}$$

힌지에서 압력중심 C까지 Y축상의 거리 η_C는 다음과 같다.

$$\eta_C = a + \frac{a^2}{4\bar{y}} = 2.5 + \frac{2.5^2}{4 \times 13.8} = 2.61[\text{m}]$$

그러므로 힘 F를 산출하기 위해 수문 상부 힌지에서의 1차 모멘트 M을 고려하면 다음과 같이 된다.

$$\Sigma M = 0$$

$$\eta_C P - F \cdot 2a = 0$$

$$F = \frac{\eta_C P}{2a} = \frac{2.61 \times 1.50 \times 10^6}{2 \times 2.5} = 783[\text{kN}] \ \cdots \text{(답)}$$

제 3 장 부력과 가속하는 용기 내 유체

정지 유체 속에 발포 스티롤을 놓아두면 부력이 발생해 유체 표면 위로 뜬다. 여기서는 부력이 무엇인지, 어떤 식을 이용하는지, 물체의 어느 곳에 작용하는지 등을 배운다. 그리고 가속하거나 회전하는 용기 내의 유체에는 어떤 힘이 작용하는지도 함께 학습해본다.

3-1 부력과 작용점

그림 3-1과 같이 서핑용 서프보드는 그 위에 사람이 올라타도 바다에 가라앉지 않는 구조로 되어 있다. 서프보드의 재질은 밀도가 작은 발포 우레탄의 주위를 얀크로스glass cloth와 폴리에스테르 수지로 둘러싼 것으로, 바닷물 속에서 큰 부력이 작용한다. 유체 속에 존재하는 물체가 유체로부터 받는 합력을 **부력**buoyancy이라고 한다. 그 부력의 크기는 '물체가 밀어낸 체적 V의 유체가 지닌 중량'과 같고, 그 방향은 연직 상향이다. 부력 B는 다음과 같이 나타낼 수 있다.

부력

$$B = \rho g V \tag{3.1}$$

여기서 ρ는 물체(서프보드)의 밀도가 아니라 유체의 밀도라는 점에 주의하기 바란다. 이 부력의 식 (3.1)은 정지 유체의 깊이와 압력의 관계(2장 참조)를 활용하여 설명할 수 있다.

|그림 3-1| 서프보드는 어떻게 뜨는 것일까?

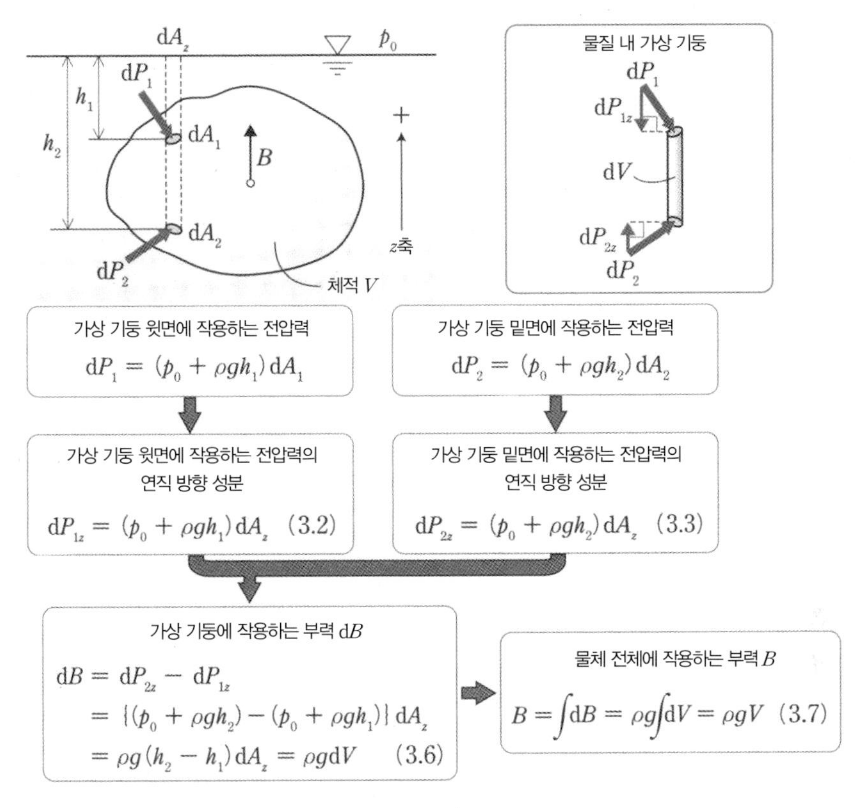

|그림 3-2| 부력

그림 3-2와 같이 밀도가 ρ인 액체 속에 물체가 정지해 있을 경우를 생각해보자. 이 물체 상단 미소 평면의 표면적을 $\mathrm{d}A_1$, 액면에서 상단까지의 깊이를 h_1, 물체 하단 미소 평면의 표면적을 $\mathrm{d}A_2$, 액면에서 하단까지의 깊이를 h_2라고 한다. 미소 표면적 $\mathrm{d}A_1$ 및 $\mathrm{d}A_2$의 연직 방향에서 액면 투영면적 $\mathrm{d}A_2$를 생각하고, 이것을 밑면으로 한 연직의 가상 기둥을 떠올린다. 액면에 작용하는 압력을 p_0이라고 하면 이 기둥에 의해 관통된 물체의 단면 $\mathrm{d}A_1$과 $\mathrm{d}A_2$에 작용하는 전압력 $\mathrm{d}P_1$과 $\mathrm{d}P_2$는 각각 $\mathrm{d}P_1=(p_0+\rho gh_1)\mathrm{d}A_1$ 및 $\mathrm{d}P_2=(p_0+\rho gh_2)\mathrm{d}A_2$이다. 이들의 전압력은 각각의 단면에 수직으로 작용하지만, 그 연직 방향의 분력 $\mathrm{d}P_{1z}$와 $\mathrm{d}P_{2z}$(아래 첨자 z가 붙어 있다는 데 주의한다)는 각각 다음과 같이 된다.

$$\mathrm{d}P_{1z}=(p_0+\rho gh_1)\mathrm{d}A_z \tag{3.2}$$

$$\mathrm{d}P_{2z}=(p_0+\rho gh_2)\mathrm{d}A_z \tag{3.3}$$

식 (2.23) 참조

이러한 연직 방향 전압력의 차이가 가상 기둥인 미소부분에 작용하는 부력 $\mathrm{d}B$가 된다. 즉, 다음과 같다.

$$\mathrm{d}B = \mathrm{d}P_{2z} - \mathrm{d}P_{1z} \tag{3.4}$$

이 가상 기둥의 체적을 $\mathrm{d}V$라고 하면 다음과 같이 된다.

$$\mathrm{d}V = (h_2 - h_1)\mathrm{d}A_z \tag{3.5}$$

따라서 식 (3.4)에 식 (3.2)와 식 (3.3)을 대입하고 식 (3.5)를 대입하면 다음과 같이 된다.

$$\begin{aligned}\mathrm{d}B &= \{(p_0 + \rho g h_2) - (p_0 + \rho g h_1)\}\mathrm{d}A_z \\ &= \rho g (h_2 - h_1)\mathrm{d}A_z \\ &= \rho g \mathrm{d}V \end{aligned} \tag{3.6}$$

물체 전체에 작용하는 부력 B는 $\mathrm{d}B$를 적분해서 구할 수 있다. 물체의 전체 체적 V는 $V = \int \mathrm{d}V$이므로 식 (3.1)과 같아짐을 알 수 있다.

$$B = \int \mathrm{d}B = \rho g \int \mathrm{d}V = \rho g V \tag{3.7}$$

다음에는 이 부력 B의 작용점을 구해보자. 여기서 그림 3-3과 같이 임의의 축 O에서의 1차 모멘트에 대해 생각해본다. 축 O에서 가상 기둥까지의 수평 거리를 x, 부력 B의 작용점까지의 수평 거리를 $\bar{x}$라고 하면 다음과 같이 된다.

$$\int x \mathrm{d}B = \bar{x} B \tag{3.8}$$

식 (2.13) 참조

각 장소의 1차 모멘트 $x\mathrm{d}B$를 적분한 것은 작용점의 1차 모멘트 $\bar{x}B$와 같아진다. 또한 식 (3.6)의 $\mathrm{d}B$를 식 (3.8)의 좌변에, 식 (3.7)의 B를 식 (3.8)의 우변에 대입하면 다음과 같다.

$$\rho g \int x \mathrm{d}V = \bar{x} \rho g V \tag{3.9}$$

그리고 $\bar{x}$를 좌변에 두면 다음과 같이 된다.

$$\bar{x} = \frac{1}{V} = \int x \mathrm{d}V \tag{3.10}$$

식 (3.10)의 $\bar{x}$는 물체 중심까지의 거리를 나타낸다. 즉, 부력은 물체에 의해 눌린 유체 부분의 중심에 작용한다. 이것은 액체 속에 완전히 잠기지 않고 물체의 일부가 떠 있는 경우에 대해서도 성립한다.

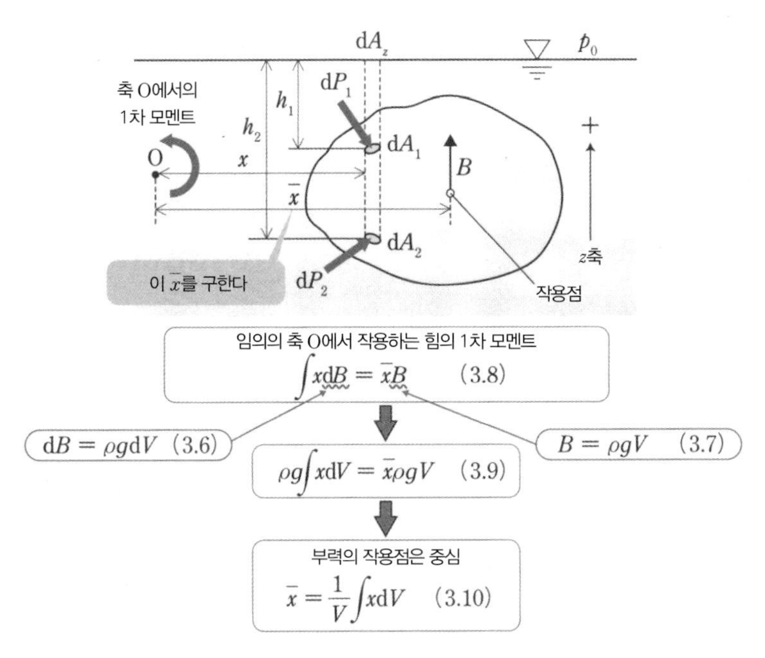

|그림 3-3| 부력의 작용점을 구하는 방법

[연습문제 3-1]

그림과 같이 비중 $s_1=1.03$인 아이스커피 위에 비중 $s_2=0.9$인 얼음이 떠 있다. 커피 액면 위에 나와 있는 얼음의 체적 v와 얼음 전체 체적 V의 비를 구하여라.

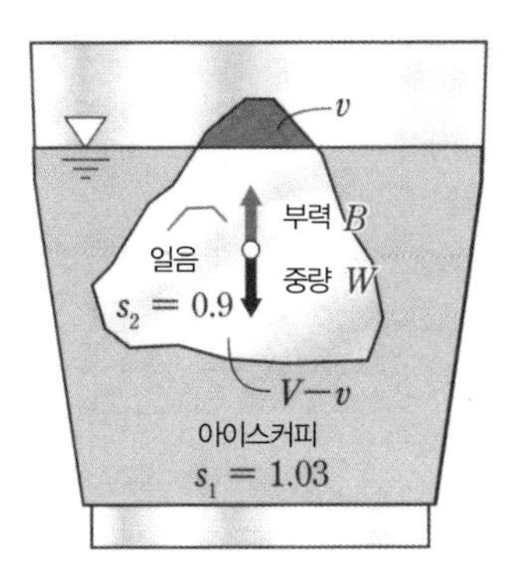

[풀이]

아이스커피의 밀도는 $\rho_1 = 1030[\mathrm{kg/m^3}]$, 얼음의 밀도는 $\rho_2 = 900[\mathrm{kg/m^3}]$이다. 얼음에 작용하는 부력 B는 식 (3.1)에서 다음과 같다.

$$B = \rho_1 g(V - v)$$

ρ_2가 아닌 ρ_1이라는 점에 주의한다.

얼음 전체의 중량 W는 다음과 같다.

$$W = \rho_2 g V$$

여기서, $B = W$이므로 다음과 같이 된다.

$$\rho_1 g(V - v) = \rho_2 g V$$

따라서, 다음과 같이 된다.

$$\rho_1 v = (\rho_1 - \rho_2) V$$

$$\frac{v}{V} = \frac{\rho_1 - \rho_2}{\rho_1} = \frac{1030 - 900}{1030} = 0.126 \quad \cdots \text{(답)}$$

즉, 얼음의 전체 체적 중 12.6%가 액면 위에 나와 있다.

3-2 수평 가속도로 움직이는 용기 내 유체

그림 3-4(a)와 같이 스포츠카 속의 컵 홀더에 커피가 든 종이컵을 놔두면 가속 시 넘치는 경우가 있다. 그 이유는 스포츠카가 가속함에 따라 커피가 들어 있는 컵도 가속하여 액면이 기울기 때문이다.

그림 3-4(b)와 같이 밀도 ρ의 액체가 든 용기가 수평하게 오른쪽으로 일정한 가속도 a_x로 운동하고, 액체의 자유표면이 각도 θ로 정지한 상태에 대해 생각해본다. 그 액체 속 밑면이 가속도 a_x에 수직인, 밑면적 A, 길이 l의 원기둥 부분에 주목한다. 이 원기둥 부분의 좌단 압력을 p_1, 우단 압력을 p_2라고 하면 좌단과 우단에는 각각 $p_1 A$와 $p_2 A$의 힘이 작용한다. 원기둥 부분의 질량 m은 $\rho l A$이므로 수평 방향의 운동방정식 $\Sigma f_x = m a_x$는 다음과 같이 된다.

$$p_1A - p_2A = \rho lAa_x \tag{3.11}$$

식 (3.11)의 양변을 ρglA로 나누면 다음과 같이 된다.

$$\frac{p_1 - p_2}{\rho gl} = \frac{a_x}{g} \tag{3.12}$$

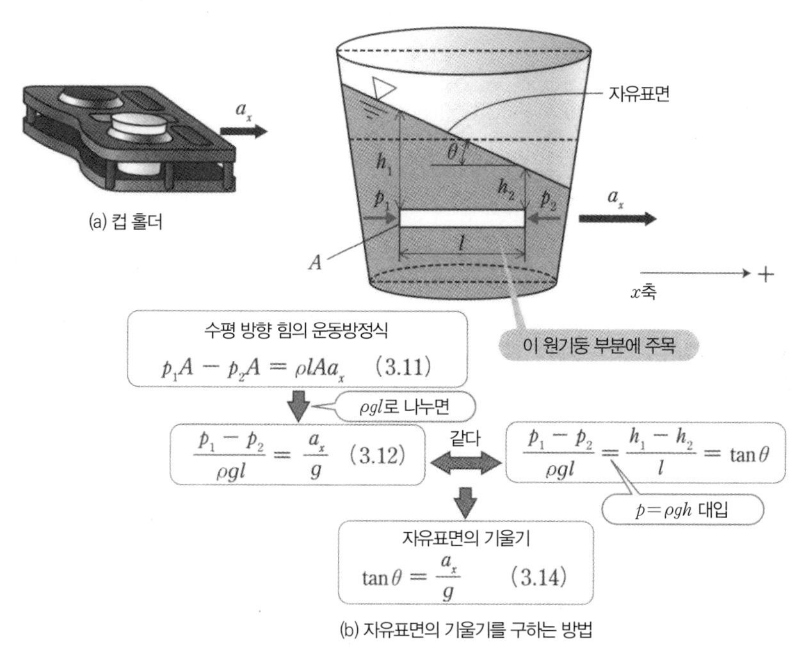

|그림 3-4| 수평 가속도로 움직이는 유체의 자유표면 기울기를 구하는 방법

한편, 여기서 원기둥 부분의 좌단과 우단 유체의 자유표면으로부터의 깊이를 각각 h_1, h_2라고 하고 $p = \rho gh$를 식 (3.12)의 좌변 p에 대입하면 다음과 같다.

$$\frac{h_1 - h_2}{l} \fallingdotseq \frac{a_x}{g} \tag{3.13}$$

그리고 $(h_1 - h_2)/l$는 자유표면의 경사 $\tan\theta$와 같으므로 결국 식 (3.13)은 다음과 같이 된다.

$$\tan\theta = \frac{a_x}{g} \tag{3.14}$$

$\tan\theta$는 a_x와 g의 비로 나타낼 수 있다. 가속도 a_x가 커지면 액면의 각도 θ도 커지므로, 가속도가 크면 컵에서 커피가 흘러 넘친다는 것을 알 수 있다.

3-3 수직 가속도로 움직이는 용기 내 유체

유원지에 있는 자유낙하 놀이기구를 타면 무중력 상태(연직 방향의 가속도 $a_y = -g$)를 체험할 수 있다(그림 3-5(a)). 이 놀이기구에 탄 채 종이컵에 든 주스를 흘리지 않고 잘 마실 수 있을지 생각해보자.

그림 3-5(b)와 같이 액체가 들어 있는 용기가 연직 방향으로 가속도 a_y로 운동할 경우를 생각해보자. 앞 절과 마찬가지로 액체 속 연직 방향의 밑면적 A, 높이 h인 원기둥에 주목한다. 연직 상향을 플러스(+)라고 하면 원기둥의 상단과 하단에 걸리는 힘은 p_1A와 p_2A다. 또 이 원기둥의 질량은 $m = \rho hA$이므로 원기둥의 중량은 ρghA다. 이들을 운동방정식 $\Sigma f_y = ma_y$에 대입하면 다음과 같다.

$$p_2A - p_1A - \rho ghA = \rho hA a_y \tag{3.15}$$

식 (3.15)를 정리하여 좌변을 $p_2 - p_1$이라고 하면 다음과 같이 된다.

$$p_2 - p_1 = \rho gh\left(1 + \frac{a_y}{g}\right) \tag{3.16}$$

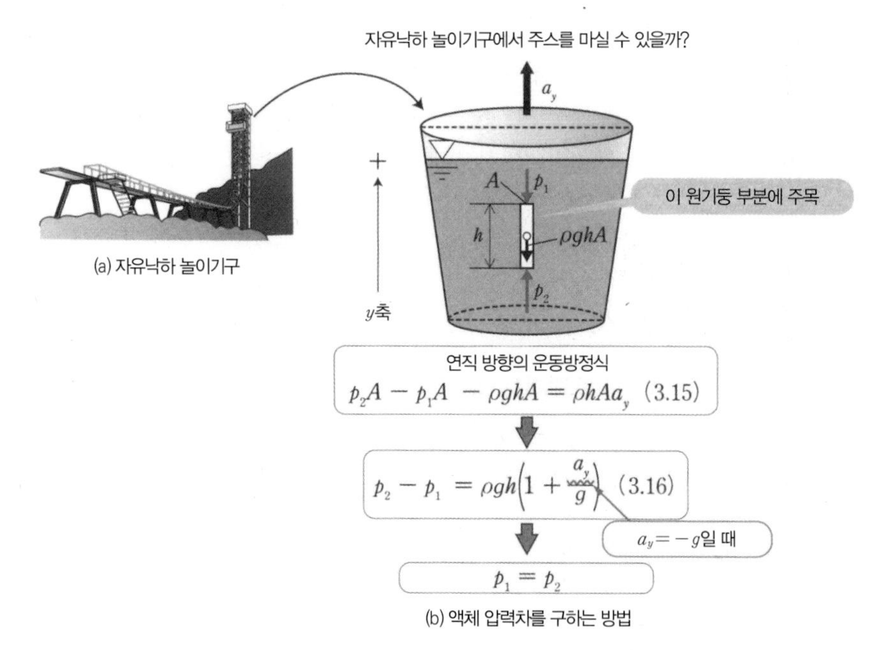

|그림 3-5| 연직으로 가속운동하는 액체의 압력차를 구하는 방법

액체가 들어 있는 용기를 $a_y=-g$로 낙하시킬 경우, 이 식에서 $p_2-p_1=0$ 즉 $p_1=p_2$가 되고 액체 속은 어디에서나 압력 크기가 같아진다. 이와 같이 $a_y=-g$인 자유낙하 놀이기구에서 $p_1=p_2$이며, 용기 내 액체는 부유하게 된다. 결국 자유낙하 놀이기구에서 주스를 마시는 것이 불가능하다는 것을 이해할 수 있다.

3-4 회전운동하는 용기 내 유체

그림 3-6(a)와 같이 세탁기 속에서 회전하고 있는 물의 표면을 잘 살펴보면 포물면을 형성한다는 것을 알 수 있다. 여기서 그 이유를 설명한다.

그림 3-6(b)와 같이 유체가 들어 있는 원통용기가 일정한 각속도 ω(오메가)로 회전하고 있다고 하자. 반지름 방향의 압력 변화를 조사하기 위해, 회전축에서 반지름 r인 위치에 밑면적 A, 길이 $\mathrm{d}r$인 미소 원기둥 부분을 주목해서 반지름 방향의 운동방정식을 세워보자. 일정한 각속도 ω로 회전하는 용기 속 유체 내부에 작용하는 가속도에는 회전축을 향한 반지름 방향(수평 방향)의 **구심가속도**centripetal acceleration와 연직 방향(수직 방향)의 **중력가속도**gravity acceleration의 2종류가 있다. 반지름 방향의 운동방정식에서는 수평 방향이기 때문에 구심가속도만 고려한다. 미소 원기둥의 안쪽 밑면에 작용하는 압력을 p라고 하면 여기서 $\mathrm{d}r$ 떨어진 미소 원기둥의 바깥쪽 밑면에 작용하는 압력은 $p+(\mathrm{d}p/\mathrm{d}r)\mathrm{d}r$이 된다(그 이유는 1장의 그림 1-8을 참조한다). 원통용기 중심에서 바깥쪽으로 r축 플러스(+)를 잡으면 구심가속도는 $-r\omega^2$이므로 미소 원기둥의 반지름 방향 운동방정식은 다음과 같이 된다.

$$pA-\left(p+\frac{\mathrm{d}p}{\mathrm{d}r}\mathrm{d}r\right)A=\rho A\mathrm{d}r(-r\omega^2) \tag{3.17}$$

단위체적으로 생각하기 위해 이 식의 양변을 $A\mathrm{d}r$로 나누면 다음과 같다.

$$\frac{\mathrm{d}p}{\mathrm{d}r}=\rho r\omega^2 \tag{3.18}$$

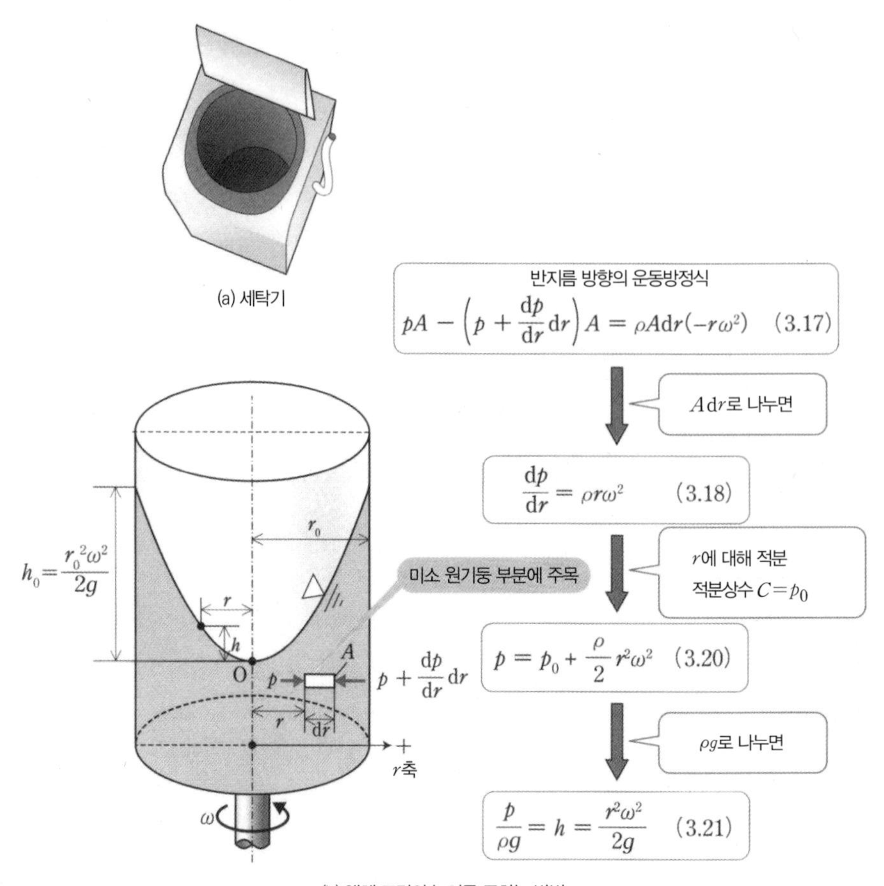

(b) 액체 표면의 높이를 구하는 방법

|그림 3-6| 회전용기 내 유체 표면의 높이 h를 구하는 방법

이는 반지름 방향의 압력 기울기를 구하는 식이 된다. 이 식을 r에 대해 적분하면 다음과 같이 된다.

$$p = \rho\omega^2\frac{r^2}{2} + C \tag{3.19}$$

여기서 반지름 r과 압력 p의 관계를 얻을 수 있다. 이 때 C는 적분상수이며 경계조건으로서 회전축($r=0$)에서의 압력을 p_0이라고 하면 $C=p_0$이 되며 식 (3.19)는 다음과 같이 된다.

$$p = p_0 + \frac{\rho}{2}r^2\omega^2 \tag{3.20}$$

그림 3-6(b)와 같이 회전축에서 액면 위의 점을 높이의 원점 O라고 하고 이 점 O의 대기압을 게이지압력 $p_0 = 0$이라고 한다. 식 (3.20)의 좌변을 ρg로 나눈 $p/\rho g$는 액체의 높이 h이며 다음과 같다.

$$\frac{p}{\rho g} = h = \frac{r^2\omega^2}{2g} \tag{3.21}$$

이 식은 반지름 r의 위치에서 액체의 높이(수두(6장의 식 (6.2)를 참조한다)) h를 나타낸다. 여기서, 액체의 높이 h는 반지름 r의 제곱과 각속도 ω의 제곱에 비례한다는 것을 알 수 있다.

[연습문제 3-2]

그림과 같이 내경 $D = 0.90[\text{m}]$, 깊이 $H = 1.5[\text{m}]$인 상부가 개방된 원통용기에 물을 가득 채웠다. 이 용기를 회전축에서 회전수 $n = 100[\text{rpm}]$으로 회전시켰을 때 다음 값들을 구하여라.

(1) 넘치는 물의 체적 V_0을 r_0과 h_0으로 나타내어라.

(2) 넘치는 물의 체적 V_0

(3) 용기 밑면 중심점 C에서의 게이지압력 p_C

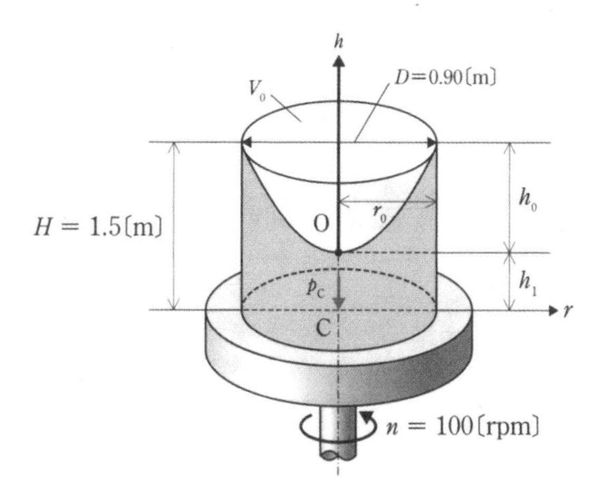

[풀이]

(1) 원점 O에서 높이 방향으로 h축을 잡고, 반지름 r과 액면 높이 h를 활용해 넘치는 물의 체적 V_0을 구하면 V_0은 포물면을 회전시킨 체적이므로 다음과 같이 된다.

$$V_0 = \int_0^{h_0} \pi r^2 dh$$

식 (3.21)에서 $r^2=2gh/\omega^2$이므로 다음 식과 같이 된다.

$$V_0=\frac{2g\pi}{\omega^2}\int_0^{h_0}h\mathrm{d}h=\frac{g\pi h_0^2}{\omega^2}$$

식 (3.21)에서 $g/\omega^2=r_0{}^2/2h_0$이므로 다음과 같은 식을 얻을 수 있다.

$$V_0=\frac{\pi r_0^2 h_0}{2}\ \cdots\ (\text{답})$$

(2) 회전수가 $n[\mathrm{rpm}]$일 때 원통용기의 각속도 $\omega[\mathrm{rad/s}]$는 $\omega=2\pi n/60$이 된다.

식 (3.21)에서 원통용기 반지름 r_0에서의 원점 O(회전축의 액면 위에 있는 점)로부터 높이 h_0은 다음과 같다.

$$h_0=\frac{r_0^2\omega^2}{2g}=\frac{(D/2)^2(2\pi n/60)^2}{2g}$$
$$=\frac{0.45^2\times(2\times3.14\times100/60)^2}{2\times9.81}=1.13[\mathrm{m}]$$

따라서, 넘치는 물의 체적 V_0은 다음과 같다.

$$V_0=\frac{\pi r_0^2 h_0}{2}=\frac{3.14\times0.45^2\times1.13}{2}=0.36[\mathrm{m}^3]\ \cdots\ (\text{답})$$

(3) 회전축의 액면 위에 있는 점 O에서 밑면 중심 C까지의 깊이를 h_1이라고 하면 다음과 같다.

$$h_1=H-h_0=1.5-1.131=0.369[\mathrm{m}]$$

따라서, 점 C의 게이지압력 p_C는 다음과 같다.

$$p_\mathrm{C}=\rho g h_1=1000\times9.81\times0.369=3.62[\mathrm{kPa}]\ \cdots\ (\text{답})$$

제 4 장

운동하는 유체의 성질과 용어

드디어 운동하는 유체(유동 유체)에 대한 기본 지식을 배우기로 한다. 여기서는 정지 유체와 달리 유동 유체에 작용하는 힘, 유체의 흐름을 관찰하는 방법으로 오일러 방법과 라그랑주 방법, 흐르는 유체 특성을 나타내는 전문용어의 정의에 대해 학습한다. 그리고 유체의 가속도에는 순간가속도(국소가속도local acceleration)와 이류가속도(대류가속도convective acceleration)의 두 종류가 있다는 것도 살펴본다.

4-1 유동 유체에 작용하는 힘

고등학교 물리는 강체에 걸리는 힘을 대상으로 했다. 유체는 형태가 명확하지 않으므로 이해하기 어렵지만, 다음 세 가지 예를 보면서 유체에 어떤 힘이 작용하는지 생각해보자.

먼저 그림 4-1(a)와 같이 호스를 기울여 위쪽을 향해 물을 뿌려보자. 호스에서 나온 물은 강체의 운동과 마찬가지로 포물선을 그리며 아래로 떨어진다. 여기서 유체에도 중력이 작용한다는 것을 알 수 있다. 다음으로 그림 4-1(b)와 같이 컵에 커피를 넣어 스푼으로 저은 후 그대로 둔다. 컵 안에서 회전하던 커피는 잠시 후 정지한다. 여기서 유체에도 컵의 벽면으로부터 마찰력이 작용한다는 것을 알 수 있다. 마지막으로 그림 4-1(c)와 같이 욕조의 물속에 손을 넣어 저어본다. 물은 손에서 힘을 받아 움직이기 시작하며, 그 반작용으로 손은 물로부터 힘을 받는다. 여기서 유체에도 외력이 작용한다는 것을 알 수 있다. 결국 강체와 마찬가지로 유체에도 중력, 마찰력, 외력이 작용한다는 사실을 알 수 있다.

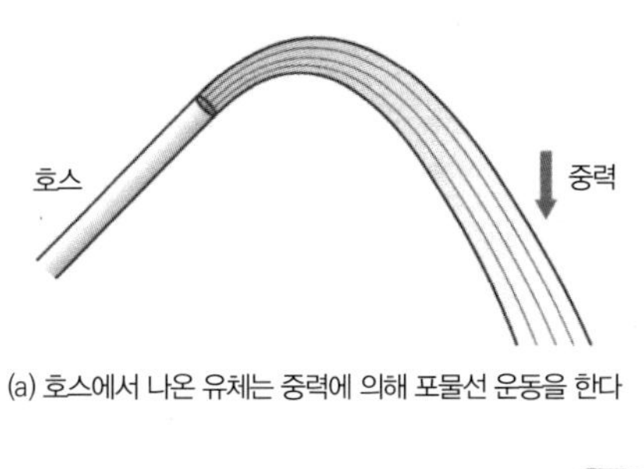

(a) 호스에서 나온 유체는 중력에 의해 포물선 운동을 한다

(b) 휘저은 커피는 마찰력에 의해 정지한다

(c) 손을 저으면 외력에 의해 물이 움직인다

|그림 4-1| 유체에 작용하는 중력, 마찰력, 외력

4-2 오일러와 라그랑주 방법

유체의 흐름을 관측하는 두 가지 방법으로 **오일러 방법**Euler's method과 **라그랑주 방법**Lagrange's method이 있다. 오일러 방법은 어떤 특정한 장소에서 계속 관측하면서 그곳을 통과하는 다수의 유체입자(4-3절 참조)를 관측하는 방법이다. 알기 쉽게 예를 들면, 그림 4-2(a)와 같이 마라톤 선수들이 달리는 상태를 마라톤 코스의 어떤 지점에서 관측하는 것이다. 그러므로 그림 4-2(a)는 **시간을 멈추고** 여러 마라톤 선수들의 움직임을 기술하는 것이다. 한편, 라그랑주 방법은 어느 한 개의 유체입자를 계속 추적하여 관측하는 방법이다. 예를 들면, 그림 4-2(b)와 같이 어떤 마라톤 선수 한 명과 함께 계속 달리면서 관측하는 것이다. 그러므로 그림 4-2(b)는 **시간의 변화에 따라** 같은 마라톤 선수의 움직임을 따라가면서 기술하는 것이다.

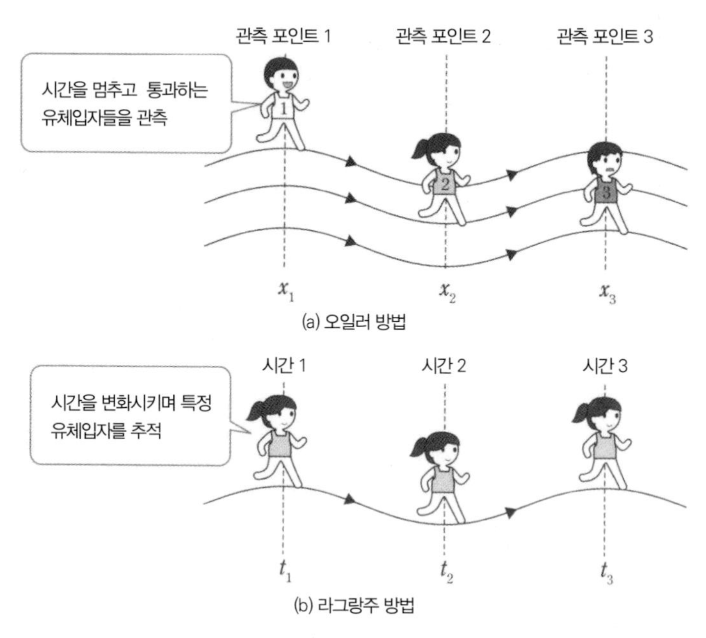

|그림 4-2| 오일러 방법과 라그랑주 방법

4-3 유속과 가속도

유체는 형태가 명확하지 않고 운동 상태를 자세히 알기 어려우므로 그림 4-3(a)와 같이 유체 속 입자에 주목하여 그 입자가 유체와 같은 운동을 한다고 생각한다. 이 입자를 **유체입자** fluid particle라고 하며, 이것이 원관 내를 어떻게 흐르는지 살펴보자. 단위시간당 유체입자의 이동거리를 **속도** velocity 또는 **유속** flow velocity이라고 하며, 유체입자가 시간 Δt[s](Δ는 델타라고 읽으며 '변화량'이라는 의미) 사이에 거리 Δx[m]만큼 움직이면 속도 u[m/s]는 다음과 같이 쓸 수 있다.

$$u = \frac{\Delta x}{\Delta t} \tag{4.1}$$

속도의 단위는 [m/s](meter per second)이다. 여기서, Δt를 d라는 미분 기호로 나타내자. 여기서는 Δ '변화량'과 d '미분'은 같은 의미라고 생각하기 바란다. 그러면 속도는 다음과 같이 된다.

$$u = \frac{\mathrm{d}x}{\mathrm{d}t} \tag{4.2}$$

속도 $\boldsymbol{u}$나 거리 $\boldsymbol{x}$는 크기와 방향을 가진 벡터양이며, 시간 t 등의 크기만 가진 스칼라양과 구별하기 위해 진하게 표기한다. 또한, 이 책에서는 국소적인 (아주 작은 부분에서의) 유체 속도를 소문자 $\boldsymbol{u}$, 관 단면 전체의 평균적인 흐름을 대문자 U로 표기하며 **평균속도**mean velocity라고 한다. 그림 4-3(b)와 같이 속도 $\boldsymbol{u}$를 시간 t로 미분한 물리량을 **가속도**acceleration라고 하며, 가속도 a[m/s²]는 다음과 같이 되어 거리 $\boldsymbol{x}$를 시간 t로, 2차 미분한 것이 된다.

$$a = \frac{\mathrm{d}u}{\mathrm{d}t} = \frac{\mathrm{d}}{\mathrm{d}t}\left(\frac{\mathrm{d}x}{\mathrm{d}t}\right) = \frac{\mathrm{d}^2x}{\mathrm{d}t} \tag{4.3}$$

식 (4.2) 대입

가속도의 단위는 [m/s²](meter per square second)이다. 여기서 주의해야 할 점은 이 가속도가 고정된 지점에서의 시간적인 속도 변화에 주목해서(오일러 방법) 얻어진다는 것이다. 즉, 비정상유동(4-4절 참조)의 가속도이며 **순간가속도**instantaneous acceleration라고 한다.

한편, 그림 4-3(c)와 같이 좁아지는 유로를 유체가 흐르면 속도가 빨라지므로(5장 참조), 유체에는 가속도가 가해진다. 이 가속도는 어떤 유체입자 하나를 따라가면서 계속 관측하여 (라그랑주 방법) 얻은 가속도이다. 이것을 **이류가속도**convective acceleration라고 한다. 이어서 유체의 가속도를 나타내는 방법에 대해 설명한다.

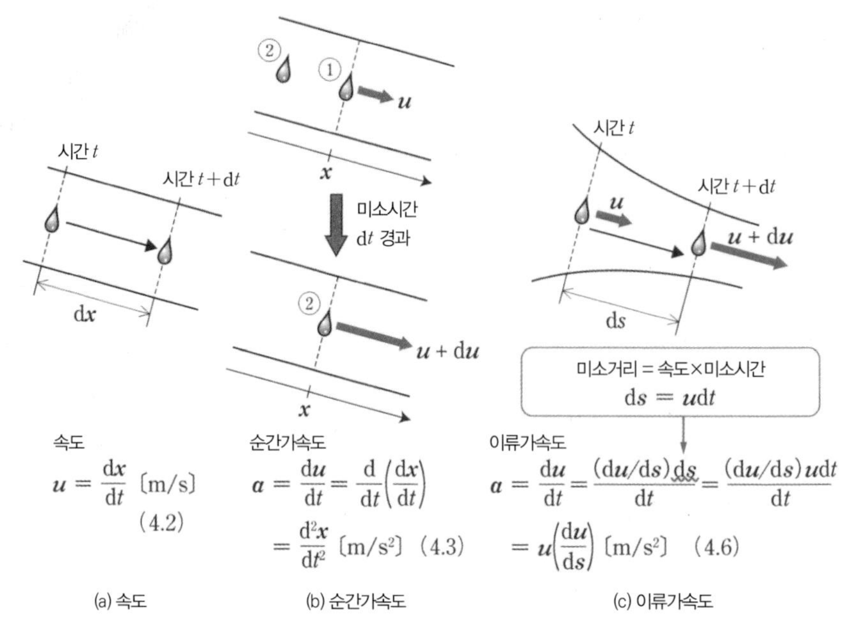

|그림 4-3| 유체의 속도와 가속도

그림 4-3과 같이 미소시간 dt 사이에 유체입자가 유선상(4-4절 참조)에서 미소거리 ds만큼 이동할 때 위치 변화에 따른 유체입자의 속도 변화량 du는 다음과 같이 쓸 수 있다.

$$du = \left(\frac{du}{ds}\right)ds \tag{4.4}$$

(미소거리) = (속도)×(미소시간)이므로 $ds = u dt$를 식 (4.4)에 대입하면 다음과 같이 된다.

$$du = \left(\frac{du}{ds}\right)u dt \tag{4.5}$$

유선상의 거리 s 방향에서 가속도 a는 속도 du를 시간 dt로 나눈 것으로 식 (4.5)에서 다음과 같이 된다.

$$a = \frac{du}{dt} = u\left(\frac{du}{ds}\right) \quad [m/s^2] \tag{4.6}$$

여기서 주의해야 할 점은 유체의 가속도 a가 2종류라는 것이다. 어떤 지점을 고정하고 시간을 미분한 순간가속도 $a = du/dt$와 속도 u를 유선상의 거리 s로 미분한 변화율에 속도 u를 곱한 이류가속도 a가 있고, 단위는 $[m/s^2]$이다.

실제 비정상유동의 가속도는 다음과 같이 순간가속도와 이류가속도의 합으로 나타낸다.

$$a = \frac{\mathrm{d}u}{\mathrm{d}t} + u\frac{\mathrm{d}u}{\mathrm{d}s} \tag{4.7}$$

유체입자의 3차원적 속도 벡터 $\boldsymbol{u}=(u,\ v,\ w)$는 시간만의 함수가 아닌 위치 벡터 $s=(x,\ y,\ z)$의 함수이기도 하다는 데 주의해야 한다. 이 유체입자의 가속도 벡터 $a=(a_x,\ a_y,\ a_z)$를 3차원 성분으로 확장하여 식 (4.7)의 상미분을 편미분으로 나타내면 다음과 같다.

$$\begin{aligned} a_x &= \frac{\partial u}{\partial t} + u\frac{\partial u}{\partial x} + v\frac{\partial u}{\partial y} + w\frac{\partial u}{\partial z} \\ a_y &= \frac{\partial v}{\partial t} + u\frac{\partial v}{\partial x} + v\frac{\partial v}{\partial y} + w\frac{\partial v}{\partial z} \\ a_z &= \underbrace{\frac{\partial w}{\partial t}}_{\text{비정상항}} + \underbrace{u\frac{\partial w}{\partial x} + v\frac{\partial w}{\partial y} + w\frac{\partial w}{\partial z}}_{\text{이류항}} \end{aligned} \tag{4.8}$$

이 식의 제1항은 **비정상항**unsteady term(4-4절 참조)이라고도 하며 유체입자의 국소적인 시간 변화를 나타낸다. 제2항은 **이류항**convective term이라고도 하며 유체입자가 이동하면서 흐르는 것에 따른 시간 변화를 나타낸다. 식 (4.8)에 나타낸 편미분은 **물질미분**material derivative이라고 하며 일반적인 미분과 구별하기 위해 다음과 같이 D로 나타낸다.

$$\frac{D}{Dt} = \frac{\partial}{\partial t} + u\frac{\partial}{\partial x} + v\frac{\partial}{\partial y} + w\frac{\partial}{\partial z} \tag{4.9}$$

따라서, 비정상유동의 가속도 벡터 $\boldsymbol{a}=(a_x,\ a_y,\ a_z)$의 각 성분은 다음과 같이 나타낼 수 있다.

$$a_x = \frac{Du}{Dt},\ a_y = \frac{Dv}{Dt},\ a_z = \frac{Dw}{Dt} \tag{4.10}$$

[연습문제 4-1]

다음 그림과 같이 평균속도 U의 흐름 속에 놓인 원통 표면 주위의 속도 u는 $u=2U\sin\theta$로 나타낸다. 여기서 θ는 정체점(그림에서 S)으로부터의 각도이다. 원통의 반지름이 $r=600[\mathrm{mm}]$, 평균속도 U가 $15[\mathrm{m/s}]$일 때 $\theta=30°$인 점에서 유체입자의 접선가속도 a를 구하여라.

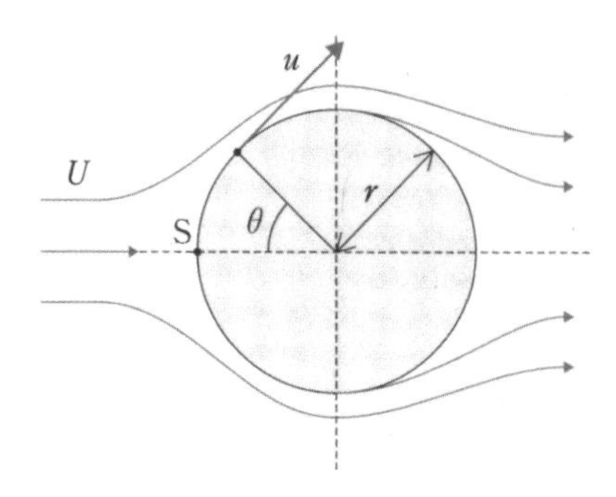

[풀이]

식 (4.6)에서 $a=u(\mathrm{d}u/\mathrm{d}s)$이므로 $\mathrm{d}u/\mathrm{d}s$를 먼저 구한다. $u=2U\sin\theta$를 θ에 대해 미분하면 다음과 같다.

$$\frac{\mathrm{d}u}{\mathrm{d}\theta}=2U\cos\theta$$

$$\mathrm{d}u=2U\cos\theta\,\mathrm{d}\theta$$

또한, 정체점(6-4절 참조) S에서 유선을 따라 이동한 거리 변화는 $\mathrm{d}s=r\cdot\mathrm{d}\theta$이므로 다음과 같이 된다.

$$\frac{\mathrm{d}u}{\mathrm{d}s}=\frac{2U\cos\theta\,\mathrm{d}\theta}{r\cdot\mathrm{d}\theta}=\frac{2U\cos\theta}{r}$$

$\theta=30°$에서 u는 $u=2\times15\times\sin30°=15[\mathrm{m/s}]$이므로 다음과 같은 식을 얻을 수 있다.

$$a=u\left(\frac{\mathrm{d}u}{\mathrm{d}s}\right)=u\frac{2U\cos\theta}{r}=15\times\frac{2\times15\times\cos30°}{0.6}=650[\mathrm{m/s^2}]\quad\cdots\text{(답)}$$

[연습문제 4-2]

입구에서 출구 쪽으로 서서히 가늘어지는 노즐에 체적유량(단위시간당 흐르는 체적. 상세한 내용은 5장 참조) $Q=0.02[\mathrm{m^3/s}]$로 물이 흐르고 있다. 입구 내경은 $D_1=9[\mathrm{cm}]$, 출구 내경은 $D_2=3[\mathrm{cm}]$이며 노즐 길이는 $\Delta s=36[\mathrm{cm}]$이다. 입구의 노즐 중심을 원점 O라고 하고 흐르는 방향으로 s축을 잡는다. 이때 다음 값을 구하여라.

(1) 임의의 s 위치에서 노즐의 단면적 A를 s의 함수로 나타내고, 노즐 중앙부분 $s_C=18[cm]$에서 단면적 A_C를 구하여라.

(2) 노즐 중앙부분에서 평균속도 U_C를 구하여라. 여기서 $Q=A_CU_C$ 관계가 성립된다(상세한 내용은 5장 참조).

(3) 평균속도 U의 거리 s에 대한 변화율 dU/ds를 s의 함수로 나타내고, 노즐 중앙부분에서의 변화율을 구하여라.

(4) 노즐 중앙부분에서 이류가속도 a를 구하여라.

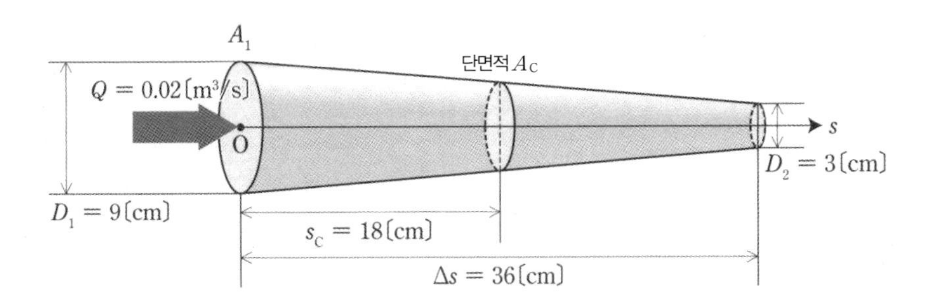

[풀이]

(1) 노즐 입구의 단면적을 A_1, 입구와 출구의 단면적 차이를 ΔA라고 하면 입구로부터의 거리 s에서 노즐 단면적 A는 다음과 같이 된다.

$$A = A_1 - \frac{\Delta A}{\Delta s}s$$

구체적인 값을 대입하면 다음과 같다.

$$A = \frac{\pi D_1^2}{4} - \frac{\pi(D_1^2 - D_2^2)/4}{\Delta s}s$$

$$= \frac{3.14 \times 0.09^2}{4} - \frac{3.14 \times (0.09^2 - 0.03^2)/4}{0.36}s$$

$$= 0.00636 - 0.0157s$$

노즐 중앙부분의 단면적 A_C는 $s=0.18[m]$를 대입하면 다음과 같다.

$$A_C = 0.00636 - 0.0157 \times 0.18 = 0.00353[m^2] \cdots (답)$$

(2) 여기서 노즐 중앙부분의 평균속도 U_C는 다음과 같이 된다.

$$U_C = \frac{Q}{A_C} = \frac{0.02}{0.00353} = 5.67[m/s] \cdots (답)$$

(3) 입구로부터의 거리가 s인 위치에서 평균속도 U의 거리 s에 대한 변화율은 다음과 같다.

$$\frac{\mathrm{d}U}{\mathrm{d}s}=\frac{\mathrm{d}}{\mathrm{d}s}\left(\frac{Q}{A}\right)=\frac{\mathrm{d}}{\mathrm{d}s}\left(\frac{Q}{0.00636-0.0157s}\right)=\frac{0.0157Q}{(0.00636-0.0157s)^2}$$

그러므로 노즐 중앙부분에서 $s=0.18[\mathrm{m}]$를 대입하면 다음과 같이 된다.

$$\frac{\mathrm{d}U}{\mathrm{d}s}=\frac{0.0157\times0.02}{(0.00636-0.0157\times0.18)^2}=25.1[\mathrm{s}^{-1}]\ \cdots\ (\text{답})$$

(4) 식 (4.6)에서 다음과 같은 값을 구할 수 있다.

$$a=U_{\mathrm{C}}\frac{\mathrm{d}U}{\mathrm{d}s}=5.67\times25.1=142[\mathrm{m/s^2}]\ \cdots\ (\text{답})$$

4-4 운동하는 유체의 용어

여기서 유체역학의 전문용어에 대해 잠깐 해설한다. 우선 시간이 지나도 유속이 변화하지 않는 유동을 **정상유동**steady flow이라고 한다. 예를 들면 그림 4-4(a)와 같이 수도꼭지에서 나오는 수돗물의 속도는 시간적으로 변화하지 않으며 물은 계속 흐른다. 한편, 시간이 경과함에 따라 유속이 변화하는 유동을 **비정상유동**unsteady flow이라고 한다. 그림 4-4(b)와 같이 탱크 내의 수위는 시간이 지날수록 낮아지므로 탱크에서 유출되는 물의 속도는 시간이 지나면서 느려진다(그 이유는 연습문제 6-4를 참조한다).

그림 4-5(a)와 같이 물과 밀도가 같은 작은 가루를 유체입자라고 가정하여 강에 흘린 후 가루의 움직임을 관찰해본다. 강 중앙 근처에서는 같은 방향으로 가루가 흐른다는 것을 알 수 있다. 즉, x 방향의 속도 u는 존재하지만, y 방향의 속도 v는 존재하지 않는다. 이와 같이 어느 한쪽 방향으로만 속도성분을 가진 유동을 **균일유동**uniform flow이라고 한다. 다음으로 그림 4-5(c)와 같이 강가 부근에서는 바위 뒤에 있는 가루의 흐름이 한쪽 방향이 아니라 매우 복잡하다는 것을 알 수 있다. 즉, x 방향의 속도 u 외에 y 방향의 속도 v도 존재한다. 이와 같이 어느 한쪽 방향 이외의 다른 속도성분도 가진 유동을 **불균일유동**ununiform flow이라고 한다.

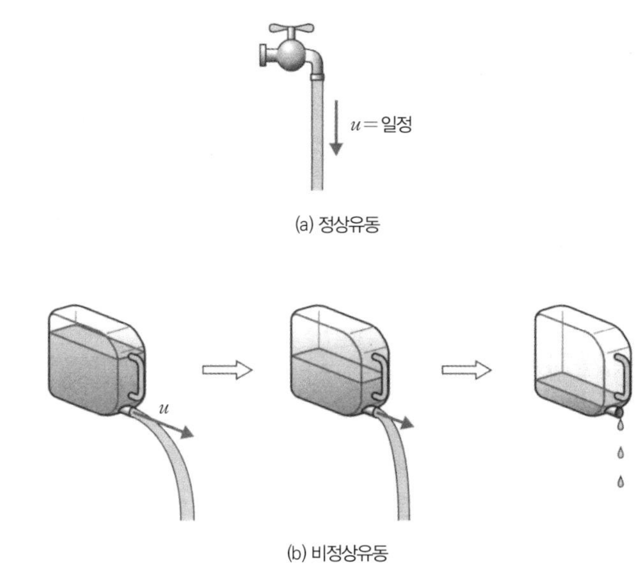

(a) 정상유동

(b) 비정상유동

|그림 4-4| 정상유동과 비정상유동

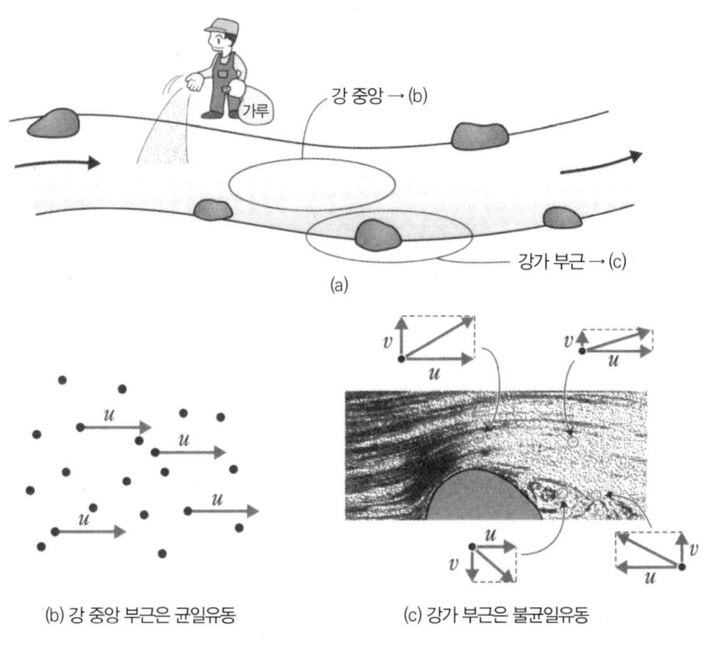

(b) 강 중앙 부근은 균일유동

(c) 강가 부근은 불균일유동

|그림 4-5| 균일유동과 불균일유동

여러 개의 풍선이 대기 속에서 운동하고 있는 경우를 생각해보자. 그림 4-6(a)와 같이 어떤 시간에서 각 풍선의 속도 벡터 u를 그려본다. 다음으로 그림 4-6(b)와 같이 접선이 풍선의 속도 벡터 방향과 일치하도록 곡선을 그린다. 이 곡선을 **유선**streamline이라고 한다. 즉, 풍선의

속도 벡터 u의 방향이 유선의 접선이 된다. 유선은 시간을 멈춘 상태에서 공간 사진을 찍어 흐름의 모습을 나타낸 것(오일러 방법)이다.

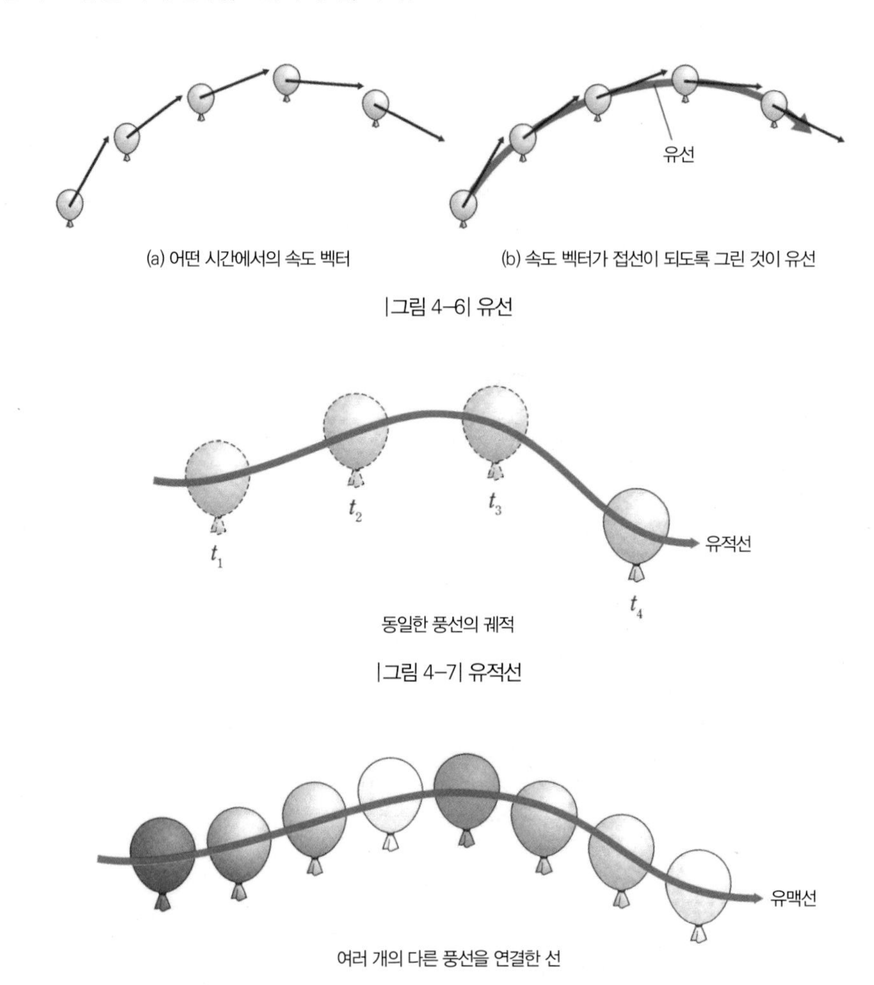

(a) 어떤 시간에서의 속도 벡터

(b) 속도 벡터가 접선이 되도록 그린 것이 유선

|그림 4-6| 유선

동일한 풍선의 궤적

|그림 4-7| 유적선

여러 개의 다른 풍선을 연결한 선

|그림 4-8| 유맥선

그림 4-7과 같이 한 개의 풍선이 시간에 따라 이동한 궤적을 **유적선**pathline이라고 한다. 유적선은 임의의 유체입자 한 개가 시간 경과에 따라 흐르는 형태를 나타낸 것(라그랑주 방법)이다.

그리고 그림 4-8과 같이 공간의 한 점에서 여러 개의 풍선을 대기 중에 띄웠을 때 그 풍선들을 연결한 선을 **유맥선**streakline이라고 한다. 유맥선은 굴뚝에서 피어오르는 연기에도 비유할 수 있다. 유맥선과 유적선의 차이는, 유맥선은 다수의 유체입자, 유적선은 1개의 유체입자를 관측 대상으로 한다는 것이다. 시간에 따라 유속이 변화하지 않는 정상유동에서는 유선, 유적선 및 유맥선이 모두 일치하지만, 비정상유동에서는 일치하지 않는다.

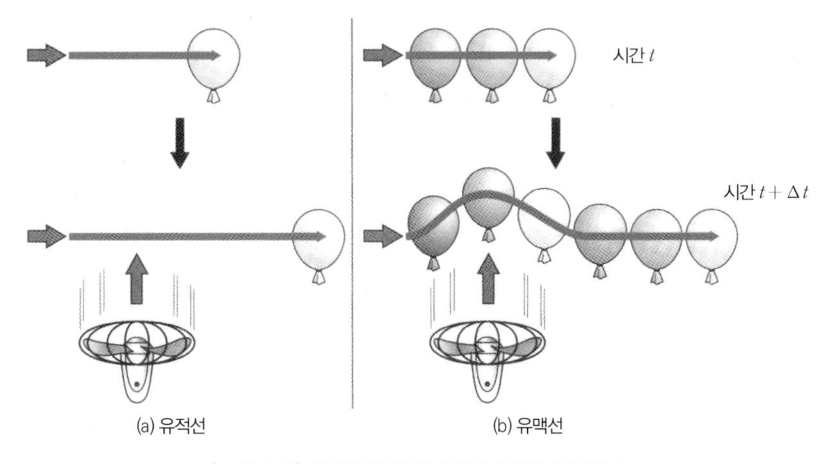

|그림 4-9| 비정상유동에서 유적선과 유맥선의 차이|

비정상유동에서 유적선과 유맥선이 어떻게 다른지 생각해보자. 그림 4-9와 같이 왼쪽에서 오른쪽으로 정상류가 흐르는 곳에서 시간 t에 풍선을 내보내고 그로부터 Δt초 후 풍선을 내보낸 지점의 약간 하류 측에서 흐름에 수직인 방향으로 바람이 분다고 가정한다. 먼저 풍선을 한 개만 내보냈을 때의 궤적을 그려보자. 풍선이 통과한 후 바람이 불었다면 풍선은 그 바람의 영향을 받지 않고 곧장 하류로 흐른다. 따라서, 이 경우의 유적선은 그림 4-9(a)와 같이 직선이 된다. 다음으로 여러 개의 풍선을 연속적으로 내보냈을 때의 궤적을 그려보자. 시간 t~$t+\Delta t$ 사이에 풍선은 계속 흘러 곧바로 하류로 흘러가지만, 바람이 불면 그 장소를 통과하던 풍선은 바람의 영향을 받아 구불거린다. 따라서 이 경우의 유맥선은 그림 4-9(b)와 같이 곡선이 된다.

그림 4-10과 같이 다수의 유선에 의해 둘러싸인 관을 **유관**stream tube이라고 한다. 유선의 정의에 의하면 유체는 유관 중심 부분을 흐르는 것이 아니라 벽을 따라 흐른다. 따라서 유관은 마치 가상의 관과 같으며 유체는 이러한 가상의 관이 다발로 모인 것이라고 생각할 수 있다.

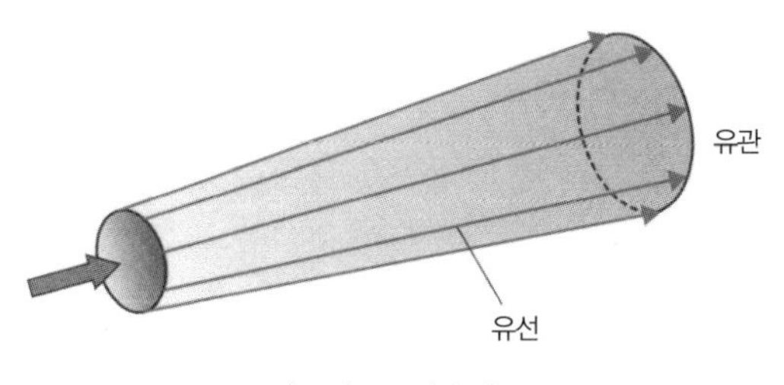

|그림 4-10| 유관

[연습문제 4-3]

다음 그림과 같이 시간 $t=0[\mathrm{s}]$에서 $t=4[\mathrm{s}]$까지 $u=1.0[\mathrm{m/s}]$, $v=0[\mathrm{m/s}]$의 속도로 물이 흐르고 있다. $t=0[\mathrm{s}]$일 때 점 A에서 유색 그림물감을 물에 넣고 점 A를 통과하는 물의 궤적을 그린다. $t=0[\mathrm{s}]$에서 $t=4[\mathrm{s}]$까지는 그림과 같이 유선, 유적선, 유맥선이 모두 일치한다.

시간 $t=4[\mathrm{s}]$가 경과했을 때 이 유체의 속도성분은 $u=0.707[\mathrm{m/s}]$, $v=0.707[\mathrm{m/s}]$가 되고, 그 후 계속 일정한 속도로 흐른다. $t=7[\mathrm{s}]$, $t=10[\mathrm{s}]$인 각 시점에서의 유선, 유적선, 유맥선을 나타내보자.

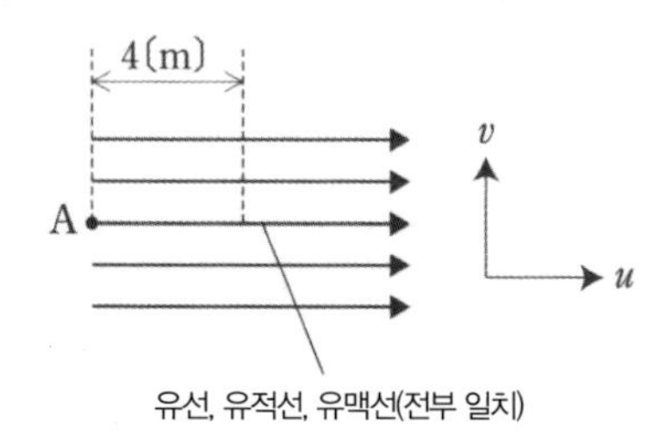

[풀이]

해답은 다음 그림과 같다. 화살표 실선이 유선, 점 A에서 시작해 한 번 꺾어지는 화살표 굵은 실선이 유적선, 점 A의 위쪽에서 꺾이는 굵은 실선이 끝나는 지점과 만나는 가느다란 화살표 실선이 유맥선을 나타낸다. 앞의 그림과 같이 $t=0[\mathrm{s}]$에서는 유선, 유적선, 유맥선이 일치한다. 하지만, $t=7[\mathrm{s}]$, $t=10[\mathrm{s}]$에서는 이들이 다른 궤적을 그린다는 것을 알 수 있다. 따라서 다음 그림과 같은 비정상유동에서는 유맥선과 유적선이 유선과 일치하지 않는다는 것을 알 수 있다.

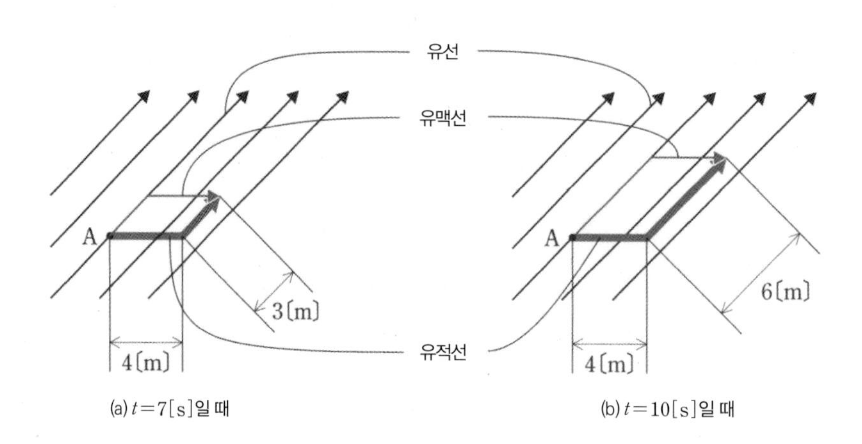

(a) $t=7[\mathrm{s}]$일 때　　(b) $t=10[\mathrm{s}]$일 때

4-5 압축성과 비압축성

그림 4-11(a)와 같이 실린더에 들어 있는 액체를 피스톤으로 누르면 유체에 압력이 가해져서 유체의 체적과 밀도가 변화한다. 또한 유체가 고속으로 운동하면 압력 변화에 의해 유체의 체적과 밀도가 변화한다. 이러한 성질을 유체의 **압축성**compressibility이라고 한다. 유체의 압축성 정도는 그 유체의 음속 c와 속도 u의 비(무차원수)에 의해 결정되며, 그 비를 **마하수**Mach number Ma라고 하고 다음과 같이 나타낸다.

$$Ma = \frac{u}{c} \tag{4.11}$$

그림 4-11(b)와 같이 제트기가 압축성 유체 속을 고속으로 비행할 경우 날개 주위에서 압력 변화가 불연속적인 부분이 발생하는데 이것을 **충격파**shock wave라고 한다. 일반적인 기준으로는 마하수가 0.3 이상이 되면 압축성의 영향을 무시할 수 없다. 이러한 흐름을 **압축성 유동**compressible flow이라고 한다.

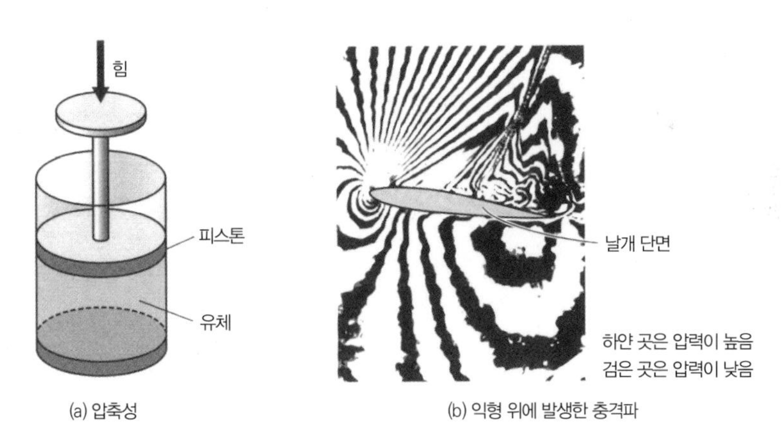

(a) 압축성 (b) 익형 위에 발생한 충격파

|그림 4-11| 압축성과 충격파

또한 마하수가 작은 흐름에서는 유체의 압축성을 무시할 수 있으며, 마하수가 0에 가까운 흐름을 **비압축성 유동**incompressible flow이라고 한다. **비압축성**incompressibility이란, 유체 자체의 운동에 따른 압력 변화에 의해 유체의 체적과 밀도가 변화하지 않는 것을 의미한다. 대부분의 경우 액체는 비압축성 유동으로 다룰 수 있다. 기체는 압축성을 갖지만 이 책에서는 압력 변화가 매우 작은 경우만 고려하므로 비압축성 유동으로 다룬다.

비압축성이란 '시간이 경과해도 어떤 흐름에서의 밀도가 항상 일정하게 유지되는 것'을 의미한다. 이것을 수학적으로 표현하면 물질미분(4-3절 참조)을 적용해 다음과 같이 정리된다.

$$\frac{D\rho}{Dt} = 0 \tag{4.12}$$

제 5 장

연속방정식과 운동방정식

고등학교 물리 시간에는 역학에서 물체의 질량 보존 법칙과 운동방정식을 배운다. 유동하는(흐르는) 유체에도 마찬가지로 질량 보존 법칙과 운동방정식이 성립하지만 그 식의 형태는 약간 다르다. 이 식이 도출되는 과정을 확실히 이해하고 물리적인 의미를 생각해보자.

5-1 연속방정식

날씨가 맑은 날에는 호스로 마당에 물을 뿌리는 광경을 종종 볼 수 있다. 그림 5-1과 같이 호스 끝에 부착하는 샤워 노즐의 종류는 다양하며, 물을 멀리까지 뿌리기 위해서는 샤워 노즐을 좁혀서 분사한다. 샤워 노즐을 좁혔을 때 물을 멀리까지 보낼 수 있는 이유는 무엇일까? 그것은 물의 출구 단면적을 축소하여 유출되는 물의 속도가 빨라졌기 때문이다.

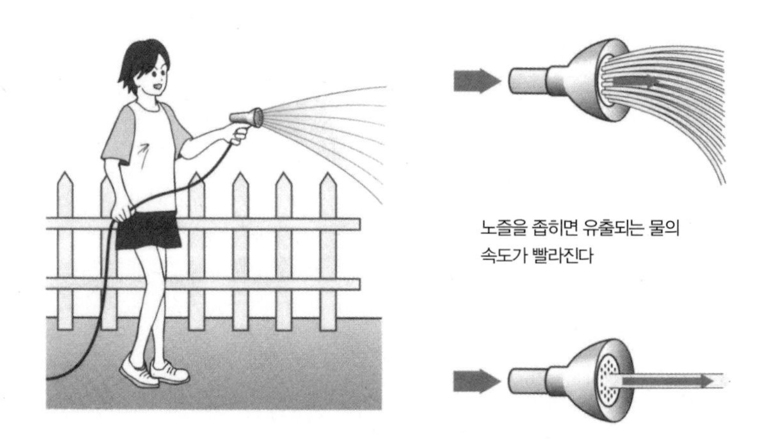

|그림 5-1| 샤워 노즐을 좁히면 어떻게 될까?

그림 5-2와 같이 단위시간당 흐르는 유체의 체적을 **체적유량**volume flow rate 또는 단순히 **유량**flow rate이라고 한다. 체적유량은 Q로 표시하며 단위는 [m^3/s]다. 한편, 단위시간당 흐르는 유체의 질량을 **질량유량**mass flow rate이라고 한다. 질량유량은 Q_m으로 표시하며 단위는 [kg/s]다. Q_m과 Q의 관계는 유체의 밀도를 ρ[kg/m^3]라고 했을 때 다음과 같다.

$$Q_m = \rho Q \tag{5.1}$$

이 예에서 알 수 있듯이 샤워 노즐을 붙여도 호스 입구 단면에 유입되는 체적유량과 샤워 노즐 출구에서 유출되는 체적유량은 같다. 호스 안에서 밀도 ρ가 변화하지 않으면(비압축성 유동) 질량유량도 호스 입구 단면과 샤워 노즐 출구에서 같다. 이것을 **질량 보존 법칙**mass conservation law이라고 한다. 즉 호스에 들어가는 물은 샤워 노즐로 나오며, 샤워노즐 중간에서 사라지는 것은 아니다.

그림 5-2와 같이 유체가 단면적 A의 원관 내에서 평균속도 U로 흐를 때, 체적유량 Q를 구해보자. 이 원관의 어떤 단면에서 시간 t 사이에 유출되는 유체의 체적 V는 $V=AUt$이므로 단위시간당 유출되는 체적, 즉 체적유량 Q는 다음과 같다.

$$Q=\frac{V}{t}=AU \tag{5.2}$$

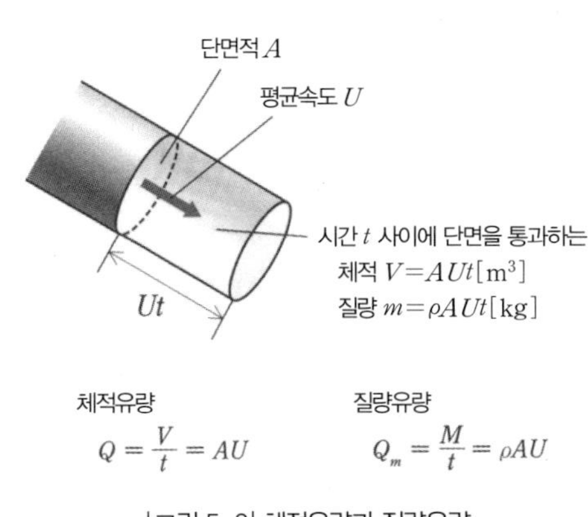

|그림 5-2| 체적유량과 질량유량

또한 식 (5.2)에 의해 체적유량 Q, 단면적 A를 이미 알고 있을 경우 그 평균속도를 $U=Q/A$로 구할 수 있다.

앞에서 설명한 물 뿌리는 예에서, 호스 단면적 A_1에서 샤워노즐의 단면적 A_2로 작아졌을 때의 속도 차이를 그림 5-3에 나타낸다. 비압축성 정상류인 경우 각 단면에서 체적유량 Q가 같으므로 식 (5.2)에서 다음과 같이 된다.

연속방정식

$$Q=A_1U_1=A_2U_2 \tag{5.3}$$

이것을 **연속방정식**equation of continuity이라고 한다. 이 식에서 체적유량 Q가 일정할 경우 단면적 A가 작을수록 평균속도 U가 커진다는 것을 알 수 있다. 이 연속방정식은 유체의 질량 보존 법칙을 식으로 나타낸 것이다. 또한 압축성 유체인 경우 질량유량 Q_m이 같으므로, 식 (5.1)에서 단면 A_1의 유체 밀도를 ρ_1, 단면 A_2의 유체 밀도를 ρ_2라고 하면 다음 식이 성립한다.

$$Q_m = \rho_1 A_1 U_1 = \rho_2 A_2 U_2 \tag{5.4}$$

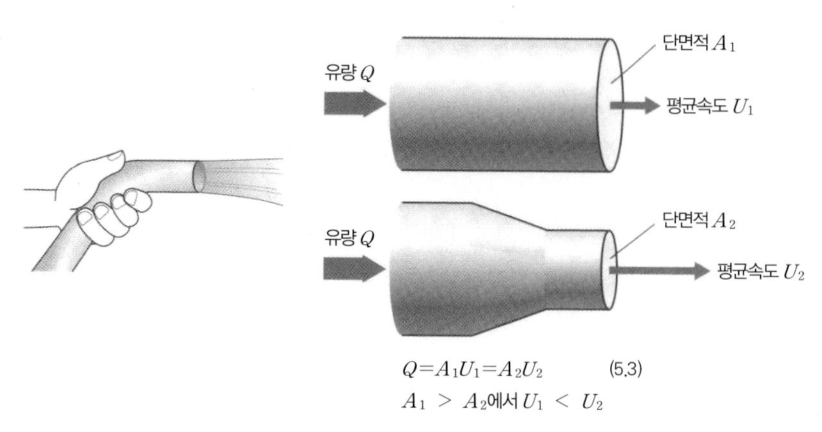

|그림 5-3| 연속방정식

다음에는 이 압축성 유체의 연속방정식을 2차원 유동2D flow에 응용해보자. 그림 5-4와 같이 xyz 공간에 $\mathrm{d}V = \mathrm{d}x\mathrm{d}y\mathrm{d}z$의 미소체적 ABCD가 있고, 면 AD의 x축 방향 속도 u(국소적인 유체의 속도이므로 소문자 u를 쓴다), 면 AB의 y축 방향 속도 v의 유체가 미소체적에 유입했다고 하자. 간단하게 생각하기 위해 z축 방향에는 속도가 없다고 가정하여, 그림에서 z 방향은 도시하지 않고 생략한다. 이때 미소체적에서 유출되는 유체의 속도, 즉 $x+\mathrm{d}x$ 위치의 면 BC의 x축 방향 속도는 $\left(u + \dfrac{\partial u}{\partial x}\mathrm{d}x\right)$(1장 참조), $y+\mathrm{d}y$ 면 DC의 y축 방향 속도는 $\left(v + \dfrac{\partial v}{\partial y}\mathrm{d}y\right)$가 된다.

이 미소체적 내의 질량유량 증감은 '미소체적에 유입되는 질량유량'에서 '미소체적에서 유출되는 질량유량'을 뺀 것으로 나타낼 수 있다. 먼저 x축 방향의 질량유량 증감에 대해 생각해보자. 면 AD에서 유입되는 x축 방향의 질량유량은 식 (5.4)와 면 AD, 면 BC의 면적이 $\mathrm{d}y\mathrm{d}z$이므로 $\rho u \mathrm{d}y\mathrm{d}z$가 되며 단위는 $\left[\dfrac{\mathrm{kg}}{\mathrm{m}^3}\dfrac{\mathrm{m}}{\mathrm{s}}\mathrm{m}^2\right] = \left[\dfrac{\mathrm{kg}}{\mathrm{s}}\right]$이 된다.

밀도의 단위
면적의 단위
속도의 단위

한편, 면 BC에서 유출되는 x축 방향의 질량유량은 $\left(\rho u+\frac{\partial \rho u}{\partial x}\mathrm{d}x\right)\mathrm{d}y\mathrm{d}z$ (ρ가 미분 속에 들어 있다는 데 주의한다)가 된다. 여기서 x부터 $x+\mathrm{d}x$까지 변화하는 사이의 x축 방향 질량유량 증감은 다음과 같다.

$$\left\{\left(\rho u+\frac{\partial \rho u}{\partial x}\mathrm{d}x\right)-\rho u\right\}\mathrm{d}x\mathrm{d}z=\frac{\partial \rho u}{\partial x}\mathrm{d}x\mathrm{d}y\mathrm{d}z \tag{5.5}$$

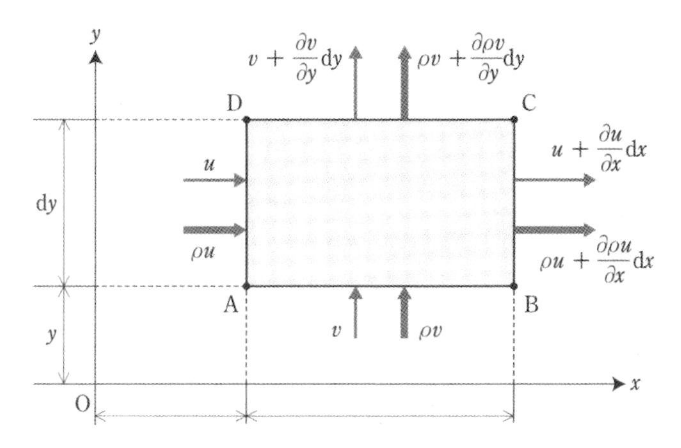

|그림 5-4| 미소부분에 유입, 유출되는 유체의 속도와 질량

y축 방향도 마찬가지로 성립되며 면 AB와 면 DC의 면적이 $\mathrm{d}x\mathrm{d}z$이므로 y에서 $y+\mathrm{d}y$까지 변화하는 사이의 y축 방향 질량유량의 증감은 다음과 같다.

$$\left\{\left(\rho v+\frac{\partial \rho v}{\partial y}\mathrm{d}y\right)-\rho v\right\}\mathrm{d}x\mathrm{d}z=\frac{\partial \rho v}{\partial y}\mathrm{d}y\mathrm{d}x\mathrm{d}z \tag{5.6}$$

미소체적 $\mathrm{d}V$ 전체에서 유입되고 유출되는 질량유량의 증감은 식 (5.5)에 식 (5.6)을 더해 $\frac{\partial \rho u}{\partial x}\mathrm{d}x\mathrm{d}y\mathrm{d}z+\frac{\partial \rho v}{\partial y}\mathrm{d}y\mathrm{d}x\mathrm{d}z$가 되고, 이 질량유량의 증감이 0일 때 미소체적 내 질량 보존 법칙이 성립하므로 다음과 같이 된다.

$$\frac{\partial \rho u}{\partial x}\mathrm{d}x\mathrm{d}y\mathrm{d}z+\frac{\partial \rho v}{\partial y}\mathrm{d}x\mathrm{d}y\mathrm{d}z=0 \tag{5.7}$$

이 식을 $\mathrm{d}x\mathrm{d}y\mathrm{d}z$로 나누면 다음과 같이 된다.

$$\frac{\partial \rho u}{\partial x}+\frac{\partial \rho v}{\partial y}=0 \tag{5.8}$$

이 식 (5.8)을 미분으로 나타낸 압축성 정상류의 연속방정식이라고 부른다. 유체 속도 벡터를 $\boldsymbol{u}=(u, v)$라고 하고 div(다이버전스divergence라고 읽는다), 벡터 미분 연산자 ∇(나블라nabla라고 읽는다. $\nabla=\partial/\partial x,\ \partial/\partial y$)를 사용해 식 (5.8)을 다시 쓰면 다음과 같다.

$$\text{div}\ \rho\boldsymbol{u}=\nabla\cdot\rho\boldsymbol{u}=0 \tag{5.9}$$

벡터의 내적이므로 ·이 있다는 데 주의한다

div $\rho\boldsymbol{u}$와 $\nabla\cdot\rho\boldsymbol{u}$는 미소체적 d$V$에서 질량유량의 증감을 나타낸 것으로 **발산**divergence이라고 한다. 즉, 연속방정식이란 발산이 0으로 되는 것이다. 또한, 비압축성 유체의 경우 ρ가 일정하므로 미분 밖으로 빼면 식 (5.8)과 식 (5.9)는 다음과 같이 된다.

$$\frac{\partial u}{\partial x}+\frac{\partial v}{\partial y}=0 \tag{5.10}$$

$$\text{div}\ \boldsymbol{u}=\nabla\cdot\boldsymbol{u}=0 \tag{5.11}$$

미소체적 내에서 온천과 같이 **용출**source하거나 싱크대처럼 **흡입**sink하는 경우, 미소체적에 유입된 질량유량과 미소체적에서 유출되는 질량유량이 서로 달라지며, 식 (5.8)~식 (5.11) 우변은 0이 되지 않는다.

[연습문제 5-1]

그림과 같이 내경 $d=25.4[\text{mm}]$인 가스관 끝을 둥근 형태로 하고, 여기에 지름 $D=254[\text{mm}]$인 원판을 중심에 맞춰 설치했다. 또한, 원판에서 간격 $b=127[\text{mm}]$인 곳에 같은 크기의 원판을 평행하게 설치했다. 가스관에 유입된 가스는 2장의 원판 사이에서 유출된다. 가스관 내에서 유량 $Q_1=28[\text{L/s}]$로 가스가 흐를 때 원관 내의 평균속도 U_1과 원판 사이의 평균속도 U_2를 구하여라. 단, 가스는 비압축성이다.

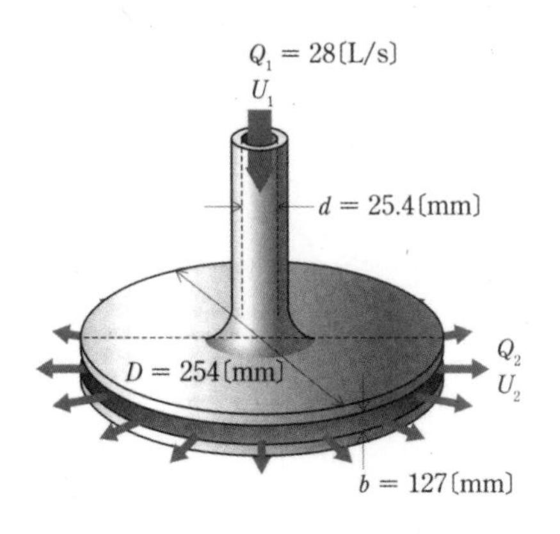

[풀이]

가스관 내의 유량은 $Q_1 = 28[\mathrm{L/s}] = 0.028(\mathrm{m^3/s})$이며 식 (5.2)에서 다음과 같은 식을 얻을 수 있다.

$$Q_1 = \pi \frac{d^2}{4} U_1$$

$$U_1 = \frac{4Q_1}{\pi d^2} = \frac{4 \times 0.028}{3.14 \times 0.0254^2} = 55.3[\mathrm{m/s}] \quad \cdots \text{(답)}$$

한편, 평행 원판 출구의 유량을 $Q_2[\mathrm{m^3/s}]$라고 하면 평행 원판 출구의 원둘레 면적은 $\pi Db[\mathrm{m^2}]$이므로 연속방정식(식 (5.3))에서 다음과 같이 된다.

$$Q_2 = \pi D b U_2 = Q_1$$

여기서 다음과 같은 식을 얻을 수 있다.

$$U_2 = \frac{Q_1}{\pi Db} = \frac{0.028}{3.14 \times 0.254 \times 0.0127} = 2.76[\mathrm{m/s}] \quad \cdots \text{(답)}$$

[연습문제 5-2]

다음 그림과 같이 물이 원관 ①과 원관 ②에서 탱크로 유입되고, 원관 ③과 원관 ④에서 유출된다. 원관 ①, 원관 ②의 평균유입속도 U_1, U_2와 원관 ③의 평균유출속도 U_3은 모두 $50[\mathrm{cm/s}]$다. 원관 ④에서 유출되는 유량 Q_4와 평균유출속도 U_4를 구하여라.

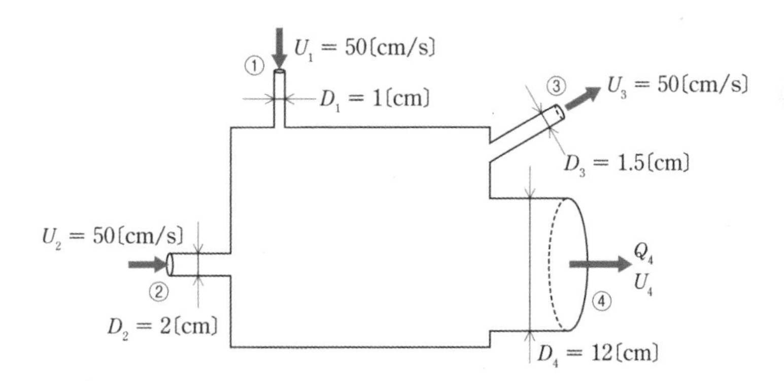

[풀이]

원관 ①, ②, ③의 단면적을 각각 A_1, A_2, A_3이라고 하면 연속방정식에 의해 다음과 같이 된다.

$$U_1 A_1 + U_2 A_2 = U_3 A_3 + Q_4$$

따라서, 원관 ④에서 유출되는 유량 Q_4는 다음과 같이 된다.

$$Q_4 = U_1 A_1 + U_2 A_2 - U_3 A_3$$
$$= 50 \times 10^{-2} \times \frac{3.14}{4}(1^2 + 2^2 - 1.5^2) \times 10^{-4}$$
$$= 1.08 \times 10^{-4} [\mathrm{m^3/s}] \ \cdots \text{(답)}$$

원관 ④의 단면적을 A_4라고 하면 평균속도 U_4는 다음과 같다.

$$U_4 = \frac{Q_4}{A_4} = \frac{1.08 \times 10^{-4}}{3.14 \times 12^2 \times 10^{-4}/4} = 9.55 \times 10^{-3} [\mathrm{m/s}] \ \cdots \text{(답)}$$

5-2 오일러 운동방정식

식 (1.2)에서 강체의 운동방정식을 단위질량당으로 나타내면 다음과 같다.

$$\underbrace{a}_{\text{관성항}} - \underbrace{\frac{\Sigma F}{m}}_{\text{힘의 총합}} = 0 [\mathrm{N/kg}] = [\mathrm{m/s^2}] \tag{5.12}$$

제1항은 관성항, 제2항은 그 강체에 작용하는 힘의 총합이며 단위질량당으로 나타내므로 단위는 $[\mathrm{m/s^2}]$가 되어 가속도와 같다. 유체의 운동방정식도 기본적으로는 이 강체의 운동방정식과 같다. 유체의 점성을 무시한 운동방정식을 **오일러 운동방정식**Euler's equation of motion이라고 한다. 이 오일러 운동방정식은 유선상 거리 s에서의 1차원 운동방정식으로 비압축성, 비점성, 정상유동인 경우 다음과 같이 표기할 수 있다.

오일러 운동방정식(1차원, 비압축성, 비점성, 정상유동)

$$\underbrace{u\frac{\mathrm{d}u}{\mathrm{d}s}}_{\text{관성항}} + \underbrace{g\frac{\mathrm{d}z}{\mathrm{d}s}}_{\text{중력항}} + \underbrace{\frac{1}{\rho}\frac{\mathrm{d}p}{\mathrm{d}s}}_{\text{압력 기울기항}} = 0 [\mathrm{m/s^2}] = [\mathrm{N/kg}] \tag{5.13}$$

여기서, u는 유체의 속도, g는 중력가속도, ρ는 유체의 밀도, p는 압력이다. 유체에서는 질량 m 대신 단위체적당 질량, 즉 밀도 ρ를 사용한다. 식 (5.13)에서는 제1항 $u(\mathrm{d}u/\mathrm{d}s)$가 강체의 운동방정식(식 (5.12))의 관성항 a에 해당한다. 제2항과 제3항이 힘의 총합 $-\Sigma F/m$을 나타내며 각각 중력항과 압력 기울기항이 된다. 단위는 $[\mathrm{m/s^2}]$이고 가속도와 같다. 식 (5.13)의 양변에 밀도 $\rho[\mathrm{kg/m^3}]$를 곱하면 다음과 같이 되어 단위체적당 오일러 운동방정식이 된다.

$$\rho u\frac{\mathrm{d}u}{\mathrm{d}s}+\rho g\frac{\mathrm{d}z}{\mathrm{d}s}+\frac{\mathrm{d}p}{\mathrm{d}s}=0[\mathrm{N/m^3}] \tag{5.14}$$

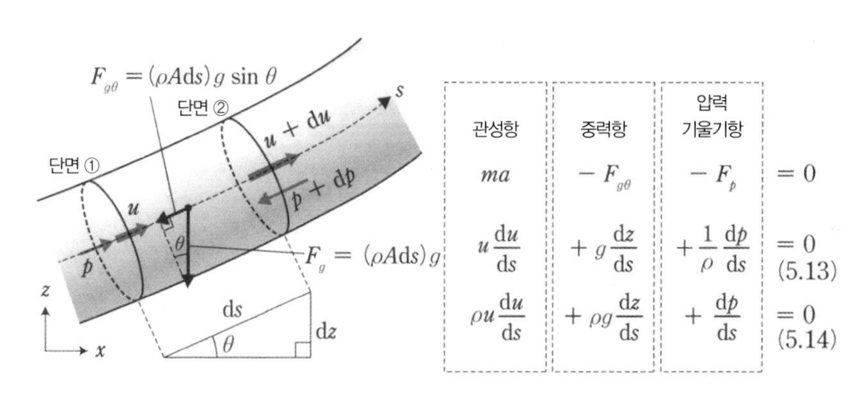

|그림 5-5| 오일러 운동방정식

다음에는 식 (5.13)의 오일러 운동방정식을 도출해보자. 그림 5-5와 같이 x축에 대해 θ만큼 기울어진 단면 ①과 단면 ②로 둘러싸인 단면적 A, 길이 $\mathrm{d}s$의 미소 원기둥 내 밀도 ρ의 유체에 대해, 유선 s 방향으로 운동방정식을 세워보자. 이 미소 원기둥의 질량 m은 $m=\rho A\mathrm{d}s$, 가속도 a는 식 (4.6)에서 $a=u(\mathrm{d}u/\mathrm{d}s)$이므로 (질량 m)×(가속도 a)는 다음과 같다.

$$ma=\rho A\mathrm{d}s\times u\left(\frac{\mathrm{d}u}{\mathrm{d}s}\right) \tag{5.15}$$

다음으로 합력 ΣF를 구해보자. 이 합력은 유체의 단면 ①에 작용하는 전압력, 단면 ②에 작용하는 전압력 및 중력으로 이루어진다. 단면 ①에 전압력 pA가 작용하고, 단면 ②에 전압력 $(p+\frac{\mathrm{d}p}{\mathrm{d}s}\mathrm{d}s)A$가 작용한다(1장 참조). 이제 중력에 대해 생각해보자. 이 미소 원기둥의 유체에 걸리는 중력은 $F_g=m_g=(\rho A\mathrm{d}s)g$이므로 유선 s 방향 성분 $F_{g\theta}$는 다음과 같다.

$$F_{g\theta}=(\rho A\mathrm{d}s)g\sin\theta \tag{5.16}$$

$\sin\theta$는 미소거리 ds와 미소높이 dz를 활용하여 다음과 같이 나타낼 수 있다.

$$\sin\theta = \frac{\mathrm{d}z}{\mathrm{d}s} \tag{5.17}$$

그러므로 식 (5.16)은 다음과 같이 된다.

$$F_{g\theta} = (\rho A\mathrm{d}s)g\frac{\mathrm{d}z}{\mathrm{d}s} \tag{5.18}$$

이 유체에 작용하는 유선 s 방향의 합력 ΣF는 플러스(+)·마이너스(−) 방향에 주의하여 전압력과 식 (5.18)을 더하면 다음과 같이 나타낼 수 있다.

$$\begin{aligned}\Sigma F &= pA - \left(p + \frac{\mathrm{d}p}{\mathrm{d}s}\mathrm{d}s\right)A - (\rho A\mathrm{d}s)g\frac{\mathrm{d}z}{\mathrm{d}s} \\ &= -(\rho A\mathrm{d}s)g\frac{\mathrm{d}z}{\mathrm{d}s} - A\mathrm{d}p\end{aligned} \tag{5.19}$$

이상에서 유체의 운동방정식은 식 (5.15)와 식 (5.19)를 운동방정식 $ma - \Sigma F = 0$에 대입하면 다음과 같다.

$$(\rho A\mathrm{d}s)u\frac{\mathrm{d}u}{\mathrm{d}s} + (\rho A\mathrm{d}s)g\frac{\mathrm{d}z}{\mathrm{d}s} + A\mathrm{d}p = 0 \tag{5.20}$$

여기서 양변을 $\rho A\,\mathrm{d}s$로 나누면 다음과 같다.

$$u\frac{\mathrm{d}u}{\mathrm{d}s} + g\frac{\mathrm{d}z}{\mathrm{d}s} + \frac{1}{\rho}\frac{\mathrm{d}p}{\mathrm{d}s} = 0 \tag{5.21}$$

이제 식 (5.13)과 같은 오일러의 운동방정식이 증명되었다. 이 식 (5.21)의 양변에 ρ를 곱하고 적분해서 분자 d 뒤에 놓으면 다음과 같이 된다.

$$\frac{\mathrm{d}(\rho u^2/2)}{\mathrm{d}s} + \frac{\mathrm{d}(\rho g z)}{\mathrm{d}s} + \frac{\mathrm{d}p}{\mathrm{d}s} = 0 \tag{5.22}$$

여기서 u는 s의 함수, ρ와 g는 상수라는 데 주의해야 하며 적분해서 d의 ( ) 안에 넣는다. 이 식에서 오일러 운동방정식은 유선상의 거리 s에 대한 운동에너지의 변화율, 위치에너지의 변화율, 압력에너지의 변화율 총합이 0이라는 것을 의미한다.

식 (5.21)을 도출하면서 비압축성, 비점성, 정상유동의 유선 s축에 따른 1차원 오일러 운동방정식에 대해 설명하였다. 이어서 2차원 비정상유동에 대응하는 오일러 운동방정식에 대해 살펴본다.

식 (4.7)에서 설명한 것처럼 비정상유동의 가속도는 순간가속도와 이류가속도의 합으로 나타내고, 식 (4.8)에서 설명한 것처럼 그 가속도를 $x-y$축 방향의 2차원으로 확장하면 식 (5.13)의 오일러 운동방정식은 다음과 같이 된다.

$$\frac{\partial u}{\partial t}+u\frac{\partial u}{\partial x}+v\frac{\partial u}{\partial y} = -\frac{1}{\rho}\frac{\partial p}{\partial x}+F_x$$

$$\frac{\partial v}{\partial t}+u\frac{\partial v}{\partial x}+v\frac{\partial v}{\partial y} = -\frac{1}{\rho}\frac{\partial p}{\partial y}+F_y \tag{5.23}$$

여기서 속도 벡터는 $\boldsymbol{u}=(u,\ v)$, 중력항은 일반적으로 외력항이라고 생각하고 F_x와 F_y로 나타낸다. 이 식을 물질미분과 grad(그래디언트gradient라고 읽으며 기울기를 의미한다)로 나타내면 다음과 같이 된다.

$$\frac{D\boldsymbol{u}}{Dt}=-\frac{1}{\rho}\text{grad}\ p+\boldsymbol{F} \tag{5.24}$$

굵은 글씨 $\boldsymbol{u}$와 $\boldsymbol{F}$가 벡터라는 데 주의하자. 여기서 grad는 벡터의 미분연산자로 식 (5.25)와 같으며, 속도 벡터는 $\boldsymbol{u}=(u,\ v)$, 외력 벡터는 $\boldsymbol{F}=(F_x,\ F_y)$로 나타낸다.

$$\text{grad}=\left(\frac{\partial}{\partial x},\ \frac{\partial}{\partial y}\right) \tag{5.25}$$

[연습문제 5-3]

단면이 일정한 수평관 내를 비압축성, 비점성의 밀도 $\rho=1000[\text{kg/m}^3]$인 물이 순간가속도 $a=2.0[\text{m/s}^2]$로 흐를 때 관축(x축) 방향의 압력변화를 x의 함수로 나타내고, $x=10.0[\text{m}]$ 위치의 압력을 구하여라. 단, 수평관 입구의 압력은 $p_0=3.0\times10^5[\text{Pa}]$이고, 중력 등 외력의 영향은 무시한다.

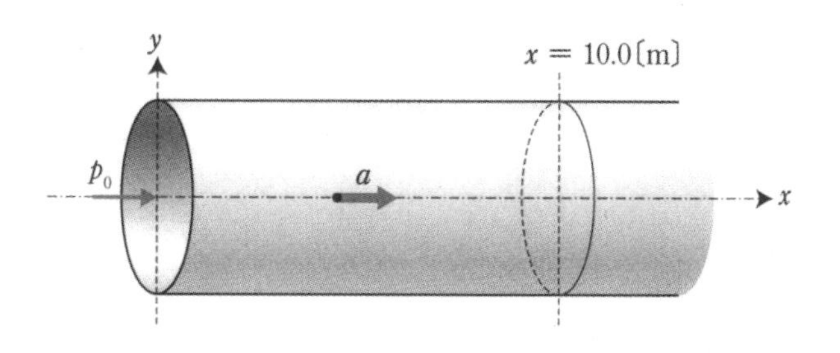

[풀이]

x축 방향의 속도를 u, y축 방향의 속도를 v라고 하면 $\mathrm{d}u/\mathrm{d}t=a$, $v=0$이 된다. 식 (5.23)의 비정상유동 오일러 운동방정식에서 단면이 일정한 수평관이기 때문에 이류가속도를 무시할 수 있으므로 x축 방향 성분은 다음과 같이 된다.

$$a = -\frac{1}{\rho}\frac{\partial p}{\partial x}$$

이것을 적분하면 관 입구($x=0$)에서 $p=p_0$이므로 다음과 같다.

$$p=-\rho ax+p_0 \cdots \text{(답)}$$

따라서, 압력은 x축 방향에 대해 직선적으로 변화한다는 것을 알 수 있다. 구체적인 값을 대입하면 $x=10.0[\mathrm{m}]$ 위치에서의 압력은 다음과 같이 된다.

$$p=-1000\times2.0\times10.0+3.0\times10^5=2.8\times10^5[\mathrm{Pa}] \cdots \text{(답)}$$

또한, 오일러 운동방정식의 y축 방향 성분은 다음과 같다.

$$0 = -\frac{1}{\rho}\frac{\partial p}{\partial y}$$

p가 일정하므로 y축 방향으로는 압력이 변화하지 않는다.

제 6 장

베르누이의 정리와 응용

고등학교 물리시간에 배우는 역학에서는 질량 보존 법칙, 에너지 보존 법칙, 운동량 보존 법칙과 같이 세 가지 보존 법칙이 나온다. 유체의 질량 보존 법칙은 이미 5장에서 학습하였다. 6장에서는 유체의 에너지 보존 법칙인 베르누이의 정리를 도출하는 과정을 배우고 물리적인 의미를 생각해본다. 또한 베르누이의 정리가 일상생활에서 적용되는 예도 살펴본다. 운동량 보존 법칙은 7장에서 배운다.

6-1 베르누이의 정리

유체가 흐르는 원관의 상류 측을 하류 측보다 높게 들어올리고, 상류 측과 하류 측의 유체 속도를 비교해보자. 직감적으로 하류 쪽이 빨라진다는 것을 알 수 있을 것이다. **에너지 보존 법칙**conservation law of energy에 의해 위치 에너지와 운동 에너지의 합이 보존되므로 위치 에너지가 작아지면 운동 에너지가 증가하여 속도가 빨라진다. 이것은 롤러코스터(그림 6–1) 등과 같은 강체의 에너지 보존 법칙을 예로 들면 이해하기 쉽다.

위치 에너지와 운동 에너지의 합은 어떤 위치에서도 같다

|그림 6–1| 에너지 보존 법칙의 예(롤러코스터)

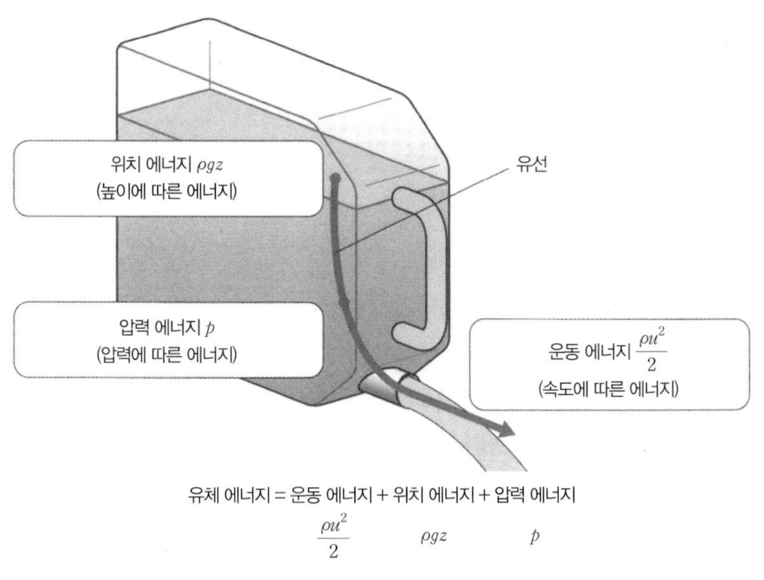

|그림 6-2| 탱크 내 유체의 에너지

그러나 유체에는 강체와 달리 운동 에너지와 위치 에너지 외에 압력 에너지도 존재한다. 그림 6-2와 같은 탱크 안의 물에 주목해서 자신이 물이 되었다고 생각하고 유선을 따라 움직여 보자. 수도꼭지를 틀면 물이 세게 나가지만 이것은 위치 에너지와 압력 에너지가 운동 에너지로 변환된 결과라고 볼 수 있다. 유체에서는 운동 에너지, 위치 에너지, 압력 에너지의 합이 일정하다. 또한 유체는 형태가 정해져 있지 않으므로 단위체적당 질량, 즉 밀도를 사용해 단위체적당 에너지로 생각한다. 따라서 유선에 따른 유체의 에너지 보존 법칙은 다음과 같으며 식의 단위는 [Pa] = [N·m(에너지의 단위)/m^3(체적의 단위)]이고 단위체적당 에너지의 단위가 된다.

베르누이 방정식

$$\frac{\rho u^2}{2} + \rho gz + p = \text{const.}\ [\text{Pa}] \tag{6.1}$$

이 식을 **베르누이 방정식**Bernoulli's equation이라고 한다. 이것은 유체의 단위체적당 에너지 보존 법칙을 나타내며, 그 보존 법칙을 **베르누이의 정리**Bernoulli's theorem라고 한다. 식 (6.1)의 양변을 ρg로 나누면 다음과 같이 된다.

$$\frac{u^2}{2g} + z + \frac{p}{\rho g} = H\,[\text{m}] \tag{6.2}$$

속도수두 위치수두 압력수두 전수두

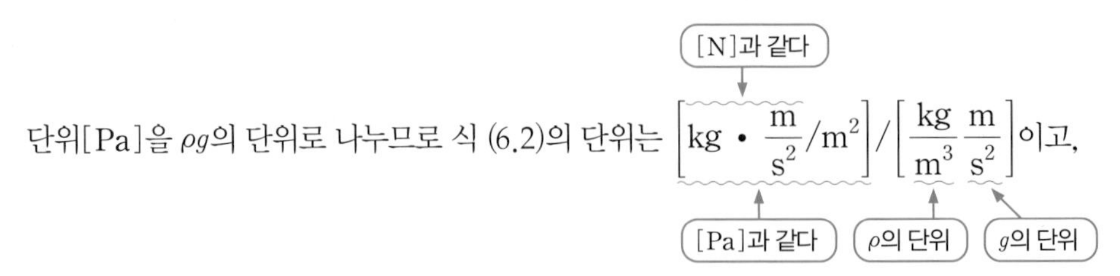

단위[Pa]을 ρg의 단위로 나누므로 식 (6.2)의 단위는 $\left[\mathrm{kg}\cdot\frac{\mathrm{m}}{\mathrm{s}^2}/\mathrm{m}^2\right]/\left[\frac{\mathrm{kg}}{\mathrm{m}^3}\frac{\mathrm{m}}{\mathrm{s}^2}\right]$이고, 결국 높이의 단위[m]가 된다. 이처럼 높이의 단위로 에너지를 나타낸 것을 **헤드**head 또는 **수두**라고 하고, 식 (6.2)의 $u^2/2g$를 **속도수두**velocity head, z를 **위치수두**potential head, $p/\rho g$를 **압력수두**pressure head, 이들의 총합 H를 **전수두**total head라고 한다.

식 (6.1)과 식 (6.2)에 나타낸 베르누이의 정리는 비점성(8장 참조), 비압축성(4장 참조) 유체(이상유체)인 정상유동의 유선에서만 성립한다. 유선상이 아닌 다른 곳에서 베르누이 방정식을 잘못 사용할 수 있으므로 주의하기 바란다.

식 (6.1)에 나타낸 베르누이 방정식을 식 (5.14)의 단위체적당 오일러 운동방정식으로 증명해보자. 오일러 운동방정식을 한 번 더 나타내면 다음과 같다.

$$\rho u\frac{\mathrm{d}u}{\mathrm{d}s}+\rho g\frac{\mathrm{d}z}{\mathrm{d}s}+\frac{\mathrm{d}p}{\mathrm{d}s}=0 \tag{6.3}$$

식 (6.3)을 유선 s를 따라 적분하면 다음과 같다.

$$\rho\int u\frac{\mathrm{d}u}{\mathrm{d}s}\mathrm{d}s+\rho g\int\frac{\mathrm{d}z}{\mathrm{d}s}\mathrm{d}s+\int\frac{\mathrm{d}p}{\mathrm{d}s}\mathrm{d}s=C$$

$$\rho\int u\mathrm{d}u+\rho g\int\mathrm{d}z+\int\mathrm{d}p=C \tag{6.4}$$

C는 적분상수이다. 식 (6.4)를 적분하면 다음과 같다.

$$\frac{\rho u^2}{2}+\rho gz+p=\mathrm{const.} \tag{6.5}$$

따라서, 식 (6.1)에 나타낸 베르누이 방정식이 증명된다.

[연습문제 6-1]

다음 그림과 같이 연직 상향의 노즐에서 물을 분출시킨다. 노즐 출구 ①에서 물의 최고 상승점 ②의 높이 $h=30$[m]가 되는 데 필요한 노즐 출구 ①에서의 물의 속도 u_1을 구하여라. 단, 물과 공기와의 마찰손실은 무시한다.

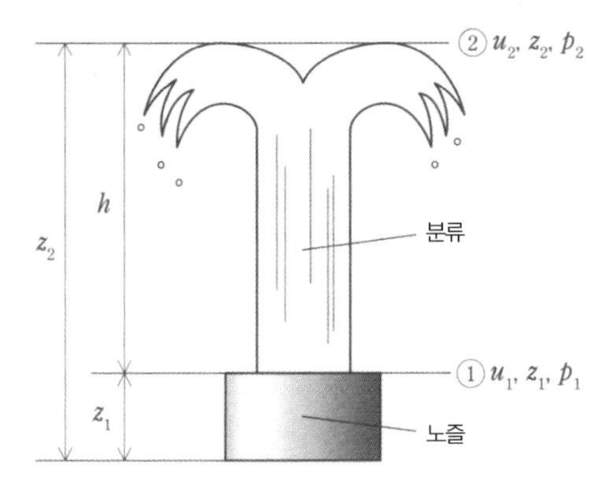

[풀이]

기준면에서 노즐 출구 ①의 높이를 z_1, 압력을 p_1, 속도를 u_1이라고 하고 물의 최고 상승점 ②의 높이를 z_2, 압력을 p_2, 속도를 u_2라고 한다. 노즐 출구 ①과 최고 상승점 ② 사이에서 식 (6.1)과 같은 베르누이 방정식을 적용하면 다음과 같다.

$$\frac{\rho u_1^2}{2} + \rho g z_1 + p_1 = \frac{\rho u_2^2}{2} + \rho g z_2 + p_2$$

여기서 압력은 $p_1 = p_2 = p_a$ (대기압)이고, 최고 상승점 ②에서는 $u_2 = 0$, $z_2 - z_1 = h$이므로 다음과 같이 된다.

$$\frac{\rho u_1^2}{2} = \rho g h$$

따라서 다음과 같이 속도를 구할 수 있다.

$$u_1 = \sqrt{2gh} = \sqrt{2 \times 9.81 \times 30} = 24.3[\mathrm{m/s}] \ \cdots \text{(답)}$$

[연습문제 6-2]

다음 그림과 같은 축소관에서 수면 ①이 물의 유입에 의해 일정한 높이로 유지될 때 다음 값을 구하여라. 단, 에너지 손실은 없으며 수면 ①의 면적 A_1이 관 출구 ②의 면적 A_2보다 충분히 크고 수면 ①에서의 하강속도는 무시할 수 있다고 한다.

(1) 수면 ①로부터 $2.0[\mathrm{m}]$ 아래에 있는 내경 $D_2 = 6[\mathrm{cm}]$인 관 출구 ②에서 물의 속도 u_2와 유량 Q_2

(2) 수면 ①의 압력수두와 수면 ①로부터 $1.5[\mathrm{m}]$ 아래에 있는 내경 $D_3 = 4[\mathrm{cm}]$인 오목한 부분 ③의 압력수두의 차이

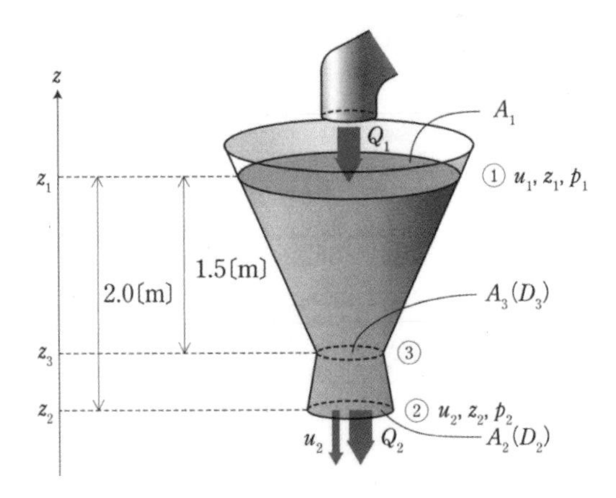

[풀이]

(1) 관 출구 ②를 기준으로 하여 수면 ①의 높이를 z_1, 압력을 p_1, 속도를 u_1이라고 하고, 관 출구 ②의 높이를 z_2, 압력을 p_2, 속도를 u_2라고 하여 수면 ①과 관 출구 ②에 식 (6.2)의 베르누이 방정식을 적용하면 다음과 같다.

$$\frac{u_1^2}{2g}+z_1+\frac{p_1}{\rho g}=\frac{u_2^2}{2g}+z_2+\frac{p_2}{\rho g}$$

$u_1=0$, $p_1=p_2=p_a$(대기압)이고 $z_1-z_2=2[\mathrm{m}]$이므로 다음과 같이 출구 속도를 구한다.

$$u_2=\sqrt{2g(z_1-z_2)}=\sqrt{2\times 9.81\times 2.0}=6.26[\mathrm{m/s}]\ \cdots\ (\text{답})$$

그리고 식 (5.2)에서 다음과 같이 출구 유량을 구한다.

$$Q_2=A_2u_2=\frac{\pi D_2^2}{4}u_2=\frac{3.14\times 0.06^2}{4}\times 6.26=0.0177[\mathrm{m^3/s}]\ \cdots\ (\text{답})$$

(2) 관 출구 ②를 기준으로 오목한 부분 ③의 높이를 z_3, 압력을 p_3, 속도를 u_3이라고 하고 수면 ①과 오목한 부분 ③ 사이에 식 (6.2)의 베르누이 방정식을 적용하면 다음과 같다.

$$\frac{u_3^2}{2g}+z_3+\frac{p_3}{\rho g}=\frac{u_1^2}{2g}+z_1+\frac{p_1}{\rho g}$$

유량 $Q_3=Q_2$에서 오목한 부분 ③의 속도 u_3은 다음과 같다.

$$u_3=\frac{Q_3}{A_3}=\frac{4Q_2}{\pi D_3^2}=\frac{4\times 0.0177}{3.14\times 0.04^2}=14.09[\mathrm{m/s}]$$

수면 ①에서의 하강 속도는 무시할 수 있으므로($u_1=0$), 오목한 부분 ③과 수면 ①의 압력수두 차이는 다음과 같다.

$$\frac{p_3}{\rho g}-\frac{p_1}{\rho g}=-\frac{u_3^2}{2g}+(z_1-z_3)=-\frac{14.09^2}{2\times 9.81}+1.5=-8.62[\mathrm{m}]\ \cdots\ (\text{답})$$

6-2 단면적이 변화하는 원관에서의 베르누이 방정식

이번에는 다음과 같이 실험해보자. 그림 6-3과 같이 수평으로 놓인 호스 안을 일정한 유량으로 물이 흐르고 있다. 이 호스 중간을 발로 살짝 밟아 호스의 단면적을 작게 했을 때, 하류 측에서 흐름 상태가 어떻게 변하는지 살펴보자. 결과적으로는 호스 중간을 밟아도 하류 측의 흐름 상태가 전혀 변하지 않을 것이다.

호스가 수평으로 놓여 있으므로 식 (6.1)에 나타난 베르누이 방정식에 대해 $z=0$이라고 하면 다음과 같이 된다.

$$\frac{\rho u^2}{2}+p=\text{const.} \tag{6.6}$$

유량이 일정하므로 호스 단면적이 작아진 곳에서는 속도가 빨라지고 운동 에너지가 증가한다. 그러나 에너지의 총합은 일정하므로 운동 에너지가 증가하는 만큼 압력 에너지가 감소한다. 호스의 단면적이 작아진 곳에서는 물이 흐르기 힘들기 때문에 압력이 상승할 것이라고 생각하는 사람도 있겠지만, 실제로는 압력이 낮아진다.

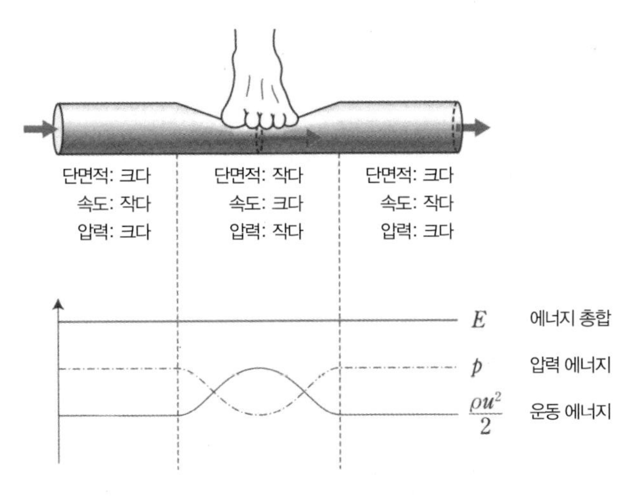

|그림 6-3| 호스를 발로 밟을 경우

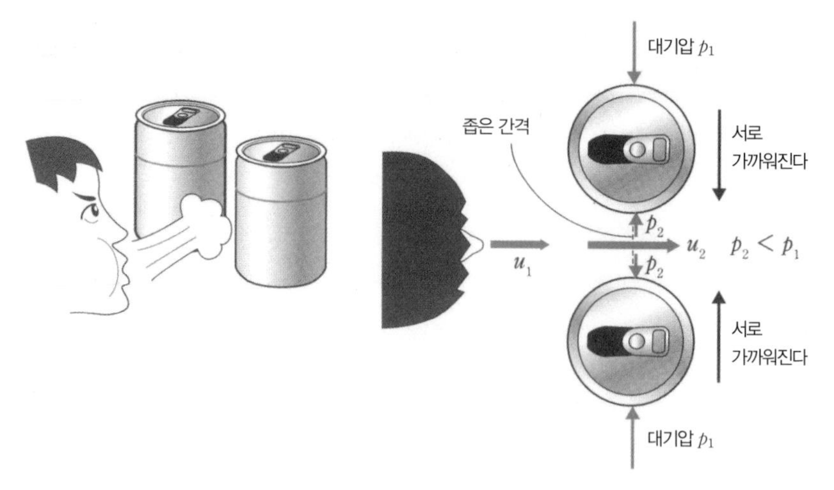

|그림 6-4| 서로 가까워지는 빈 캔

압력강하와 관련해 다른 예를 생각해보자. 그림 6-4와 같이 빈 캔을 2개 놔두고 그 사이에 숨을 강하게 내쉬면 2개의 캔이 서로 가까워질까? 아니면 멀어질까? 직감적으로 캔 사이가 떨어질 것 같다고 생각할 수 있지만 실제로는 서로 가까워진다. 왜냐하면 공기가 2개의 빈 캔 사이의 좁은 간격을 통과할 때 속도가 빨라지고 운동 에너지가 증가해 그 간격의 압력이 대기압보다 낮아지기 때문이다. 따라서 결과적으로 2개의 캔은 서로 가까워진다.

6-3 토리첼리의 정리

그러면 그림 6-2와 같이 탱크 하부에 있는 수도꼭지에서 유출되는 물의 속도와 유량을 구해보자. 그림 6-5와 같이 탱크의 단면적을 A_1, 수도꼭지의 단면적을 A_2라고 하고, 물의 마찰은 무시할 수 있으며 탱크에는 유출된 만큼 물을 공급하여 액면 높이가 일정하다고 한다. 탱크의 액면 ①과 수도꼭지의 중심 ② 사이의 유선이 있고 그 유선상에서 베르누이 방정식을 적용하면 다음과 같이 된다.

$$\frac{\rho u_1^2}{2} + \rho g z_1 + p_1 = \frac{\rho u_2^2}{2} + \rho g z_2 + p_2 \tag{6.7}$$

아래 첨자 1은 액면 ①의 각 물리량을 나타낸다.

아래 첨자 2는 수도꼭지의 중심 ②의 각 물리량을 나타낸다.

탱크의 액면 ①과 수도꼭지의 중심 ②의 압력은 대기압 p_a와 같다.

$$p_1 = p_2 = p_a \tag{6.8}$$

또한 탱크의 액면 ①과 수도꼭지의 중심 ② 사이의 연속방정식은 다음과 같다.

$$A_1 u_1 = A_2 u_2$$

$$u_1 = \frac{A_2}{A_1} u_2 \tag{6.9}$$

식 (6.8)과 식 (6.9)를 식 (6.7)의 베르누이의 방정식에 대입하여 수도꼭지에서 유출되는 물의 속도 u_2를 구하면 다음과 같다.

$$u_2 = \sqrt{\frac{2g(z_1 - z_2)}{1 - (A_2/A_1)^2}} \tag{6.10}$$

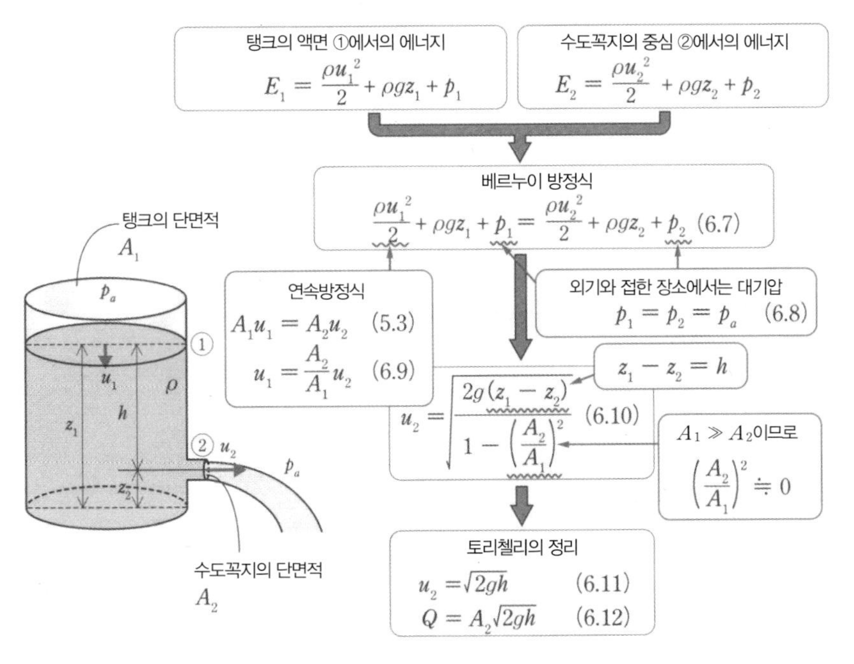

|그림 6-5| 토리첼리의 정리를 구하는 방법

여기서 $A_1 \gg A_2$이므로 $(A_2/A_1)^2 \fallingdotseq 0$이 되고 수도꼭지의 중심 ②에서 탱크의 액면 ①까지의 높이를 $z_1 - z_2 = h$라고 하면 식 (6.10)은 다음과 같이 된다.

토리첼리의 정리

$$u_2 = \sqrt{2g(z_1 - z_2)} = \sqrt{2gh} \tag{6.11}$$

그리고 유량 Q는 식 (6.11)에 수도꼭지의 단면적 A_2를 곱해 다음과 같이 된다.

$$Q = A_2\sqrt{2gh} \tag{6.12}$$

식 (6.11)과 식 (6.12)를 **토리첼리의 정리**Torricelli's theorem라고 하며, 수도꼭지에서 유출되는 물의 속도 u_2와 유량 Q는 수도꼭지에서 탱크 액면까지의 높이 h로 구한다는 것을 의미한다. 여기서 주의해야 할 점은 높이 h를 압력수두로도 사용할 수 있다는 것이다. 다음 연습문제에서 이 관계를 충분히 익혀보자.

[연습문제 6-3]

다음 그림과 같이 지름 $D = 7.5$[m]의 원통형 가스 탱크가 있다. 이 가스 탱크의 질량은 $m = 19.2$[t]이고 지름이 $d = 75$[mm]인 가스관에서 내부 밀도 $\rho_G = 0.68$[kg/m^3]의 가스를 유출시킴에 따라 가스 탱크는 중력에 의해 아래로 내려간다. 가스관에서 속도 u, 체적 $V = 228$[m^3]인 가스를 유출시키는 데 필요한 시간 t를 구하여라. 단, 가스관 내의 압력손실 및 가스관 유입구와 유출구의 높이 차이는 무시할 수 있다고 한다.

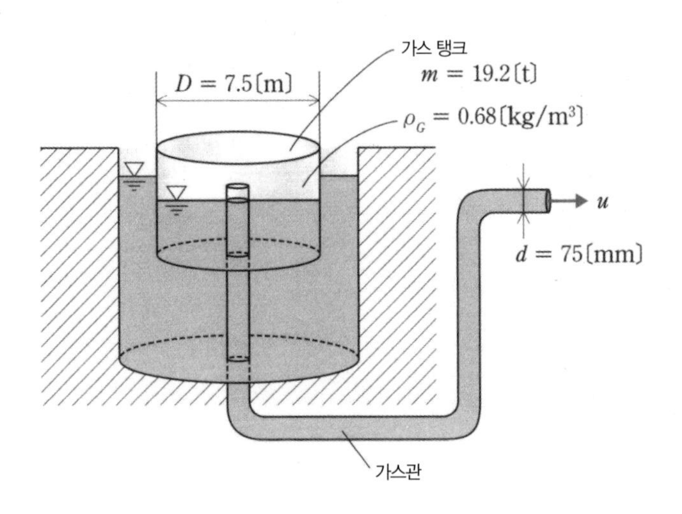

힌트! 가스 탱크의 중량에 의해 가스가 유출되므로 탱크 내부의 가스 압력 p_G를 구한 다음, 그것을 압력수두 h_G로 환산한다. 그리고 토리첼리의 정리에서 높이 h에 해당하는 것으로 이 압력수두 h_G를 사용한다.

[풀이]

가스 탱크의 단면적을 $A_1=\pi D^2/4$, 가스 탱크 내부의 가스 압력을 p_G라고 하면 가스 탱크 내부의 전압력과 가스 탱크의 중량이 거의 같으므로 다음과 같이 된다.

$$p_G A_1 = mg$$

$$p_G = \frac{mg}{A_1} = \frac{4mg}{\pi D^2} \qquad \cdots (1)$$

토리첼리의 정리를 적용하기 위해 탱크 내부의 가스 압력 p_G를 압력수두 h_G로 환산하여 식 (1)을 대입하면 다음과 같다.

$$h_G = \frac{p_G}{\rho_G g} = \frac{4m}{\pi D^2 \rho_G}$$

토리첼리의 정리(식 (6.11))에서 가스의 속도 u는 다음과 같다.

$$u = \sqrt{2gh_G} = \sqrt{\frac{8mg}{\pi D^2 \rho_G}} = \sqrt{\frac{8\times 19200\times 9.81}{3.14\times 7.5^2\times 0.68}} = 112[\mathrm{m/s}] \quad \cdots \text{(답)}$$

한편, 가스의 체적 V는 가스의 유량 Q, 시간 t, 가스관 지름 d에서 다음과 같이 된다.

$$V = Qt = u\left(\frac{\pi d^2}{4}\right)t$$

따라서 필요한 시간 t는 다음과 같이 구할 수 있다.

$$t = \frac{4V}{u\pi d^2} = \frac{4\times 228}{112\times 3.14\times 0.075^2} = 461[\mathrm{s}] \quad \cdots \text{(답)}$$

[연습문제 6-4]

다음 그림과 같이 지름 $D=1.0[\mathrm{m}]$인 원관형 탱크에 지름 $d=10[\mathrm{cm}]$인 분출 구멍이 뚫려 있고 이곳에서 물이 분출되고 있다. 분출 구멍 중심을 높이의 기준으로 시간 t의 수면 높이를 h라고 한다. 시간 $t=0[\mathrm{s}]$에서 탱크 내 수면 높이가 $h_0=2.0[\mathrm{m}]$였다고 할 때 수면 높이가 $h_f=0.5[\mathrm{m}]$까지 내려가는 시간 t를 구해보자.

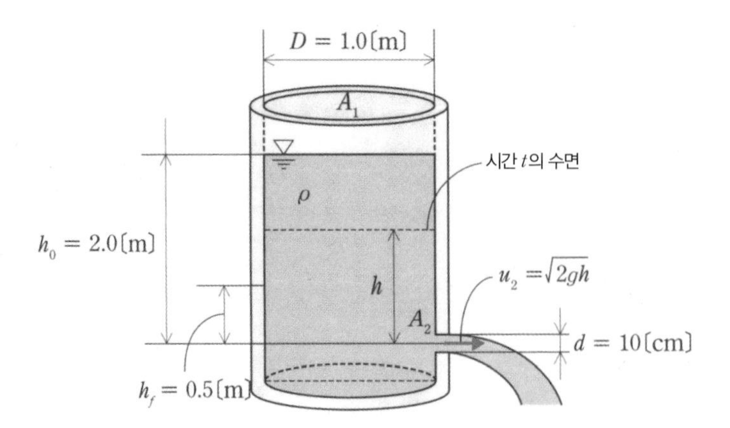

힌트! 본문에서는 수면이 일정하다는 전제가 있었지만, 이 문제에서는 수면 높이 h가 시간 t의 함수로 되어 변화한다. 분출되는 물의 유량과 탱크 내 수량 감소분이 같으므로, 먼저 이것을 시간 t의 미분방정식으로 나타낸다. 다음에 변수분리로 적분하여 t와 h의 관계를 구한다.

[풀이]

물의 밀도를 ρ, 탱크의 단면적을 A_1, 분출 구멍의 단면적을 A_2, 분출 구멍에서의 속도를 u_2라고 한다. 분출하는 물의 유량은 단위시간당 탱크 내의 수량 감소분과 같으므로 그것을 수면 높이의 변화로 나타내면 다음과 같이 된다.

$$A_2 u_2 = \frac{\mathrm{d}}{\mathrm{d}t}\{A_1(h_0 - h)\}$$

h_0과 A_1은 상수이므로 다음과 같이 변형할 수 있다.

$$A_2 u_2 = -A_1 \frac{\mathrm{d}h}{\mathrm{d}t} \qquad \cdots (1)$$

또한 토리첼리의 정리(식 (6.11))에서 $u_2 = \sqrt{2gh}$ 이므로 식 (1)은 다음과 같이 된다.

$$A_2\sqrt{2gh} = -A_1 \frac{\mathrm{d}h}{\mathrm{d}t} \qquad \cdots (2)$$

식 (2)의 미분방정식을 적분해 수면의 높이 h와 시간 t의 관계를 구한다. 식을 변수분리하면 다음과 같다.

$$\mathrm{d}t = -\frac{A_1}{A_2\sqrt{2g}} h^{-\frac{1}{2}} \mathrm{d}h$$

이 식의 양변을 적분하면 다음과 같다.

$$\int \mathrm{d}t = -\frac{A_1}{A_2\sqrt{2g}} \int h^{-\frac{1}{2}} \mathrm{d}h$$

$$t = -\frac{2A_1}{A_2\sqrt{2g}} h^{\frac{1}{2}} + C = -\frac{A_1}{A_2}\sqrt{\frac{2h}{g}} + C$$

$t=0$일 때 $h=h_0$이므로 적분상수 C는 다음과 같다.

$$C = \frac{A_1}{A_2}\sqrt{\frac{2h_0}{g}}$$

따라서 수면 높이 h와 시간 t의 관계는 다음과 같다.

$$t = \frac{A_1}{A_2}\sqrt{\frac{2}{g}}\left(h_0^{\frac{1}{2}} - h^{\frac{1}{2}}\right)$$

$A_1 = \pi D^2/4$, $A_2 = \pi d^2/4$를 대입하면 다음과 같이 된다.

$$t = \frac{D^2}{d^2}\sqrt{\frac{2}{g}}\left(h_0^{\frac{1}{2}} - h^{\frac{1}{2}}\right)$$

따라서 수면 높이가 $h_0 = 2.0[\mathrm{m}]$에서 $h_f = 0.5[\mathrm{m}]$로 되기까지 걸리는 시간 t는 다음과 같다.

$$t = \frac{1.0^2}{0.10^2}\sqrt{\frac{2}{9.81}}\left(2.0^{\frac{1}{2}} - 0.5^{\frac{1}{2}}\right) = 31.9[\mathrm{s}] \cdots \text{(답)}$$

6-4 정체점의 정압과 동압

그림 6-6과 같이 선풍기 바람 하류 측에 손가락을 올렸을 때, 손가락 주위에서 흐르는 공기의 흐름에 대해 생각해보자. 선풍기(위치 ①) 바람의 일정한 흐름은 손가락 끝(위치 ②)에 닿았을 때 속도가 0으로 되며 손가락 끝에서는 압력을 감지할 수 있다. 이 위치 ②를 **정체점** stagnation point이라고 한다. 위치 ①과 위치 ② 사이의 유선상에서 식 (6.1)에 나타난 베르누이 방정식을 적용하면 다음과 같다.

$$\frac{\rho u_1^2}{2} + p_1 = p_2 \tag{6.13}$$

식 (6.13)에서 상류의 압력 $p1$을 기준으로 하여 정체점의 압력 $p2-p1$을 구하면 다음과 같다.

$$p_2 - p_1 = \frac{\rho u_1^2}{2} \tag{6.14}$$

즉, 정체점의 압력 상승분은 운동 에너지의 손실에 따라 보충된다는 것을 의미한다. 식 (6.14)의 $\rho u_1^2/2$를 **동압**dynamic pressure이라고 하며 운동 에너지에서 유래된 압력을 의미한다. 한편, 손가락에서 충분히 떨어진 일정한 흐름에서의 압력 p_1을 **정압**static pressure이라고 한다. 정체점의 압력 p_2는 정압 p_1에 동압 $\rho u_1^2/2$를 더한 압력이며 이것을 **전압**total pressure이라고 한다. 즉, 다음과 같다.

전압 = 정압 + 동압

$$p_2 = p_1 + \frac{\rho u_1^2}{2} \tag{6.15}$$

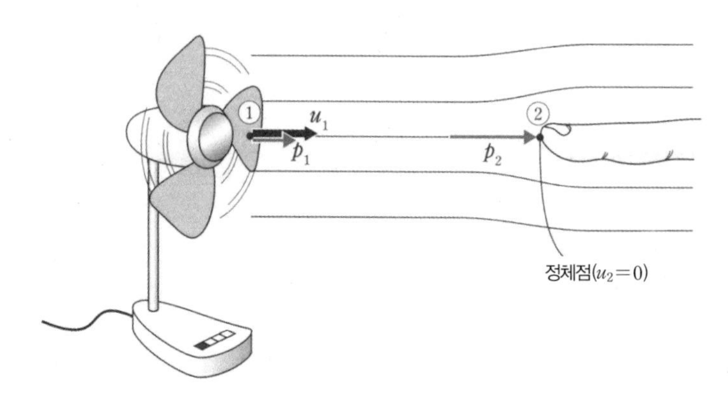

|그림 6-6| 정압과 동압

6-5 피토관

비행기를 탔던 사람이라면 그림 6-7(a)와 같은 트래킹 시스템 화면을 본 적이 있을 것이다. 여기서 Ground Speed 935[km/h]라는 표시는 비행기가 935[km/h]의 속도로 비행하고 있다는 의미이다. 비행기의 속도는 시시각각 변화하는데 대체 그 속도를 어떻게 측정하는 것일까? 사실은 그림 6-7(b)와 같이 비행기 바깥쪽에 설치된 피토관이라는 장치로 계측이 이루어진다. 1장에서는 액주 높이를 측정함으로써 정지유체의 압력을 구할 수 있다고 배웠다. 그림 6-8과 같이 구부러진 가는 관을 유체가 흐르는 관 내에 삽입하여 구부러진 가는 관 내 액주 높이를 측정함으로써 운동하는 유체의 속도도 구할 수 있다. 이 구부러진 가는 관을 **피토관**Pitot tube이라고 한다. 그림 6-8(a)와 같이 피토관 끝을 주류에 대해 수직 방향으로 설치하면 정압 p_1을 측정할 수 있다. 그리고 그림 6-8(b)와 같이 피토관 끝을 주류 방향으로 설치하면 피토관 끝이 정체점으로 되어 전압 p_2를 피토관의 액주 높이 h로 측정할 수 있다. 식 (6.15)를 ρg로 나누면 이 피토관의 액주 높이 h는 전압 p_2와의 관계에서 다음과 같이 된다.

$$h = \frac{p_2}{\rho g} = \frac{p_1}{\rho g} + \frac{u_1^2}{2g} \tag{6.16}$$

이 식에서 속도 u_1은 다음과 같다.

$$u_1 = \sqrt{\frac{2(\rho g h - p_1)}{\rho}} \tag{6.17}$$

이 식에서 유체의 밀도 ρ를 이미 알고 있으므로 정압 p_1과 전압 p_2에 영향을 미치는 액주 높이 h를 측정함으로써 유체 속도 u_1을 구할 수 있다. 또한 연습문제 6-5의 그림과 같이 피토관 측면에도 작은 구멍(정압 구멍)을 뚫기 때문에 정압과 전압을 동시에 측정할 수 있다.

피토관

(a) 트래킹 시스템 (b) 피토관

|그림 6-7| 기내 모니터와 비행기에 설치된 피토관

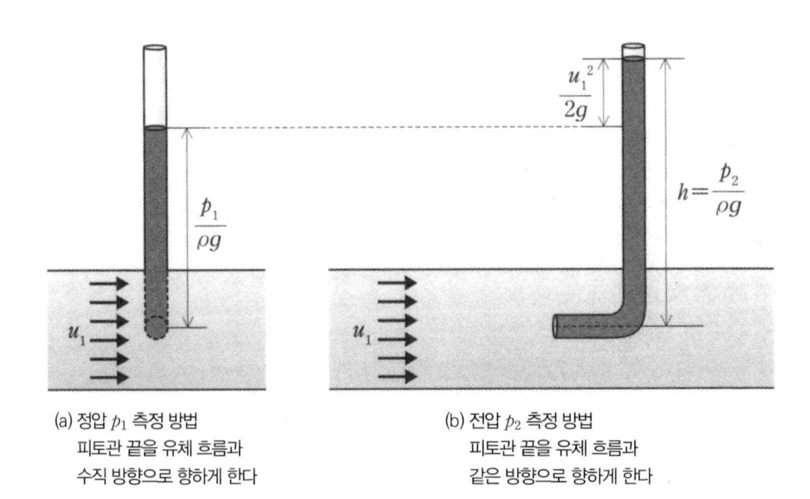

(a) 정압 p_1 측정 방법
피토관 끝을 유체 흐름과
수직 방향으로 향하게 한다

(b) 전압 p_2 측정 방법
피토관 끝을 유체 흐름과
같은 방향으로 향하게 한다

|그림 6-8| 정압 및 전압 측정 방법

[연습문제 6-5]

다음 그림과 같이 기류 속에 평행하게 놓인 피토관 측면에는 정압을 측정하기 위한 작은 구멍(정압 구멍)이 뚫려 있고, 전압 구멍과 정압 구멍이 U자관으로 연결되어 있다. U자관에는 비중 0.794의 알코올이 들어 있고 U자관 내 액면 차이가 $h_{al}=65[\mathrm{mm}]$이며, U자관의 전압 구멍 측 액면에서 전압 구멍 중심까지의 높이를 h_{air}라고 한다. 이때의 기류 속도 u를 구하여라. 단, 기체의 밀도를 $\rho=1.20[\mathrm{kg/m^3}]$라고 하고 기체의 밀도 ρ가 알코올의 밀도 ρ_{al}에 비해 작으므로 $h_{air}=h_{al}$이라고 할 수 있다.

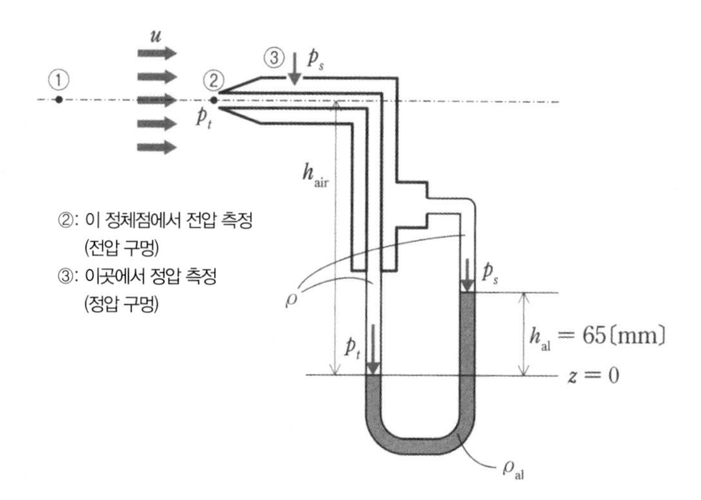

[풀이]

U자관의 정압을 p_s, 전압을 p_t라고 하고 상류 측의 점 ①과 정체점 ② 사이에서 식 (6.2)와 같은 베르누이 방정식을 적용하면 다음과 같다.

$$\frac{u^2}{2g} + \frac{p_2}{\rho g} = 0 + \frac{p_t}{\rho g}$$

기류 속도 u는 다음과 같다.

$$u = \sqrt{\frac{2(p_t - p_s)}{\rho}}$$

여기서 상류 측 점 ①의 정압은 피토관의 정압 구멍 ③에서의 정압 p_s와 같아진다.

한편 1장에서 설명한 바와 같이 그림에서 $z = 0$인 위치의 U자관 좌우 압력의 평형식과 $h_{air} = h_{al}$이라는 가정에서 다음과 같이 된다.

$$p_t + \rho g h_{al} = p_s + \rho_{al} g h_{al}$$

$$p_t - p_s = g h_{al}(\rho_{al} - \rho)$$

이 식을 앞에서 설명한 속도의 식에 대입하면 속도 u는 다음과 같다.

$$u = \sqrt{\frac{2gh_{al}(\rho_{al} - \rho)}{\rho}} = \sqrt{\frac{2 \times 9.81 \times 0.065 \times (794 - 1.2)}{1.2}}$$

$$= 29.0[\text{m/s}]$$ … (답)

제 7 장 운동량 방정식

7-1 운동량과 충격량의 관계

7-2 단면적이 변화하는 원관에 작용하는 힘

유체의 운동량 보존 법칙은 기본적으로 운동하는 강체의 운동량 보존 법칙과 같지만, 유체는 형태가 일정하지 않으므로 밀도와 유량을 사용하여 운동량 보존 법칙을 표현한다. 7장에서는 유체의 운동량 보존 법칙을 도출하는 과정과 그것을 응용하여 단면적이 변하는 관에 작용하는 힘을 이해해보자.

7-1 운동량과 충격량의 관계

그림 7-1은 연성진자coupled pendular라고 하며 운동량 실험에 자주 사용되는 장치다. 그림 7-1(a)와 같이 왼쪽에서 1개의 구슬을 부딪히면 오른쪽 구슬 1개가 튕겨지고 왼쪽에서 2개의 구슬을 부딪히면 오른쪽 구슬 2개가 튕겨진다. 여기서 흥미로운 점은 그림 7-1(b)와 같이 왼쪽 구슬을 10[cm] 떨어뜨려 부딪히면 오른쪽 구슬도 10[cm] 튕긴다는 점이다. 즉 왼쪽 구슬이 부딪히기 직전의 속도 u_1과 질량 m의 곱이 오른쪽으로 튕겨진 구슬의 속도 u_2와 질량 m의 곱과 같아진다. 이 구슬의 질량 m과 속도 u의 곱을 **운동량**momentum이라고 하고 왼쪽 구슬과 오른쪽 구슬로 운동량이 보존되는 것을 **운동량 보존 법칙**conservation law of momentum이라고 한다.

그림 7-2와 같이 왼쪽 구슬이 부딪히기 직전에 왼쪽 구슬의 속도를 손으로 늦춰보자. 튕겨진 오른쪽 구슬의 속도가 느려지고 왼쪽 구슬과 같은 높이까지 다다르지도 않는다. 이것을 좀 더 일반적으로 나타내보자. 질량이 m인 구슬이 속도 u_1로 운동하고 있을 때, 외부에서 힘 F가 시간 Δt만큼 가해진 후 오른쪽 구슬에 충돌해서 튕긴 오른쪽 구슬의 속도가 u_2로 되었다고 하자. 여기서 힘 F와 시간 Δt의 곱 $F\Delta t$를 **충격량**impulse이라고 한다.

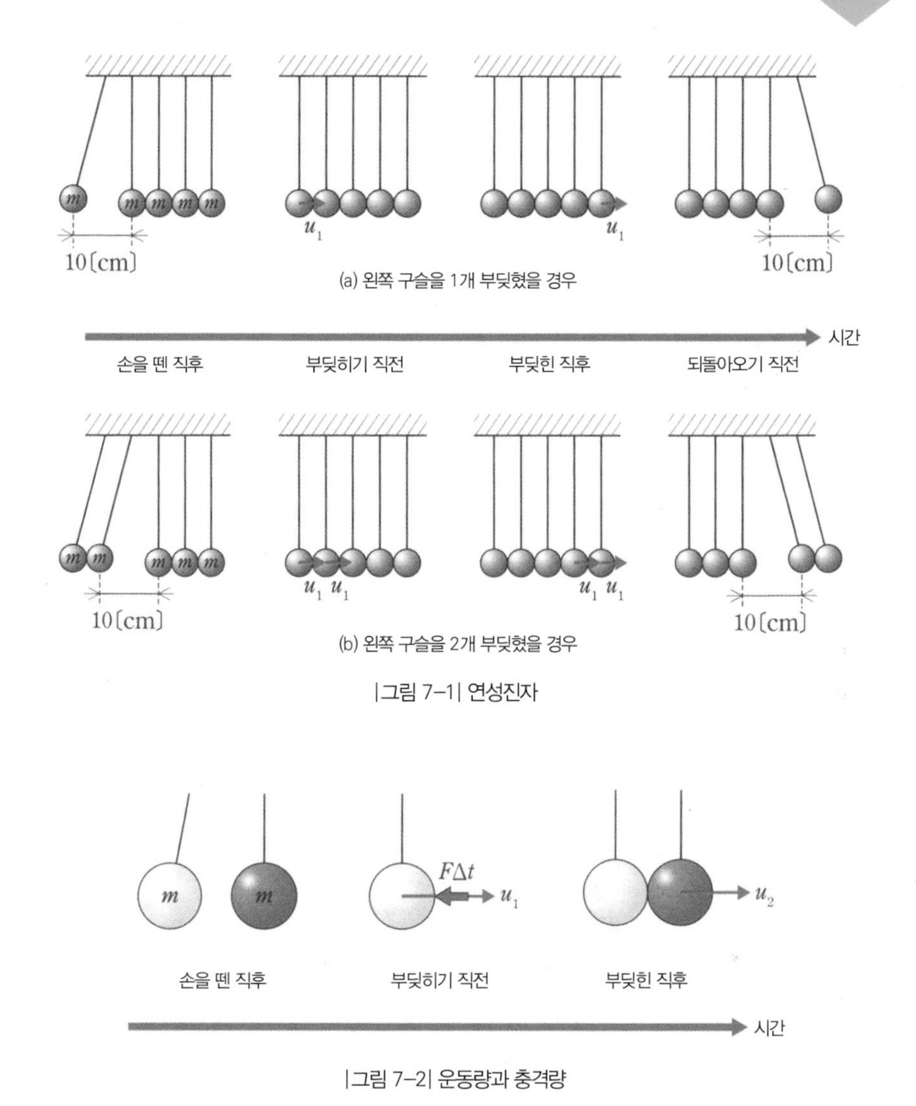

(a) 왼쪽 구슬을 1개 부딪혔을 경우

(b) 왼쪽 구슬을 2개 부딪혔을 경우

|그림 7-1| 연성진자

|그림 7-2| 운동량과 충격량

손으로 속도를 늦추기 직전에 구슬의 운동량 변화는 외부에서 가해진 충격량과 같다.

$$mu_2 - mu_1 = F\Delta t \tag{7.1}$$

여기에는 두 가지 주의해야 할 점이 있다. 하나는 운동량의 변화뿐만 아니라 '변화'를 나타내는 경우 시간적으로 나중 상태의 물리량(튕겨진 오른쪽 구슬의 운동량 mu_2)에서 시간적으로 처음 상태의 물리량(손으로 늦추기 전 왼쪽 구슬의 운동량 mu_1)을 뺀다는 점이다. 또 하나는 힘 F에는 방향이 있는데 구슬의 진행 방향을 플러스(+)라고 하면 이번과 같은 경우 힘 F는 마이너스(−)가 된다는 점이다.

식 (7.1)은 넓은 의미에서 운동량 보존 법칙이며, 운동량의 변화는 가해진 충격량(힘 F×시간 Δt)과 같다는 것을 나타낸다. 식 (7.1)의 양변을 Δt로 나눠 좌변을 힘 F로 두면 다음과 같이 된다.

$$F = \frac{mu_2 - mu_1}{\Delta t} \tag{7.2}$$

즉 '작용하는 외력=단위시간당 운동량의 변화'가 된다. 식 (7.2)에서 외력이 작용하는 시간 Δt, 충돌 전과 충돌 후의 운동량 mu_1, mu_2를 알고 있다면 작용하는 외력 F를 구할 수 있다.

7-2 단면적이 변화하는 원관에 작용하는 힘

식 (7.2)에 나타난 외력과 단위시간당 운동량 변화와의 관계를 유체에 응용해보자. 유체의 형태는 시간과 함께 변화하므로 연성진자의 운동량 방정식을 직접 활용할 수는 없다. 그래서 유동장에 가상적인 영역을 두고 그 영역 내의 유체로 운동량 보존 법칙을 생각해본다. 이와 같은 가상적인 영역을 **검사영역**inspection area이라고 한다.

그림 7–3과 같은 급축소관 내의 검사영역을 살펴보자. 속도 u_1로 검사영역의 단면 ①에 유입된 유체는 단면 ②에서 속도 u_2로 유출되며, 관벽에서 외력 F가 검사영역 내의 유체에 작용한다고 하자. 이때 검사영역 내부 유체의 운동량은 알 수 없지만, 검사영역에 유입되는 운동량과 유출되는 운동량을 비교하면 단위시간당 운동량의 변화를 구할 수 있다.

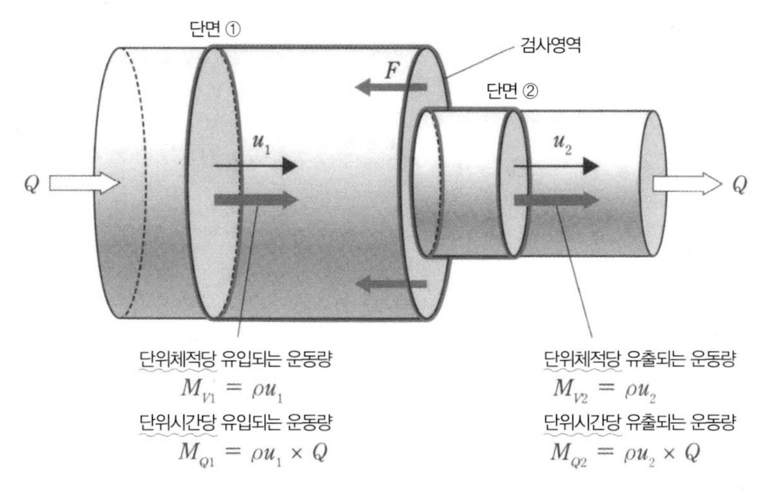

|그림 7-3| 급축소관의 검사영역과 유체의 운동량 보존 법칙

강체의 운동량은 mu로 나타내지만, 유체의 운동량은 '단위체적당'과 '단위시간당' 두 가지 방법으로 나타낸다. 유체의 밀도가 $\rho[\mathrm{kg/m^3}]$, 속도가 $u[\mathrm{m/s}]$일 때 단위체적당 운동량 M_V는 $M_V = \rho u$로 나타내고 단위는 $\left[\frac{\mathrm{kg}}{\mathrm{m^3}}\frac{\mathrm{m}}{s}\right] = \left[\frac{\mathrm{kg \cdot m}}{\mathrm{s}}/\mathrm{m^3}\right]$가 된다.

(운동량의 단위) (체적의 단위)

이 단위에서 ρu는 '단위체적당' 운동량이라는 것을 알 수 있다. 다음으로 '단위시간당' 운동량 M_Q는 '단위체적당' 운동량 M_V에 체적유량 $Q[\mathrm{m^3/s}]$를 곱해서 구한다. 즉 $M_Q = \rho u \times Q$로 나타내며 단위는 $\left[\frac{\mathrm{kg \cdot m}}{\mathrm{s}}/\mathrm{m^3}\right] \times \left[\frac{\mathrm{m^3}}{s}\right] = \left[\frac{\mathrm{kg \cdot m}}{\mathrm{s}}/\mathrm{s}\right]$가 된다. 이 단위에서 ρuQ는 '단위시간당' 운동량이라는 것을 알 수 있다.

(운동량의 단위) (시간의 단위)

그림 7-3의 검사영역 내 운동량이 시간에 대해 어느 정도 변화하는가는 단면 ②로부터 유출되는 단위시간당 운동량 $\rho u_2 Q$에서 단면 ①로부터 유입되는 단위시간당 운동량 $\rho u_1 Q$를 빼면 구할 수 있다. 그리고 급축소관에서 받는 힘, 유체에 걸리는 압력 등 검사영역의 유체에 작용하는 외력의 합계를 ΣF라고 한다. 이 ΣF가 식 (7.2)의 힘 F에 해당한다. 결국 식 (7.2)에서 검사영역 내 유체의 운동량 보존 법칙은 다음과 같다.

$$\Sigma F = \rho Q(u_2 - u_1) \tag{7.3}$$

이 운동량 보존 법칙은 임의의 검사영역에 대해 성립하므로 검사영역을 어떻게 설정하든 상관없다.

그림 7-4와 같이 관마찰을 무시할 수 있는 축소관이 수평으로 놓여 있고, 관 내부를 밀도 ρ인 유체가 유량 Q로 흐른다고 하자. 단면 ①과 단면 ②로 둘러싸인 검사영역을 설치하고 단면 ①, ②에서 관의 단면적을 각각 A_1, A_2, 유체의 압력을 각각 p_1, p_2라고 한다. 이때 유체가 관벽에 작용하는 x 방향(흐름 방향)의 힘 F를 구해보자.

검사영역에서 유체에 작용하는 외력은 단면 ①, ②에서 전압력 p_1A_1과 p_2A_2 그리고 관벽에서 유체가 받는 힘 F가 있다.

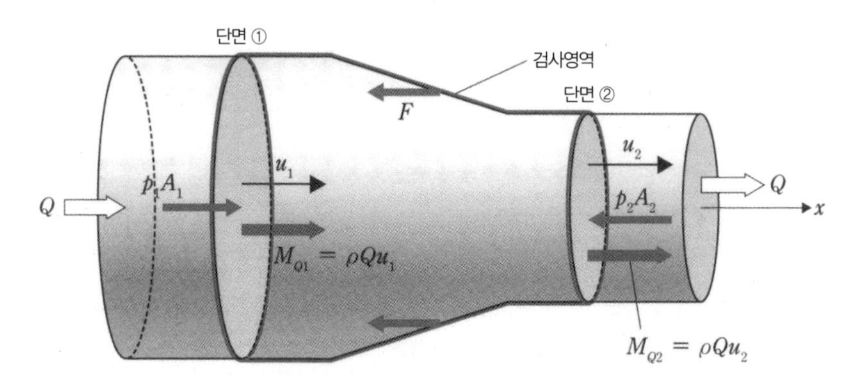

|그림 7-4| 축소관 내부에서 유입 및 유출하는 운동량과 작용하는 힘

따라서 식 (7.3)의 운동량 보존 법칙은 다음과 같이 된다.

$$(p_1A_1 - p_2A_2) - F = \rho Q(u_2 - u_1)$$

흐름과 반대 방향이므로 마이너스(−)

$$F = \rho Q(u_1 - u_2) + (p_1A_1 - p_2A_2) \tag{7.4}$$

또한 식 (6.1)의 베르누이 방정식에서 다음과 같이 된다.

$$\frac{\rho u_1^2}{2} + p_1 = \frac{\rho u_2^2}{2} + p_2 \tag{7.5}$$

그리고 식 (5.3)의 연속방정식에서 다음과 같이 된다.

$$u_1 = Q/A_1, \quad u_2 = Q/A_2 \tag{7.6}$$

따라서 압력 p_2는 식 (7.6)을 식 (7.5)에 대입하면 다음과 같다.

$$p_2 = p_1 + \frac{1}{2}\rho(u_1^2 - u_2^2) = p_1 + \frac{1}{2}\rho Q^2\left(\frac{1}{A_1^2} - \frac{1}{A_2^2}\right) \tag{7.7}$$

식 (7.4)를 변형하고 식 (7.6) 및 식 (7.7)을 대입해 힘 F를 구하면 다음과 같다.

$$F = \rho Q\left(\frac{Q}{A_1} - \frac{Q}{A_2}\right) + p_1 A_1 - \left\{p_1 + \frac{1}{2}\rho Q^2\left(\frac{1}{A_1^2} - \frac{1}{A_2^2}\right)\right\}A_2$$

$$= \rho Q^2\left(\frac{1}{A_1} - \frac{1}{A_2}\right) + p_1(A_1 - A_2) - \frac{1}{2}\rho Q^2 A_2\left(\frac{1}{A_2} - \frac{1}{A_2^2}\right) \quad (7.8)$$

여기서 중요한 점은 식 (7.8)에서 유체가 관벽에 작용하는 힘 F는 이미 알고 있던 단면적 A_1과 A_2, 유체의 밀도 ρ, 유량 Q 외에 단면 ①만의 압력 p_1에서 구하며, 단면 ②의 압력 p_2는 필요 없다는 것이다. 또한 단면 ②가 대기 중에 개방되어 있어 압력 p_2가 대기압일 때 게이지 압력 $p_2=0$이 되므로 압력 p_1도 필요 없게 된다.

[연습문제 7-1]

그림과 같이 내경이 $D_1=200$[mm]인 원관의 출구 부분에 내경이 $D_2=75$[mm]인 원형 오리피스orifice가 설치되어 있다. 유량 $Q=85$[L/s]로 물이 흐를 때 상류 측 압력 p_1과 원형 오리피스에 작용하는 힘 F_x[N]을 구하여라. 단, 유동의 마찰손실은 무시한다.

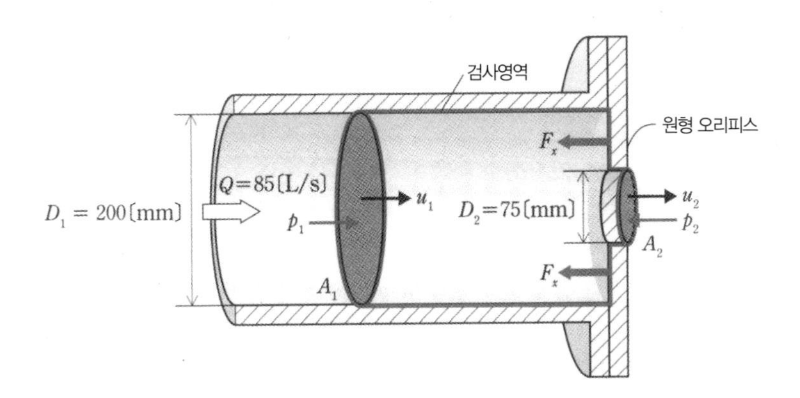

힌트! 오리피스란 작은 구멍이 뚫린 판을 말한다. 대기에 개방되어 있으므로 베르누이 방정식에서 압력 p_1을 구한 후 운동량 보존 법칙으로 힘 F_x를 구한다.

[풀이]

그림과 같이 검사영역을 설정하고, 검사영역 상류 측 원관 내부 속도를 u_1, 압력을 p_1, 단면적을 A_1, 검사영역 하류 측 오리피스에서 분출되는 유체의 속도를 u_2, 압력을 p_2, 단면적을 A_2라고 한다.

먼저 각 속도를 구하면 다음과 같이 된다.

$$u_1 = \frac{4Q}{\pi D_1^2} = \frac{4 \times 0.085}{3.14 \times 0.2^2} = 2.71[\mathrm{m/s}]$$

$$u_2 = \frac{4Q}{\pi D_2^2} = \frac{4 \times 0.085}{3.14 \times 0.075^2} = 19.25[\mathrm{m/s}]$$

한편, 식 (6.1)의 베르누이 방정식에 의해 다음과 같이 된다.

$$\frac{\rho u_1^2}{2} + p_1 = \frac{\rho u_2^2}{2} + p_2$$

하류 측 압력의 게이지 압력이 대기압 상태이기 때문에 $p_2=0$으로 두고 각 속도를 대입하면 상류 측 압력 p_1은 다음과 같이 된다.

$$p_1 = \frac{\rho}{2}(u_2^2 - u_1^2) = \frac{1000}{2} \times (19.25^2 - 2.71^2) = 181609[\mathrm{Pa}] \ \cdots \text{(답)}$$

다음으로 유체가 오리피스에 작용하는 힘이 F_x이므로 오리피스가 유체에 작용하는 힘은 $-F_x$이고 유체에 작용하는 모든 힘 ΣF는 다음과 같다.

$$\Sigma F = p_1 A_1 - p_2 A_2 - F_x$$

한편, 식 (7.4)의 운동량 방정식에 의해 다음과 같이 된다.

$$F_x = \rho Q(u_1 - u_2) + (p_1 A_1 - p_2 A_2)$$

여기서 $p_2=0$이므로 다음과 같은 식을 얻을 수 있다.

$$\begin{aligned} F_x &= \rho Q(u_1 - u_2) + p_1 A_1 = \rho Q(u_1 - u_2) + p_1 \frac{\pi D_1^2}{4} \\ &= 1000 \times 0.085 \times (2.71 - 19.25) + 181609 \times \frac{3.14 \times 0.2^2}{4} \\ &= 4297[\mathrm{N}] \ \cdots \text{(답)} \end{aligned}$$

[연습문제 7–2]

그림과 같이 x축과 y축을 정하고 수평(xy 평면)으로 놓인 입구 내경 $D_1=300[\mathrm{mm}]$, 출구 내경 $D_2=200[\mathrm{mm}]$, $\alpha=120°$로 구부러진 곡관 내부를 밀도가 $\rho=1000[\mathrm{kg/m^3}]$인 물이 유량 $Q=200[\mathrm{L/s}]$로 흐르고 있다. 입구에서의 압력 $p_1=150[\mathrm{kPa}]$일 때 다음 값을 구하여라.

(1) 출구 압력 p_2

(2) 물이 곡관에 작용하는 힘의 x 방향 성분 F_x

(3) 물이 곡관에 작용하는 힘의 y 방향 성분 F_y

(4) 물이 곡관에 작용하는 힘 F, 수평을 이루는 각 θ

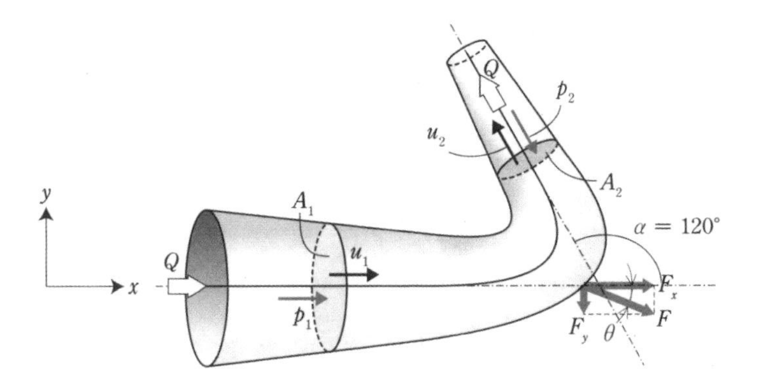

힌트! 곡관의 경우, 압력 p_2와 속도 u_2를 cos과 sin으로 나타낸다는 것이 핵심이다.

[풀이]

(1) 입구 및 출구 속도를 u_1과 u_2라고 하면 다음과 같다.

$$u_1 = \frac{4Q}{\pi D_1^2} = \frac{4 \times 0.2}{3.14 \times 0.3^2} = 2.83[\mathrm{m/s}]$$

$$u_2 = \frac{4Q}{\pi D_2^2} = \frac{4 \times 0.2}{3.14 \times 0.2^2} = 6.37[\mathrm{m/s}]$$

물의 밀도를 ρ라고 하고 입구와 출구를 연결하는 유선에 식 (6.1)의 베르누이 방정식을 적용하면 다음과 같다.

$$\frac{\rho u_1^2}{2} + \rho g z_1 + p_1 = \frac{\rho u_2^2}{2} + \rho g z_2 + p_2$$

여기서 곡관은 xy 평면이며 수평으로 놓여 있으므로 $z_1 = z_2$이고, 출구 압력 p_2는 다음과 같이 된다.

$$\begin{aligned} p_2 &= p_1 + \frac{\rho}{2}(u_1^2 - u_2^2) \\ &= 150000 + \frac{1000}{2} \times (2.83^2 - 6.37^2) \\ &= 133716[\mathrm{Pa}] \fallingdotseq 134[\mathrm{kPa}] \ \cdots \text{(답)} \end{aligned}$$

(2) 물이 곡관에서 받는 힘의 x 방향 성분은 $-F_x$이므로 x 방향의 운동량 보존 법칙은 식 (7.4)에서 각도 α를 고려하여 정리하면 다음과 같이 된다.

$$p_1 A_1 - p_2 \cos(180° - \alpha) A_2 - F_x = \rho Q \{u_2 \cos(180° - \alpha) - u_1\}$$
$$p_1 A_1 + p_2 A_2 \cos\alpha - F_x = -\rho Q (u_2 \cos\alpha + u_1)$$
$$F_x = p_1 A_1 + p_2 A_2 \cos\alpha + \rho Q (u_2 \cos\alpha + u_1)$$

$Q = A_1 u_1 = A_2 u_2$이므로 이것을 대입하면 다음과 같이 된다.

$$F_x = p_1 A_1 + p_2 A_2 \cos\alpha + \rho (A_2 u_2^2 \cos\alpha + A_1 u_1^2)$$

그리고 A_1과 A_2로 묶고 D_1과 D_2로 나타내 각 값을 대입하면 다음과 같다.

$$\begin{aligned}F_x &= (p_1+\rho u_1^2)\frac{\pi D_1^2}{4}+(p_2+\rho u_2^2)\frac{\pi D_2^2}{4}\cos\alpha \\ &= (150000+1000\times 2.83^2)\times\frac{3.14\times 0.3^2}{4} \\ &\quad +(134000+1000\times 6.37^2)\times\frac{3.14\times 0.2^2}{4}\times\left(-\frac{1}{2}\right) \\ &= 8422[\mathrm{N}] \fallingdotseq 8.42[\mathrm{kN}]\end{aligned}$$ ··· (답) ··· (1)

(3) (2)와 마찬가지로 식 (7.4) y 방향의 운동량 보존 법칙에서 F_y를 구하면 다음과 같다.

$$0-p_2A_2\sin(180^\circ-\alpha)-F_y=\rho Q\{u_2\sin(180^\circ-\alpha)-0\}$$

$$-p_2A_2\sin\alpha-F_y=-\rho u_2{}^2A_2\sin\alpha$$

$$F_y=-(\rho u_2{}^2+p_2)A_2\sin\alpha$$

각 값을 대입하면 다음과 같다.

$$\begin{aligned}F_y &= -(1000\times 6.37^2+134000)\times\frac{3.14\times 0.2^2}{4}\times\frac{\sqrt{3}}{2} \\ &= -4747[\mathrm{N}] \fallingdotseq -4.75[\mathrm{kN}]\end{aligned}$$ ··· (답) ··· (2)

(4) 합력 F는 식 (1), 식 (2)에서 다음과 같다.

$$F=\sqrt{F_x^2+F_y^2}=\sqrt{8.42^2+(-4.75)^2}=9.67[\mathrm{kN}]$$ ··· (답)

수평을 이루는 각 θ는 $\tan\theta=F_y/F_x$에서 다음과 같다.

$$\theta=\tan^{-1}\left(\frac{F_y}{F_x}\right)=\tan^{-1}\frac{-4.75}{9.67}=-26.2^\circ$$ ··· (답)

[연습문제 7–3]

그림과 같이 $\alpha=60°$로 구부러진 고정익Fixed Wing 밑면에 속도 $u_1=30[\mathrm{m/s}]$, 지름 $D=1.0[\mathrm{cm}]$인 원형의 물분류Water Jet Flow가 흐르고 있다. 그림과 같은 검사영역 내에서 물분류가 변형되지 않는다고 가정했을 때 물분류가 고정익에 작용하는 힘의 x 방향 성분 F_x와 y 방향 성분 F_y를 구하여라.

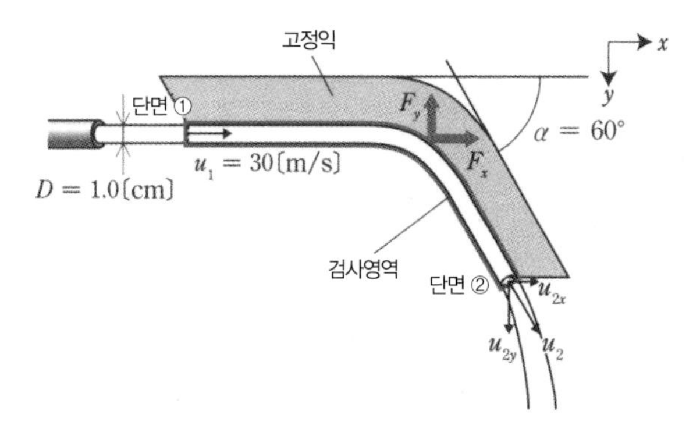

[풀이]

검사영역 내에서는 물분류가 변형되지 않으므로 단면 ②에서의 물분류 속도 u_2는 단면 ①에서의 속도 u_1과 같고, $u_2 = 30[\mathrm{m/s}]$가 된다. 단면 ②에서의 속도 u_2의 x 방향 성분 u_{2x}와 y 방향 성분 u_{2y}는 다음과 같다.

$$u_{2x} = u_2 \cos\alpha = 30 \times \frac{1}{2} = 15[\mathrm{m/s}]$$

$$u_{2y} = u_2 \sin\alpha = 30 \times \frac{\sqrt{3}}{2} = 25.98[\mathrm{m/s}]$$

그리고 유량 Q는 다음과 같다.

$$Q = u_1 \frac{\pi D^2}{4} = 30 \times \frac{3.14 \times 0.01^2}{4} = 2.355 \times 10^{-3}[\mathrm{m^3/s}]$$

따라서 식 (7.4)의 운동량 보존 법칙에 의해, 물분류는 대기에 개방되어 있으므로 게이지 압력이 대기압 $p_1 = p_2 = 0$이라고 할 수 있고 물분류가 고정익에 작용하는 힘의 x 방향 성분 F_x는 다음과 같다.

$$F_x = \rho Q(u_1 - u_{2x})$$
$$= 1000 \times 2.355 \times 10^{-3} \times (30 - 15) = 35.3[\mathrm{N}]$$ … (답)

마찬가지로 물분류가 고정익에 작용하는 힘의 y 방향 성분 F_y는 다음과 같다.

$$F_y = -\rho Q u_{2y} = -1000 \times 2.355 \times 10^{-3} \times 25.98 = -61.2[\mathrm{N}]$$ … (답)

제 8 장

점성과 원관 내 층류

1장~7장까지는 유체 특유의 점성을 완전히 무시한 이상유체인 경우에 대해 살펴보았다. 8장에서는 이 점성에 대해 배워본다. 원관에 흐르는 유체를 예로 들어 점성의 정의, 점성유체의 속도 분포, 유량, 압력손실 관계식 등에 대해 살펴본다.

8-1 점성

공기나 물 이외의 유체가 있다. 예를 들어 셰이크도 유체지만 걸쭉해서 마시기 힘들다(그림 8-1). 유체가 끈적한지 묽은지를 나타내는 물리량을 **점성**viscosity이라고 한다. 점성이 있으면 유체에는 **점성에 의한 전단응력**shear stress by viscosity이 발생한다. 이 점성에 의한 전단응력을 **점성응력**viscosity stress이라고도 한다.

|그림 8-1| 점성이 있는 유체는 마시기 힘들다

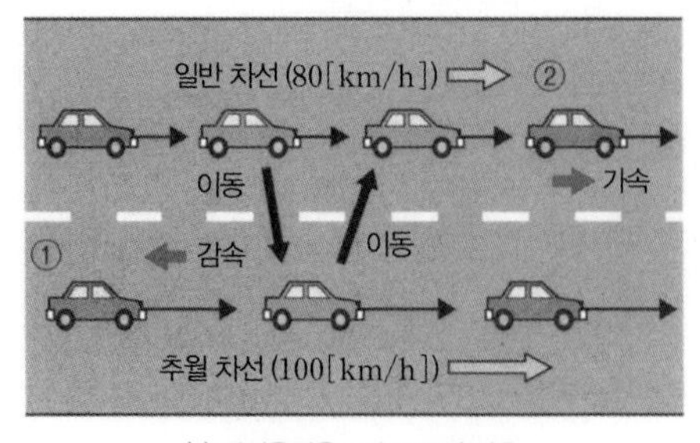

(a) 점성응력을 고속도로에 비유

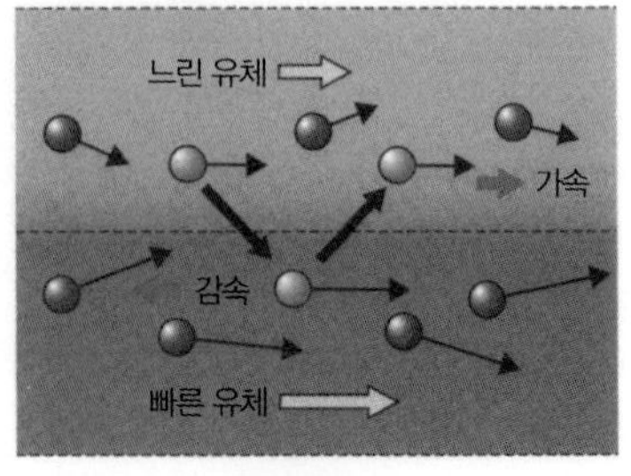

(b) 유체에 적용

|그림 8-2| 점성응력의 이미지

다음으로 점성이 있는 유체의 이미지를 고속도로 위에서 달리는 자동차에 비유해본다. 그림 8-2(a)와 같이 고속도로의 일반 차선은 80[km/h]로 달린다고 했을 때 오른쪽의 추월차선으로 이동해서 달려보자. 그러면 뒤에 있는 빠른 차 ①은 이동한 차와 추돌하는 것을 피하기 위해 브레이크를 밟아 속도를 100[km/h]에서 감속한다. 반대로 추월차선에서 왼쪽의 일반차선으로 이동해보자. 앞쪽의 느린 차 ②는 액셀러레이터를 밟아 80[km/h]에서 가속하게 된다. 이와 같이 느린 자동차가 빠른 자동차 집단에 들어가면 주변의 빠른 차를 감속시키는 힘이 작용하고, 반대로 빠른 자동차가 느린 자동차 집단에 들어가면 주변의 느린 차를 가속시키는 힘이 작용한다. 이러한 힘이 '점성응력'이라고 할 수 있다.

그림 8-2(b)와 같이 속도가 다른 두 개의 흐름이 맞닿아 있는 상황을 떠올리고 고속도로의 이미지를 유체에 적용해보자. 마치 추월 차선의 자동차와 일반 차선의 자동차처럼 보일 것이다. 이와 같이 유체의 점성응력은 속도 차이가 있는 곳에서 발생하며 빠른 유체를 감속시키고 느린 유체를 가속시키는 방향으로 작용한다.

그림 8-3과 같이 컵에 들어 있는 셰이크와 물을 빨대로 회전을 그리며 젓다가 멈춰보자. 셰이크가 물보다 회전을 빨리 멈춘다. 즉 유체에 작용하는 점성응력은 마찰응력과 마찬가지로 유체의 운동을 방해하는 쪽으로 작용하며 그 점성응력의 크기는 점성의 크기와 관계가 있다. 점성이 있는 유체를 **점성유체**viscosity fluid라고 하는데, 우리 주위에 실제로 존재하는 **실제유체**real fluid는 모두 점성유체다. 한편, 점성이 없고 힘을 가해도 압축되지 않는 가상의 유체를 **이상유체**ideal fluid 또는 **완전유체**perfect fluid라고 한다.

|그림 8-3| 점성과 마찰

8-2 점성계수와 동점성계수

컵에 들어 있는 셰이크를 빨대로 휘저은 예를 발전시켜 그림 8-4와 같이 수조의 수면 위에 평판을 놓고 그 평판을 속도 U로 움직였을 때 유체의 속도를 생각해보자. 이때 비중이 물과 거의 같은 가루를 물에 섞고 가루의 움직임을 관찰하면 유체의 흐름을 **가시화**visualization할 수 있다. 그림과 같이 x, y축을 놓고 유체의 속도를 u라고 한다. 가루의 움직임을 잘 관찰해보면 수조 밑면 근처에서는 속도가 매우 느리고, 바닥에서 멀어짐에 따라 속도가 빨라지는 것을 관찰할 수 있다. 이 점에서 유체의 속도 u는 수조 밑면으로부터의 거리 y의 함수가 된다는 것을 알 수 있다. 평판의 속도가 비교적 느린 경우, 평판 바로 아래의 유체 속도는 평판에 끌려 $u=U$가 되고 그 속도는 직선적으로 감소하며 수조 밑면 바로 위의 유체 속도는 0이 된다. 이와 같이 속도 분포가 직선적인 흐름을 **쿠에트 유동**Couette flow이라고 한다.

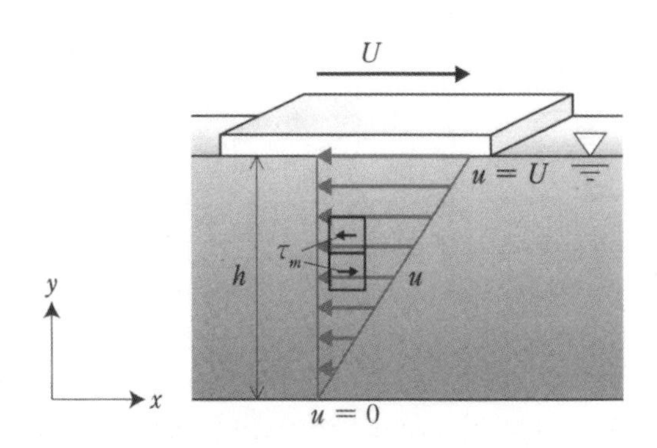

|그림 8-4| 점성에 의한 속도 분포와 속도경사

유체의 속도 u를 수조 밑면에서의 거리 y로 미분한 $\mathrm{d}u/\mathrm{d}y$를 **속도 기울기**velocity gradient라고 한다. 점성응력 τ_m은 이 속도 기울기 $\mathrm{d}u/\mathrm{d}y$에 비례하며 다음과 같이 나타낸다.

뉴턴의 점성법칙

$$\tau_m = \mu \frac{\mathrm{d}u}{\mathrm{d}y} \tag{8.1}$$

이것을 **뉴턴의 점성법칙**Newton's viscosity law이라고 한다. 여기서 μ(뮤)는 유체 점성의 정도를 나타내는 계수이며 **점성계수**coefficient of viscosity라고 한다. 점성계수는 유체마다 고유의 값을 가지며 단위는 [Pa·s]다. 앞에서 설명한 고속도로 이미지를 떠올린 후 점성응력 τ_m의 방향을 생각해보자. 그림 8-4에서 미소한 사각 부분 두 군데에 주목한다. 수면에 가까운 빠른 유체에서는 τ_m이 마이너스(−) 측으로, 수조 밑면에 가까운 느린 유체에서는 플러스(+) 측으로 작용한다. 표 8-1에 대표적인 유체의 점도값을 나타낸다.

여기서 **동점성계수**kinematic viscosity를 정의한다. 동점성계수 ν(뉴)는 점성계수 μ를 그 유체의 밀도 ρ로 나눈 값으로 다음과 같이 나타내며 단위는 [m²/s]다. 표 8-1은 이 동점성계수의 예를 나타낸 것이다.

$$\nu = \frac{\mu}{\rho} \tag{8.2}$$

|표 8-1| 대표적인 유체의 점성계수와 동점성계수(특별한 언급이 없으면 25℃)

	점성계수 ×10⁻³[Pa·s]	동점성계수 ×10⁻⁶[m²/s]
물	0.891	0.891
메탄올	0.555	0.705
에탄올	1.078	1.373
헥산	0.299	0.456
시클로헥산	0.898	1.160
벤젠	0.603	0.690
수은	1.490	0.110
글리세린	945	748
공기(300K)	0.0186	16.0
공기(400K)	0.0233	26.7
수증기(400K)	0.0133	24.3

유체의 운동은 점성뿐만 아니라 밀도와도 관계가 있다. 점성 외에 밀도도 필요한 이유는 볼링을 예로 들어 설명한다. 그림 8-5와 같이 체적이 모두 V이고 밀도가 ρ_1인 볼링공과 밀도가 $\rho_2(\ll\rho_1)$인 발포 스티롤로 만든 공을 같은 속도 u로 굴린다. 운동방정식에서 공의 가속도 a를 공의 질량 ρV와 공기저항인 항력(상세한 내용은 13장 참조) F_D로 나타내면 다음과 같다.

$$a = -\frac{F_D}{\rho V} \tag{8.3}$$

여기서, 공 두 개의 체적 V와 속도 u가 같으면 공에 작용하는 항력 F_D가 같아진다(13장 참조). 따라서 식 (8.3)에서 공 두 개의 가속도는 밀도에 따라 차이가 발생한다는 것을 알 수 있다. 즉 밀도가 큰 볼링공은 밀도가 작은 발포 스티롤로 만든 공에 비해 가속도 a가 작아져 감속하기 어려워진다. 볼링의 예와 마찬가지로 두 가지 유체에 같은 크기의 점성응력이 작용할 경우, 밀도가 큰 유체(볼링공에 해당)는 밀도가 작은 유체(발포 스티롤로 만든 공에 해당)보다 점성응력에 의한 유체의 가속도가 작아져 감속하기 어려워진다.

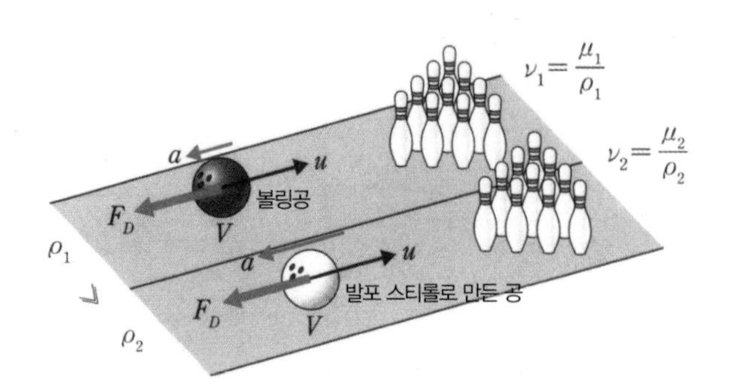

|그림 8–5| 볼링과 동점성계수

[연습문제 8–1]

그림과 같이 경사 θ=20°인 받침대 위에 점성계수가 $\mu = 0.05[\mathrm{Pa{\cdot}s}]$인 기름의 얇은 막이 있고, 그 얇은 막 위를 질량 $m = 2.5[\mathrm{kg}]$, 면적 $A = 1.5[\mathrm{m}^2]$인 평판이 일정 속도 $U = 2.0[\mathrm{cm/s}]$로 미끌어져 내려가고 있다. 이때 기름의 얇은 막 두께 t를 구하여라.

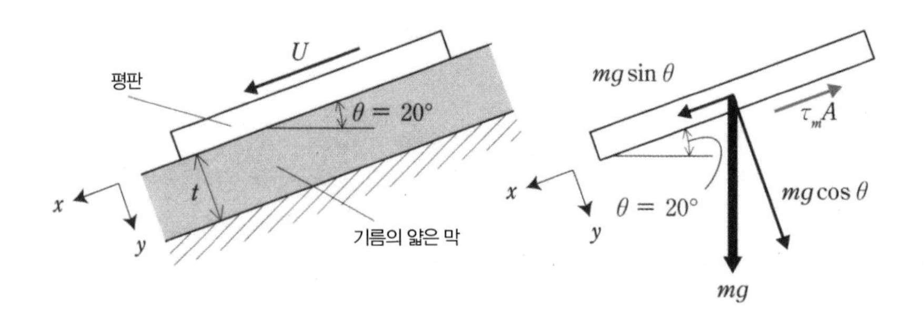

[풀이]

평판은 일정한 속도로 미끌어지므로 평판이 진행하는 방향을 플러스(+)라고 하고 x 방향 힘의 평형식을 생각해보자. 평판에는 기름의 점성에 의한 전단응력 $\tau_m A$와 평판 중량의 분력 $mg\sin\theta$가 걸리므로 다음과 같이 된다.

$$mg\sin\theta - \tau_m A = 0$$

$$\tau_m = \frac{mg\sin\theta}{A} \quad \cdots (1)$$

기름의 얇은 막 속의 속도 기울기는 평판의 속도 U와 얇은 막의 두께 t를 이용해 U/t라고 나타낼 수 있고 식 (8.1) 뉴턴의 점성법칙에 의해 다음과 같이 된다.

$$\tau_m = \mu \frac{U}{t} \quad \cdots (2)$$

식 (1)을 식 (2)에 대입하면 t는 다음과 같다.

$$t = \frac{\mu UA}{mg\sin\theta} = \frac{0.05 \times 0.020 \times 1.5}{2.5 \times 9.81 \times \sin 20^\circ}$$

$$= 1.79 \times 10^{-4}[\mathrm{m}] = 0.179[\mathrm{mm}] \quad \cdots (\text{답})$$

8-3 원관 내 층류의 압력과 경사

유체의 속도 분포가 x 방향의 흐름만 있고 규칙적이며 점성이 지배적인 흐름을 **층류**laminar flow라고 한다. 속도를 높이면 주류 방향뿐 아니라 y 방향으로도 속도를 갖게 되는데, 이와 같은 관성이 지배적인 흐름을 난류(10장 참조)라고 한다. 여기서는 원관 내의 층류를 대상으로 설명한다.

우리 주변에서 볼 수 있는 원관 내 층류의 예로, 욕조에 남은 물을 펌프로 세탁기에 보낼 때 호스 안의 흐름을 생각해보자. 점성과 압축성을 고려하지 않은 이상유체인 경우, 식 (6.1) 베르누이 방정식에 따라 어떤 호스 단면이든 압력이 일정하다. 이는 이상유체뿐만 아니라 점성유체에서도 성립한다. 그러므로 식 (5.3)의 연속방정식에 따라 어떤 호스 단면이든 속도가 일정하다(이 상황을 ①이라고 한다). 그러나 점성유체에는 그림 8–6과 같이 흐르는 방향과 반대 방향으로 점성응력이 마찰응력으로 작용하기 때문에 유체 속도는 하류 측으로 갈수록 느려진다(이 상황을 ②라고 한다). 이 ①과 ②는 모순적이다. 사실 ② '속도는 하류 측으로 갈수록 느려진다'는 내용은 틀렸으며 호스 내 유체는 마찰응력과 균형을 이루는 힘이 작용하여 등속으로 운동한다. 그 힘은 호스 출구의 펌프가 만드는 압력 기울기에 기인하고 있다. 펌프로 유체를 빨아들인다는 것은 호스 출구의 압력을 호스 입구의 압력(대기압)보다 낮춘다는 의미이며 하류 측으로 갈수록 압력이 내려간다.

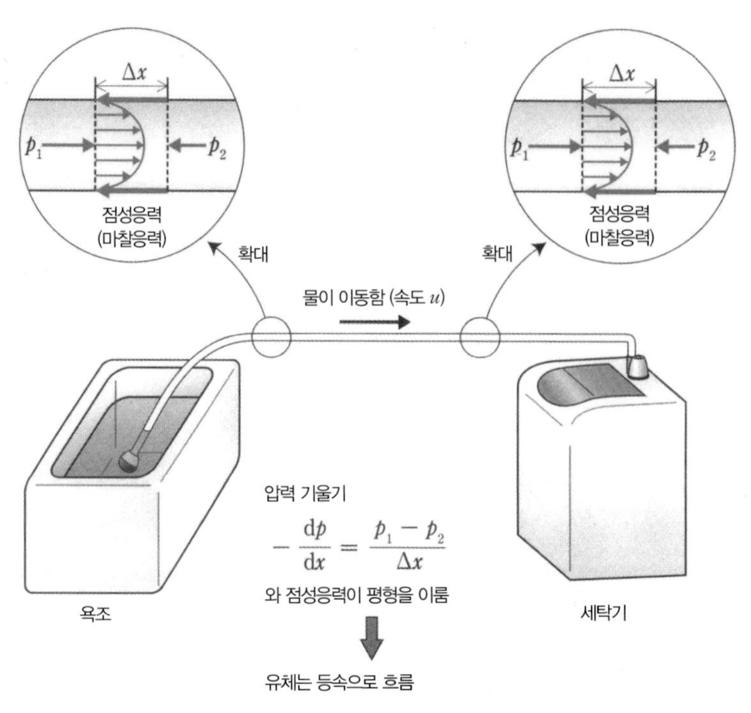

|그림 8-6| 원관 내 층류의 압력경사

압력 기울기pressure gradient란 거리 dx에 대한 압력강하 dp의 비율, 즉 $-dp/dx$를 의미한다. 여기서 하류 측으로 갈수록 압력이 내려가므로 dp/dx는 마이너스(−)이고, 마이너스(−)를 붙여 $-dp/dx$로 함으로써 전체를 플러스(+)로 만들었다. 즉, 원관 내 층류에서는 압력 기울기와 점성응력이 평형을 이루며 유체는 등속으로 흐른다.

8-4 원관 내 층류의 속도 분포

앞에서 설명한 것처럼 원관 내 층류는 관로를 따라 등속으로 운동하지만 원관 단면 내에서는 일정한 속도가 아닌 어떤 분포를 갖는다. 원관 내 층류의 속도 분포 u는, 그림 8-7(a)와 같이 속도는 관벽($r=R$)에서 0이 되고 관 중심($r=0$)에서 최댓값 u_{max}를 갖는 포물선 분포가 된다. 이러한 속도 분포를 가진 원관 내 층류를 **하겐-푸아죄유 유동**Hagen Poiseuille flow이라고 한다.

이 속도 분포 u는 점도 μ, 압력 기울기 $-dp/dx$, 관의 반지름 R, 관 중심으로부터의 반지름 거리 r을 이용하여 다음과 같이 나타낼 수 있다.

$$u = -\frac{1}{4\mu}\frac{dp}{dx}(R^2 - r^2) \tag{8.4}$$

$-dp/dx$가 플러스(+)이고 $(R^2 - r^2)$도 플러스(+)이므로 속도 u는 플러스(+)가 된다. $-dp/dx$가 클수록, 즉 강력한 펌프를 사용할수록 속도 u가 커진다. 강의 흐름도 이와 같은 속도 분포를 갖는데, 강변 부근의 흐름은 느리고 강 중앙에서 속도가 최대로 된다. 여기서 식 (8.4)의 하겐–푸아죄유 유동의 속도 분포와 이상유체의 속도 분포를 비교해보자. 그림 8–7(a)와 같이 하겐–푸아죄유 유동에서는 그 속도 분포가 r에 관한 포물선이 된다. 한편, 그림 8–7(b)와 같이 이상유체에서는 점성응력이 발생하지 않으므로 속도 분포는 원관 단면 내에서 같아진다.

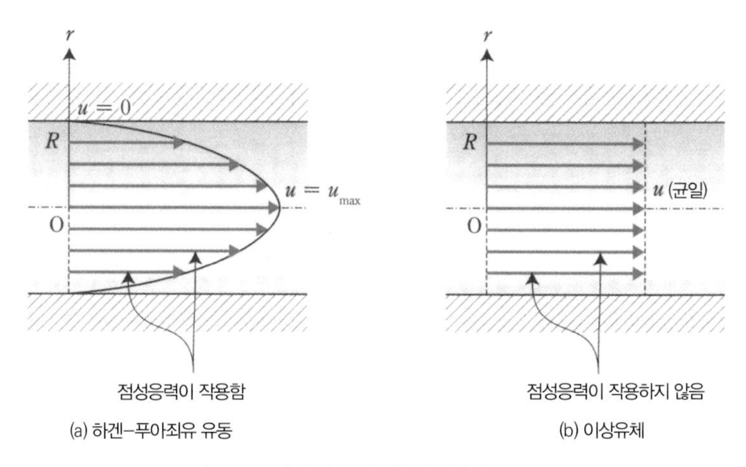

|그림 8–7| 하겐–푸아죄유 유동의 속도 분포

다음에는 식 (8.4)에 나타난 속도 분포를 이론적으로 구해보자. 그림 8–8과 같이 원관 내를 등속운동하는 유체에 대해 관 중심으로부터의 반지름 거리 r, 길이 l인 미소 원기둥 부분이 있다고 가정한 후 거기에 작용하는 힘의 평형식(1장에서 세웠던 힘의 평형식을 떠올리자)을 생각해보자.

미소 원기둥의 단면 ①에 작용하는 압력을 p_1이라고 하면 단면 ②에 작용하는 압력 p_2는 압력 p_1을 이용해 다음과 같이 나타낼 수 있다.

$$p_2 = -\left(p_1 + \frac{dp}{dx}l\right) \text{ (1장 참조)} \tag{8.5}$$

미소 원기둥의 측면에는 점성응력 τ_m이 작용한다. 미소 원기둥의 단면적은 πr^2, 원둘레 면적은 $2\pi rl$이므로 미소 원기둥에 작용하는 x 방향 힘의 평형식은 흐름 방향을 x축의 플러스(+) 방향이라고 했을 때 다음과 같이 된다.

$$p_1\pi r^2 - \left(p_1 + \frac{\mathrm{d}p}{\mathrm{d}x}l\right)\pi r^2 - 2\pi rl\tau_m = 0 \tag{8.6}$$

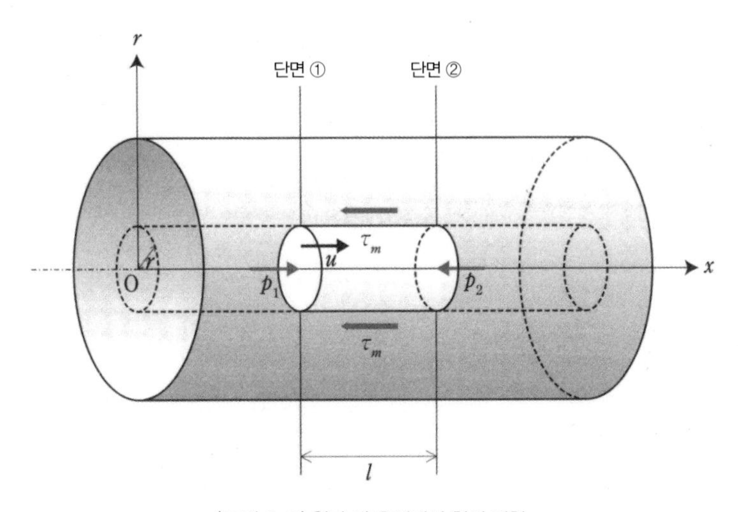

|그림 8-8| 원관 내 유체에서 힘의 평형

한편, 속도를 u라고 하면 점성응력 τ_m은 뉴턴의 점성법칙(식 (8.1))에서 다음과 같다.

$$\tau_m = -\mu\frac{\mathrm{d}u}{\mathrm{d}r} \tag{8.7}$$

여기서 μ는 점성계수, $\mathrm{d}u/\mathrm{d}r$은 반지름 방향의 속도 기울기이며 마이너스(−)가 붙어 있는 것은 전체를 플러스(+)로 하기 위해서이다. 식 (8.7)을 식 (8.6)에 대입해서 정리하면 속도 u와 반지름 거리 r에 관한 미분방정식을 다음과 같이 얻을 수 있다.

$$\frac{\mathrm{d}u}{\mathrm{d}r} = \frac{1}{2\mu}\frac{\mathrm{d}p}{\mathrm{d}x}r \tag{8.8}$$

식 (8.8)을 r에 대해 적분하면 다음과 같이 된다.

$$u = \frac{1}{4\mu}\frac{\mathrm{d}p}{\mathrm{d}x}r^2 + C \tag{8.9}$$

여기서 C는 적분상수다. 경계조건으로 관벽($r=R$)에서는 속도 $u=0$이므로 이 값을 식 (8.9)에 대입하면 적분상수 C는 다음과 같이 된다.

$$C= -\frac{1}{4\mu}\frac{\mathrm{d}p}{\mathrm{d}x}R^2 \tag{8.10}$$

식 (8.10)을 식 (8.9)에 대입하면 속도 u와 반지름 거리 r의 관계는 다음과 같이 된다.

$$u= -\frac{1}{4\mu}\frac{\mathrm{d}p}{\mathrm{d}x}(R^2-r^2) \tag{8.11}$$

이상으로 식 (8.4) 하겐–푸아죄유 유동의 속도 분포식이 증명되었다.

또한 그림 8–7에서 최대속도 $u_{\max}$는 관 중심($r=0$)에서의 속도이므로 식 (8.11)에서 다음과 같이 된다.

$$u_{\max} = -\frac{R^2}{4\mu}\frac{\mathrm{d}p}{\mathrm{d}x} \tag{8.12}$$

또한 식 (8.12)를 관 반지름 R이 아닌 관 지름 D로 나타내면 다음과 같이 된다.

$$u_{\max} = -\frac{D^2}{16\mu}\frac{\mathrm{d}p}{\mathrm{d}x} \tag{8.13}$$

8-5 원관 내 층류의 유량과 평균속도

목이 마를 때 눈앞에 셰이크와 물이 있다면 무의식적으로 점성이 낮은 물을 선택해서 빨대로 힘껏 물을 흡입할 것이라 생각된다(그림 8–9). 이것은 점성이 높은 액체(셰이크)보다 점성이 낮은 액체(물)가, 그리고 입 안의 압력을 크게 내려 대기압보다 작게 하는 쪽이 1초 동안 마시는 양(유량)을 늘릴 수 있다는 것을 직감적으로 이해하고 있기 때문이다.

하겐–푸아죄유 유동에서 관 반지름을 R, 유체의 점성을 μ, 압력 기울기를 $-\mathrm{d}p/\mathrm{d}x$라고 하면 유량 Q는 다음과 같이 나타낼 수 있다.

하겐-푸아죄유 법칙

$$Q = -\frac{\pi R^4}{8\mu}\frac{\mathrm{d}p}{\mathrm{d}x} \tag{8.14}$$

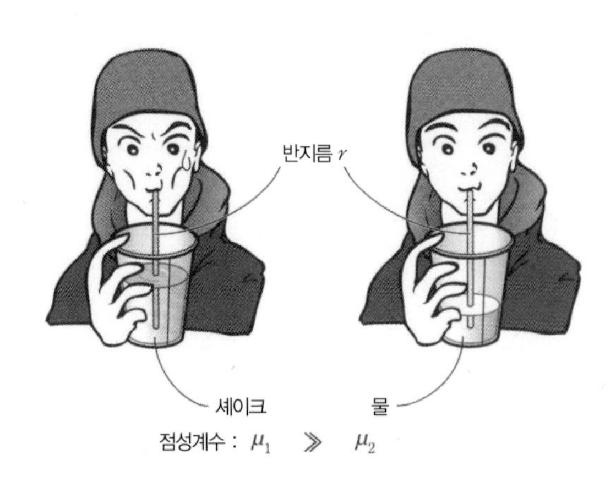

|그림 8-9| 점성이 높은 액체와 점성이 낮은 액체 중 목이 마를 때 먼저 마시는 것은?

식 (8.14)를 **하겐-푸아죄유 법칙**Hagen Poiseuille's law이라고 한다. 이 법칙에 따르면 유량 Q는 관 반지름 R의 4제곱과 압력 기울기 $-\mathrm{d}p/\mathrm{d}x$에 비례하고 점성계수 μ에 반비례한다. 앞의 예에서 목이 마를 때 물을 먼저 선택해 빨대로 힘껏 흡입하는 이유를 이해할 수 있을 것이다.

다음에는 식 (8.14)를 증명해보자. 속도가 u인 이상유체인 경우 그 유량 Q는 원관의 단면적 A와 속도 u의 곱 Au로 구할 수 있다. 그러나 하겐-푸아죄유 유동과 같이 속도 분포를 가진 경우 그 유량은 간단히 구할 수 없다. 그림 8-10에 나타난 것처럼 원관 단면에서 관 중심 O부터 반지름 거리 r인 곳에 있는 폭 $\mathrm{d}r$의 미소 원환을 떠올려보자. 이 미소 원환의 면적 $\mathrm{d}A$ 내에서 속도 u가 일정하다고 생각하면 미소 원환 내의 유량 $\mathrm{d}q$는 $u\mathrm{d}A$가 된다. 원관 단면 내 모든 미소 원환의 유량 $\mathrm{d}q$를 전부 더하면 원관 내 전체 유량 Q를 다음과 같이 구할 수 있다.

$$Q = \int_S \mathrm{d}q = \int_S u\mathrm{d}A \tag{8.15}$$

여기서 $\int_S$는 면적에서 적분한다는 의미의 면적분 기호다. 미소 원환의 면적 $\mathrm{d}A$는 원관의 폭 $\mathrm{d}r$과 원기둥 $2\pi r$의 곱과 같으므로 다음과 같이 나타낼 수 있다.

$$\mathrm{d}A = 2\pi r\mathrm{d}r \tag{8.16}$$

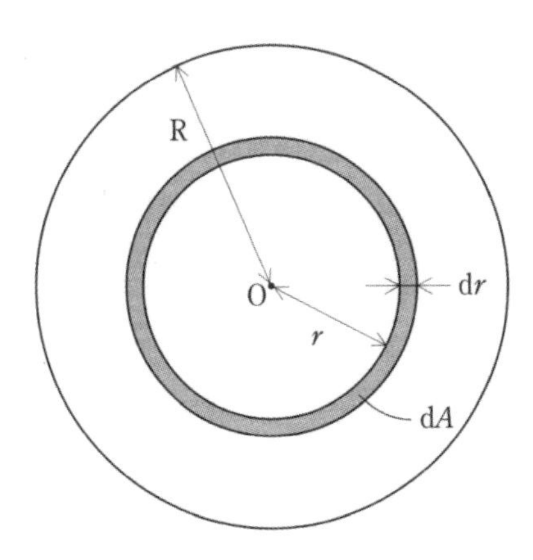

|그림 8-10| 원환의 유량을 구하기 위한 적분

하겐-푸아죄유 유동에서 속도 분포의 식(식 (8.4))과 식 (8.16)을 식 (8.15)에 대입하면 다음과 같이 된다.

$$Q= -\frac{2\pi}{4\mu}\frac{\mathrm{d}p}{\mathrm{d}x}\int_0^R (R^2-r^2)r\mathrm{d}r = -\frac{\pi R^4}{8\mu}\frac{\mathrm{d}p}{\mathrm{d}x} \tag{8.17}$$

r의 적분 범위가 0에서 R이라는 데 주의한다.

식 (8.17)에서 식 (8.14) 하겐-푸아죄유 법칙이 증명되었다. 또한 관 지름 $D=2R$이므로 식 (8.17)을 관 지름 D로 나타내면 다음과 같다.

$$Q= -\frac{\pi D^4}{128\mu}\frac{\mathrm{d}p}{\mathrm{d}x} \tag{8.18}$$

그리고 원관 단면의 평균속도 U는 유량 Q를 원관 단면적 $A=\pi D^2/4$로 나눈 값이므로 식 (8.18)에서 다음과 같이 된다.

$$U= \frac{Q}{A}= -\frac{D^2}{32\mu}\frac{\mathrm{d}p}{\mathrm{d}x} \tag{8.19}$$

식 (8.19)와 식 (8.13)을 비교하면 최대속도 $u_{\max}$는 평균속도 U를 이용해 다음과 같이 나타낼 수 있다.

$$u_{\max}=2U \tag{8.20}$$

[연습문제 8-2]

그림과 같이 길이 $l=30.0[\mathrm{m}]$인 원관 내에 점성계수 $\mu=1.10[\mathrm{Pa \cdot s}]$, 비중 0.945인 글리세린을 압력수두 $h=3.00[\mathrm{m}]$, 유량 $Q=1.90[\mathrm{L/min}]$의 층류 상태로 흐르게 한다. 이때 필요한 원관 내 지름 D를 구하여라.

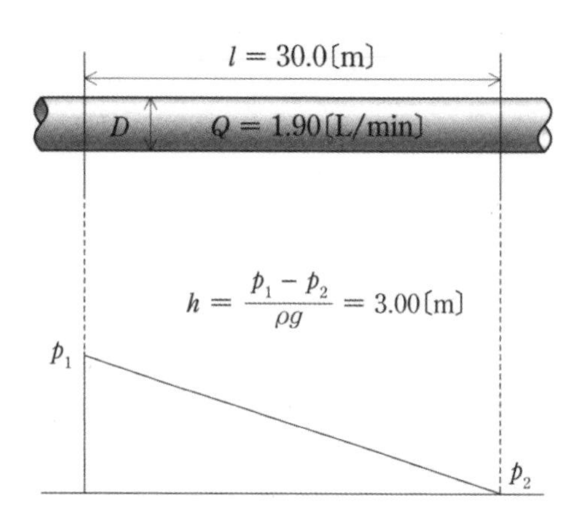

[풀이]

글리세린의 밀도는 $\rho=945[\mathrm{kg/m^3}]$, 유량은 $Q=0.00190[\mathrm{m^3/min}]=3.17\times10^{-5}[\mathrm{m^3/s}]$이다. 관 양단의 압력차가 $\Delta p=p_1-p_2$라고 하면 압력 기울기는 $-\mathrm{d}p/\mathrm{d}x=\Delta p/l$라고 할 수 있다. 식 (8.18)에서 다음과 같이 된다.

$$Q=-\frac{\pi D^4}{128\mu}\frac{\mathrm{d}p}{\mathrm{d}x}=\frac{\pi D^4}{128\mu}\frac{\Delta p}{l}$$

따라서 원관 내 지름 D는 다음과 같다.

$$D=\sqrt[4]{\frac{128\mu l Q}{\Delta p \pi}} \quad \cdots (1)$$

여기서 압력차 Δp는 압력수두 h를 이용해 다음과 같이 나타낼 수 있다.

$$\Delta p=p_1-p_2=\rho g h \quad \cdots (2)$$

그러므로 식 (2)를 식 (1)에 대입하면 다음과 같은 식을 얻을 수 있다.

$$D=\sqrt[4]{\frac{128\mu l Q}{\rho g h \pi}}=\sqrt[4]{\frac{128\times1.10\times30.0\times3.17\times10^{-5}}{945\times9.81\times3.00\times3.14}}$$

$$=0.03518[\mathrm{m}]\fallingdotseq 35.2[\mathrm{mm}] \quad \cdots \text{(답)}$$

[연습문제 8–3]

반지름 $R=0.4[\mathrm{mm}]$, 길이 $l=700[\mathrm{mm}]$인 원형 모세관에 점성계수 $\mu=1.31\times10^{-3}[\mathrm{Pa{\cdot}s}]$인 물을 층류 상태로 흘린 결과, 원형 모세관 양단의 압력차가 $\Delta p=1.96[\mathrm{kPa}]$로 되었다고 한다. 원형 모세관 내의 유량 Q 및 평균속도 U를 구하여라.

[풀이]

압력 기울기를 $-\mathrm{d}p/\mathrm{d}x=\Delta p/l$이라고 하면 원형 모세관 내의 유량 $Q[\mathrm{m^3/s}]$는 하겐–푸아죄유 법칙에 의해 다음과 같다.

$$Q=\frac{\pi R^4\Delta p}{8\mu l}=\frac{3.14\times0.0004^4\times1960}{8\times1.31\times10^{-3}\times0.700}=2.15\times10^{-8}[\mathrm{m^3/s}]\ \cdots\ (\text{답})$$

평균속도 U는 식 (5.2)에 의해 다음과 같이 나타낼 수 있다.

$$U=\frac{Q}{A}=\frac{Q}{\pi R^2}=\frac{2.15\times10^{-8}}{3.14\times0.0004^2}=4.28\times10^{-2}[\mathrm{m/s}]\ \cdots\ (\text{답})$$

제 9 장

점성유체의 운동방정식과 에너지 방정식

9-1 나비에-스토크스 운동방정식

9-2 확장된 베르누이 방정식

9-3 점성응력의 분포

점성유체에서는 점성응력에 의한 유체 변형이 있으므로 오일러 운동방정식에 점성항을 더한 운동방정식을 고려해야 한다. 또한, 점성에 의한 에너지 손실이 있으므로 유체의 에너지 보존 법칙인 베르누이 방정식을 확장해야 한다. 이것을 이해하면서 원관 내 점성응력의 분포에 대해서도 공부해보자.

9-1 나비에-스토크스 운동방정식

우선 그림 9-1과 같이 xyz 공간에 x, y, z 방향의 변의 길이가 각각 $\mathrm{d}x$, $\mathrm{d}y$, $\mathrm{d}z$인 미소한 직육면체가 있다고 하고 응력 기호와 방향에 대해 정의한다. 그림이 복잡해지지 않도록 z 방향을 그림에서 생략한다. 면에 방향이 있다고 해도 감이 잘 오지 않을 수 있지만, 면의 법선 방향(수직 방향)을 그 면의 방향이라고 정의한다(예를 들면 면 AD의 법선 방향은 x 방향, 면 AB의 법선 방향은 y 방향). 면 AD에 작용하는 응력은 면에 평행한 전단응력 τ_{xy}와, 면에 수직인 수직응력 τ_{xx}의 두 종류가 있다. τ의 첫 번째 아래 첨자는 작용하는 면의 방향을, 두 번째 아래 첨자는 힘의 성분 방향을 나타낸다(예를 들면 τ_{xy}는 x 방향의 면에 작용하는 y 방향의 힘). 또한 힘의 1차 모멘트의 평형에서 다음과 같다.

$$\tau_{xy} = \tau_{yx} \tag{9.1}$$

점성유체에 있어서 미소 유체요소의 운동에는 전단응력과 수직응력에 의한 변형이 존재하며, 그것을 운동방정식 안에서 고려해야 한다.

1차원(1D) 뉴턴의 점성법칙(식 (8.1))을 그림 9-1의 2차원(2D)에 응용하면 x 방향의 속도가 u, 그 속도 기울기가 $\partial u/\partial y$, y 방향의 속도가 v, 그 속도 기울기가 $\partial v/\partial x$이고 각 성분을 더하면 전단응력 τ_{xy}는 다음과 같다.

$$\tau_{xy} = \tau_{yx} = \mu\left(\frac{\partial v}{\partial x} + \frac{\partial u}{\partial y}\right) \tag{9.2}$$

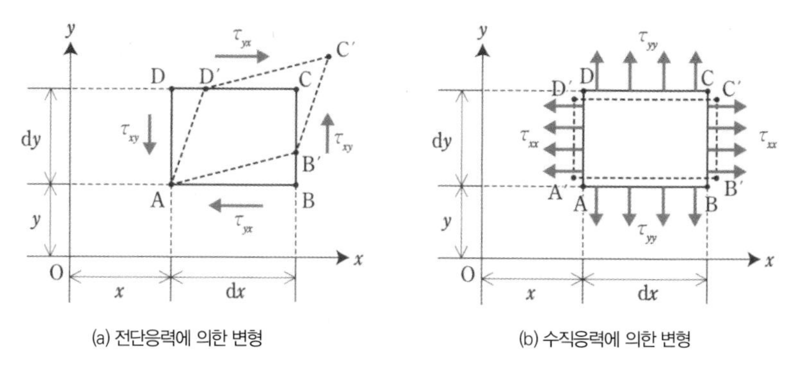

|그림 9-1| 전단응력과 수직응력에 의한 변형

또한 수직응력 τ_{xx}는 속도 기울기 $\partial v/\partial x+\partial u/\partial y$를 $\partial u/\partial x+\partial u/\partial x$로 치환하면 다음과 같다.

$$\tau_{xx}=2\mu\frac{\partial u}{\partial x},\ \tau_{yy}=2\mu\frac{\partial v}{\partial y} \tag{9.3}$$

식 (9.3)에서 τ_{xy}도 마찬가지로 기술되어 있다. 이와 같은 식은 점성에 의해 발생하는 응력과 유체 변형이 어떤 관계인지 나타낸다. 다음에는 이러한 관계를 운동방정식에 대입해보자.

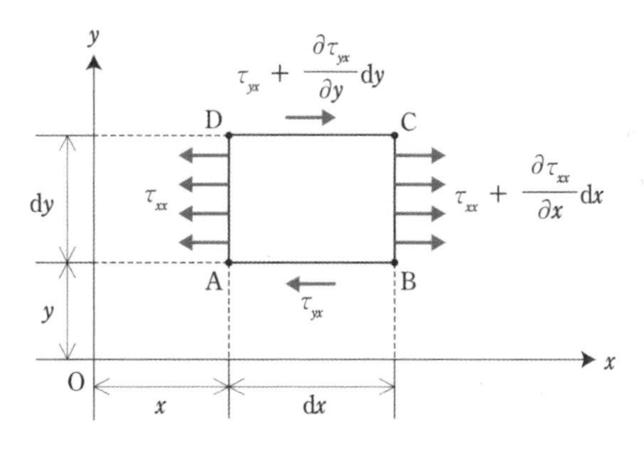

|그림 9-2| 유체의 미소 부분에 작용하는 점성력

그림 9-2와 같이 x 방향의 힘을 생각하면 면 AD에는 $-\tau xx\mathrm{d}y\mathrm{d}z$(수직력), 면 BC에는 $+\{\tau xx+(\partial\tau xx/\partial x)\mathrm{d}x\}\mathrm{d}y\mathrm{d}z$(수직력), 면 AB에는 $-\tau yx\mathrm{d}x\mathrm{d}z$(전단응력), 면 DC에는 $+\{\tau yx+(\partial\tau yx/\partial y)\mathrm{d}y\}\mathrm{d}x\mathrm{d}z$(전단응력)의 힘이 걸린다. 이 힘을 전부 더하면 $\frac{\partial \tau_{xx}}{\partial x}\mathrm{d}x\mathrm{d}y\mathrm{d}z+\frac{\partial \tau_{yx}}{\partial y}\mathrm{d}y\mathrm{d}x\mathrm{d}z$이고 이것을 $\rho\mathrm{d}x\mathrm{d}y\mathrm{d}z$로 나눠 단위질량당 밀도 ρ의 유체에 작용하는 x 방향 힘의 합계 τx를 구하면 다음과 같다.

$$\tau_x = \frac{1}{\rho}\left(\frac{\partial \tau_{xx}}{\partial x}\frac{\partial \tau_{yx}}{\partial y}\right) \tag{9.4}$$

마찬가지로 y 방향 힘의 합계 τ_y는 다음과 같다.

$$\tau_y = \frac{1}{\rho}\left(\frac{\partial \tau_{yy}}{\partial y}\frac{\partial \tau_{xy}}{\partial x}\right) \tag{9.5}$$

점성과 압축성을 무시하는 이상유체의 운동방정식인 오일러 운동방정식에 지금 구한 점성력의 항을 더하면 비압축성 점성유체의 운동방정식을 구할 수 있다. 식 (5.23)에 나타난 순간가속도와 이류가속도(4-3절 참조)를 고려한 2차원의 오일러 운동방정식에서 식 (9.4)의 점성항 τ_x를 더하면 x 방향 운동방정식은 다음과 같다.

$$\frac{\partial u}{\partial t} + u\frac{\partial u}{\partial x} + v\frac{\partial u}{\partial y} = -\frac{1}{\rho}\frac{\partial p}{\partial x} + \underbrace{\frac{1}{\rho}\left(\frac{\partial \tau_{xx}}{\partial x} + \frac{\partial \tau_{yx}}{\partial y}\right)}_{\text{점성항 } \tau_x} + F_x \tag{9.6}$$

이 식의 점성항 τ_x에 식 (9.2)와 식 (9.3)(응력과 변형의 관계식)을 대입하여 정리하면 다음과 같다.

$$\tau_x = \frac{\mu}{\rho}\left\{\left(\frac{\partial^2 u}{\partial x^2} + \frac{\partial^2 u}{\partial y^2}\right) + \frac{\partial}{\partial x}\left(\frac{\partial u}{\partial x} + \frac{\partial v}{\partial y}\right)\right\} \tag{9.7}$$

여기서 식 (9.7) 제2항의 $(\partial u/\partial x + \partial v/\partial y)$는 미분으로 나타낸 연속식(식 (5.10))에서 0이 된다. y 방향 성분도 마찬가지로 계산하면 점성유체의 운동방정식은 다음과 같이 비선형 2계 편미분 방정식이 된다.

나비에-스토크스 운동방정식

$$x \text{ 방향}: \underbrace{\frac{\partial u}{\partial t} + u\frac{\partial u}{\partial x} + v\frac{\partial u}{\partial y}}_{\text{관성력}} = \underbrace{-\frac{1}{\rho}\frac{\partial p}{\partial x}}_{\text{압력}} + \underbrace{\frac{\mu}{\rho}\left(\frac{\partial^2 u}{\partial x^2} + \frac{\partial^2 u}{\partial y^2}\right)}_{\text{점성력}} + \underbrace{F_x}_{\text{외력}}$$

$$y \text{ 방향}: \underbrace{\frac{\partial u}{\partial t} + u\frac{\partial v}{\partial x} + v\frac{\partial v}{\partial y}}_{\text{관성력}} = \underbrace{-\frac{1}{\rho}\frac{\partial p}{\partial y}}_{\text{압력}} + \underbrace{\frac{\mu}{\rho}\left(\frac{\partial^2 v}{\partial x^2} + \frac{\partial^2 v}{\partial y^2}\right)}_{\text{점성력}} + \underbrace{F_y}_{\text{외력}} \tag{9.8}$$

이 식은 유체에 작용하는 관성력, 압력, 점성력, 외력으로 이루어진 단위질량당 운동방정식이다.

식 (9.8)을 ∇^2(라플라시안)과 grad(식 (5.25))로 나타내고 속도 벡터를 $\boldsymbol{u}=(u, v)$, 외력 벡터를 $\boldsymbol{F}=(F_x, F_y)$라고 하면 다음과 같다.

$$\frac{D\boldsymbol{u}}{Dt}=-\frac{1}{\rho}\text{grad}\,p+\frac{\mu}{\rho}\nabla^2\boldsymbol{u}+\boldsymbol{F} \tag{9.9}$$

여기서 ∇^2은 다음 식과 같다.

$$\nabla^2=\frac{\partial^2}{\partial x^2}+\frac{\partial^2}{\partial y^2} \tag{9.10}$$

이 점성유체의 운동방정식은 비압축성 유체인 경우 **나비에-스토크스 운동방정식**Navier-Stokes equation of motion이라고 하며, 기본적으로는 오일러 운동방정식에 점성력을 더한 것으로 뉴턴 제2법칙인 다음 식으로 나타낸다.

$$\text{관성력}=\text{압력}+\text{점성력}+\text{중력 등의 외력} \tag{9.11}$$

9-2 확장된 베르누이 방정식

점성유체는 마찰인 점성응력을 거슬러 흐르므로 하류로 갈수록 에너지 손실이 커진다. 하겐-푸아죄유 법칙(식 (8.14))의 압력 기울기 $-\mathrm{d}p/\mathrm{d}x$는 유체의 점성에 의한 에너지 손실을 의미하며 그 에너지 손실은 점성에 의한 **압력손실**pressure loss, 점성에 의한 **마찰손실**friction loss, **압력 강하**pressure drop라고도 한다. 압력손실 Δp의 단위는 $[\text{Pa}]=[\text{N/m}^2]$이고 단위체적당 에너지 손실 단위$[\text{N·m/m}^3]$와 같다. 흐름이 층류이고 관벽이 매끄러운 경우 관 실이를 l, 관 지름을 D, 유체의 점성계수를 μ, 유체의 평균속도를 U라고 하고 압력 기울기를 $-\mathrm{d}p/\mathrm{d}x=\Delta p/l$이라고 하면 압력손실 Δp는 식 (8.19)에서 다음과 같이 된다.

하겐-푸아죄유의 식

$$\Delta p=\frac{32\mu l U}{D^2} \tag{9.12}$$

이 식을 **하겐-푸아죄유의 식**Hagen Poiseuille's equation이라고 한다. 이 식에서 압력손실 Δp는 관 길이 l, 유체의 점성계수 μ, 평균속도 U에 비례하며 관 지름 D의 제곱에 반비례한다는 것을 알 수 있다. 이 식은 층류인 경우에만 성립하며 난류(11장 참조)에서는 성립하지 않는다.

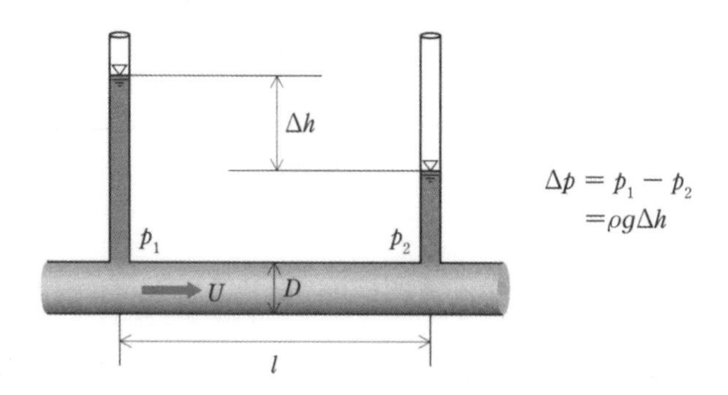

|그림 9-3| 점성에 의한 압력손실

다음에는 이 압력손실을 눈으로 볼 수 있는 형태로 설명한다. 그림 9-3과 같이 수평으로 놓인 원관의 상류 측과 하류 측에 구멍을 뚫어 가는 관을 세우면 가는 관 두 개의 액체 높이가 달라진다. 그 액체 높이의 차 Δh를 식 (1.9)에 대입하면 압력손실은 $\Delta p = \rho g \Delta h$가 된다. 이 압력손실에 의해 원관 내 점성유체의 흐름은 상류 측 압력이 높고 하류 측으로 갈수록 압력이 낮아진다는 것을 알 수 있다.

점성에 의해 유체의 에너지가 얼마나 손실되는지 생각해보자. 점성이 없는 이상유체에서는 베르누이의 정리(6장 참조)가 성립되고, 유체가 가진 에너지는 유선을 따라 일정하다. 그러나 그림 9-4와 같이 점성유체에서는 점성응력에 의해 유체가 가진 에너지가 하류 측으로 갈수록 감소한다. 따라서 유선상 점성유체의 어떤 위치에서 압력손실 Δp를 베르누이 방정식(식 (6.1))에 더하면 다음과 같이 된다.

확장된 베르누이 방정식

$$\frac{\rho u^2}{2} + \rho g z + p + \Delta p = \text{const.}\ [\text{Pa}] \tag{9.13}$$

이 식을 **확장된 베르누이 방정식**extended Bernoulli's equation(수정 베르누이 방정식)이라 한다. 단위는 [Pa]이지만, 유체의 밀도 ρ와 중력가속도 g로 나누고 단위가 [m]면 다음과 같이 된다.

$$\frac{u^2}{2g} + z + \frac{p}{\rho g} + \Delta h = \text{const.}\ [\text{m}] \tag{9.14}$$

$\Delta h = \Delta p / \rho g$

여기서 Δh는 **마찰손실수두**friction loss head라고 불린다. 이상유체와 달리 점성유체에서의 Δp와 Δh는 유선을 따라 변화하며 유선 방향 거리 s의 함수가 된다.

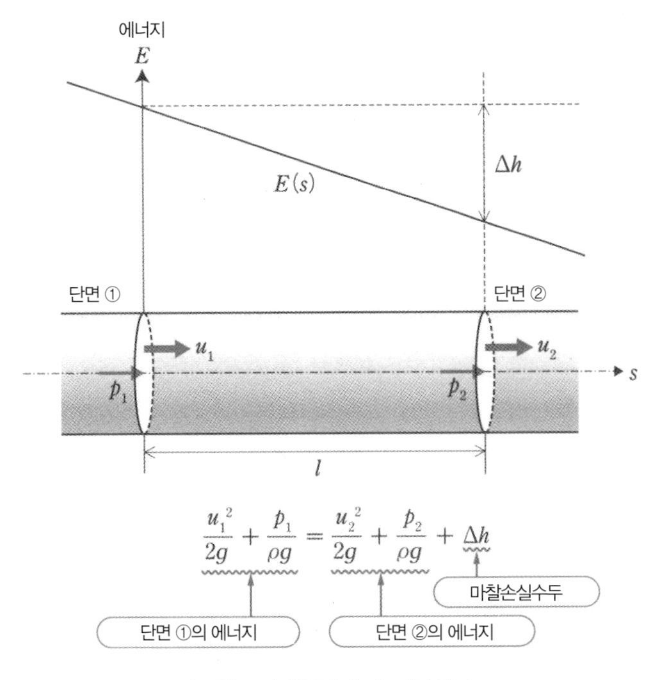

|그림 9-4| 확장된 베르누이의 정리

다음에는 마찰손실수두 Δh를 압력손실 Δp로 나타내는 내용에 대해 설명한다. 그림 9-4와 같이 원관의 거리 l 사이의 마찰손실수두를 Δh, 단면 ①과 단면 ②에서의 속도를 u_1과 u_2, 압력을 p_1과 p_2라고 하고 단면 ①과 단면 ② 사이에 확장된 베르누이 방정식을 적용하면 원관이 수평으로 놓여 있으므로 $z=0$이 되어 다음과 같이 된다.

$$\frac{u_1^2}{2g}+\frac{p_1}{\rho g}=\frac{u_2^2}{2g}+\frac{p_2}{\rho g}+\Delta h \tag{9.15}$$

여기서 단면적이 일정한 원관 내의 흐름은 연속방정식에서 $u_1=u_2$이므로 다음과 같다.

$$\Delta h=\frac{p_1-p_2}{\rho g}=\frac{\Delta p}{\rho g} \tag{9.16}$$

즉, 마찰손실수두 Δh는 압력손실 $\Delta p=p_1-p_2$로 나타낼 수 있다.

9-3 점성응력의 분포

원관 내의 벽면 근처에서는 점성응력이 크므로 속도가 느려진다(8-4절 참조)는 점을 앞에서 설명하였다. 여기서는 원관 내 점성응력의 분포를 어떻게 나타낼 수 있는지에 대해 설명한다.

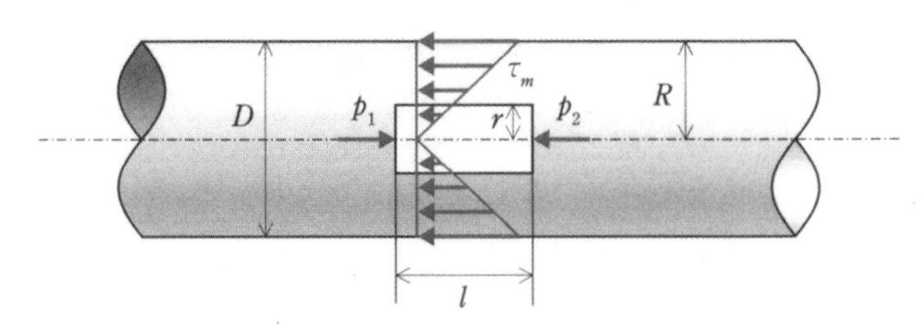

|그림 9-5| 점성응력의 분포

그림 9-5와 같이 점성유체가 원관 내를 등속으로 흐를 때 원관과 중심을 공유하는 반지름 r, 길이 l인 미소 원기둥에서 힘의 평형을 생각보자. 미소 원기둥의 왼쪽 단면에 작용하는 압력을 p_1, 오른쪽 단면에 작용하는 압력을 p_2, 측면에 작용하는 점성응력을 τ_m이라고 하면 유동 방향에서 힘의 평형식은 미소 원기둥의 둘레 면적이 $2\pi rl$이므로 다음과 같이 된다.

$$p_1\pi r^2 - p_2\pi r^2 - 2\pi rl\tau_m = 0 \tag{9.17}$$

이 식을 $\pi r^2\rho g$로 나누어 정리하면 다음과 같이 된다.

$$\frac{2l\tau_m}{\rho gr} = \frac{p_1 - p_2}{\rho g} \tag{9.18}$$

이 식의 우변은 식 (9.16)의 마찰손실수두 Δh와 같으므로 식 (9.18)은 다음과 같다.

$$\tau_m = \left(\frac{\rho g\Delta h}{2l}\right)r \tag{9.19}$$

이 식에서 유체에 작용하는 점성응력 τ_m은 그림 9-5와 같이 원관 중심으로부터의 반지름 거리 r에 비례한다는 것을 알 수 있다. 이 식은 원관 내 층류뿐만 아니라 난류(11장 참조)의 원관 내 벽면 근처 영역에서도 성립한다.

[연습문제 9-1]

그림과 같이 원통 모양 탱크의 밑면에서 $z_2=20[\mathrm{m}]$의 위치에 연결된 내경 $D=20[\mathrm{cm}]$의 수평관을 냉각수가 유량 $Q=0.06[\mathrm{m}^3/\mathrm{s}]$로 흐르고 있다. 탱크 내 수면(밑면으로부터의 높이 $z_1=100[\mathrm{m}]$)을 단면 ①, 탱크로부터의 거리 $l=2000[\mathrm{m}]$인 수평관 단면을 단면 ②라고 한다. 수평관 내의 흐름이 층류라고 했을 때 단면 ②에서의 원관 내 압력 p_2를 구해보자. 단, 탱크는 충분히 크며 단면 ①의 하강 속도는 무시할 수 있다고 한다. 또한 냉각수의 점성계수를 $\mu=0.891\times10^{-3}[\mathrm{Pa{\cdot}s}]$, 밀도를 $\rho=1000[\mathrm{kg/m^3}]$라고 한다.

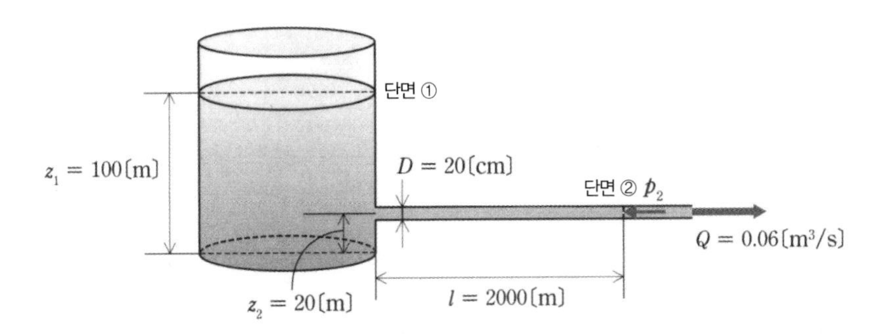

[풀이]

단면 ①의 물리량을 아래 첨자 1, 단면 ②의 물리량을 아래 첨자 2로 나타내면 확장된 베르누이 방정식(식 (9.13))은 다음과 같이 된다.

$$\frac{\rho u_1^2}{2}+\rho g z_1+p_1=\frac{\rho u_2^2}{2}+\rho g z_2+p_2+\Delta p \quad \cdots (1)$$

단면 ①에서 속도 u_1은 무시할 수 있고 압력 p_1은 대기압과 같으므로 $p_1=0$으로 게이지압력을 생각하면 식 (1)은 다음과 같이 된다.

$$\rho g z_1=\frac{\rho u_2^2}{2}+\rho g z_2+p_2+\Delta p \quad \cdots (2)$$

연속방정식(식 (5.3))에서 단면 ②의 속도 u_2는 다음과 같다.

$$u_2=\frac{Q}{\pi D^2/4} \quad \cdots (3)$$

또한, 하겐–푸아죄유 방정식(식 (9.12))에서 압력손실 Δp를 유량 Q로 나타내면 다음과 같다.

$$\Delta p=\frac{32\mu l u_2}{D^2}=\frac{128\mu l Q}{\pi D^4} \quad \cdots (4)$$

여기서 식 (3) 및 식 (4)를 식 (2)에 대입하면 다음과 같이 된다.

$$\rho g z_1 = \frac{\rho}{2}\left(\frac{Q}{\pi D^2/4}\right)^2 + \rho g z_2 + p_2 + \frac{128\mu l Q}{\pi D^4}$$

$$p_2 = \rho g(z_1 - z_2) - \frac{8\rho Q^2}{\pi^2 D^4} - \frac{128\mu l Q}{\pi D^4} = \rho g(z_1 - z_2) - \frac{8Q}{\pi D^4}\left(\frac{\rho Q}{\pi} + 16\mu l\right)$$

$$= 1000 \times 9.81 \times (100 - 20) - \frac{8 \times 0.06}{3.14 \times 0.20^4}$$

$$\times \left(\frac{1000 \times 0.06}{3.14} + 16 \times 0.891 \times 10^{-3} \times 2000\right)$$

$$= 780250[\mathrm{Pa}] \fallingdotseq 780[\mathrm{kPa}]$$ ⋯ (답)

[연습문제 9-2]

그림과 같이 내경 $D=52[\mathrm{mm}]$인 수평관에 점성이 높은 유체가 흐르고 있다. 수평관 길이 $l=100[\mathrm{m}]$당 압력손실이 $\Delta p=690.6[\mathrm{kPa}]$일 때 관벽에서 유체의 점성응력 τ_m을 구하여라.

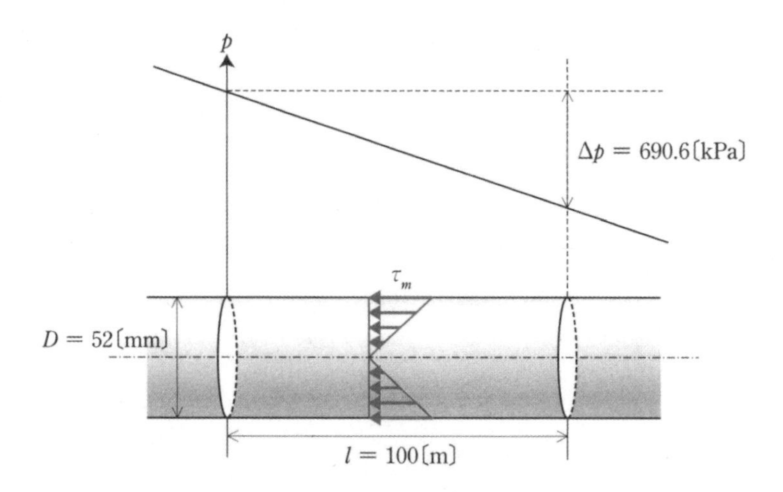

[풀이]

관벽에서의 점성응력 τ_m은 식 (9.19)에서 다음과 같이 된다.

$$\tau_m = \left(\frac{\rho g \Delta h}{2l}\right)\frac{D}{2} = \left(\frac{\Delta p}{l}\right)\frac{D}{4} = \frac{690600 \times 0.052}{100 \times 4} = 89.8[\mathrm{Pa}]$$ ⋯ (답)

$\Delta p = \rho g \Delta h$

[연습문제 9-3]

그림과 같이 기준면부터 높이 $z_1=1[\mathrm{m}]$까지 점성계수 $\mu=3.2\times10^{-3}[\mathrm{Pa\cdot s}]$, 밀도 $\rho=800[\mathrm{kg/m^3}]$인 액체가 들어 있는 탱크에서 기준면 $z_2=0[\mathrm{m}]$의 위치에 내경 $D_2=6[\mathrm{mm}]$, 길이 $l=100[\mathrm{m}]$인 수평관이 연결되어 있다. 탱크 내 액체의 중력에 의해 그 수평관 내에서 액체가 흐르고 있다. 흐름은 층류이고 탱크 내 액체 표면의 하강 평균속도 U_1은 무시할 수 있다고 했을 때, 수평관 출구의 평균속도 U_2와 유량 Q를 구하여라.

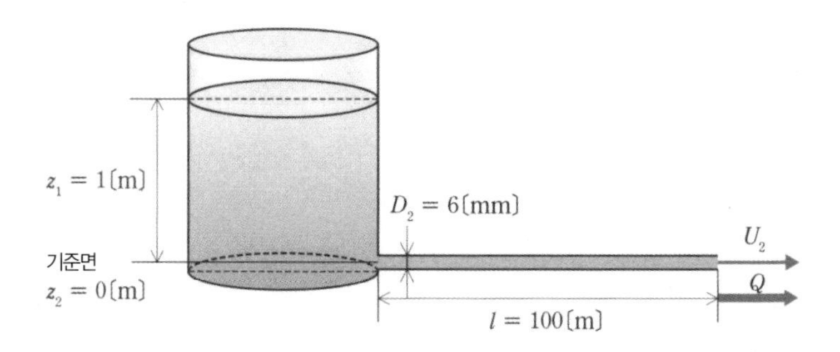

[풀이]

마찰손실수두가 Δh이고 탱크 내 액체 표면의 물리량을 아래 첨자 1, 수평관 출구의 물리량을 아래 첨자 2로 표시했을 때, 이 두 개의 단면에서 식 (9.14)의 확장된 베르누이의 방정식을 적용하면 다음과 같이 된다.

$$\frac{U_1^2}{2g}+z_1+\frac{p_1}{\rho g}=\frac{U_2^2}{2g}+z_2+\frac{p_2}{\rho g}+\Delta h \qquad \cdots (1)$$

하겐-푸아죄유의 방정식을(식 (9.12)) 마찰손실수두 Δh로 나타내면 다음과 같다.

$$\Delta h=\frac{\Delta p}{\rho g}=\frac{32\mu l U_2}{\rho g D_2^2} \qquad \cdots (2)$$

각 압력은 대기압이므로 $p_1=p_2=0$이고 $U_1=0$, $z_1=1$, $z_2=0$이라고 하고 식 (2)를 식 (1)에 대입하면 다음과 같다.

$$0+1+0=\frac{U_2^2}{2g}+0+0+\frac{32\mu l U_2}{\rho g D_2^2}$$

즉, 다음 식과 같이 U_2에 관한 이차방정식이 된다.

$$U_2^2+\frac{64\mu l}{\rho D_2^2}U_2-2g=0$$

따라서 수평관 출구의 평균속도 U_2는 $b=\dfrac{64\mu l}{\rho D_2^2}=\dfrac{64\times3.2\times10^{-3}\times100}{800\times0.006^2}=7.11\times10^2$ 이라고 했을 때 다음과 같다.

$$U_2 = \frac{-b+\sqrt{b^2+8g}}{2} = \frac{-7.11\times10^2+\sqrt{7.11^2\times10^4+8\times9.81}}{2}$$
$$= 0.0276[\mathrm{m/s}] = 27.6[\mathrm{mm/s}] \ \cdots \text{(답)}$$

또한 수평관 출구의 유량 Q는 다음과 같다.

$$Q = U_2\frac{\pi D_2^2}{4} = 0.0276\times\frac{3.14\times0.006^2}{4} = 7.80\times10^{-7}[\mathrm{m^3/s}] \ \cdots \text{(답)}$$

[연습문제 9-4]

그림과 같이 밀도 ρ의 정지된 점성유체가 들어 있는 용기 측면에 가동 벨트가 설치되어 있고, 가동 벨트는 연직상방으로 움직이며 속도는 V_0으로 일정하다. 가동 벨트 위에는 점성력에 의해 두께가 h인 유체의 얇은 막이 형성되어 있다. 그리고 원점 O와 x, y, z축을 그림과 같이 정하고 외력으로 중력을 고려하며 얇은 막 내부 유체는 정상유동이라고 가정한다.

(1) 나비에-스토크스 운동방정식을 간략화하여 얇은 막 내부 압력 p를 구하고, y축 방향의 속도 v와 x에 관한 미분방정식을 도출하여라.

(2) 얇은 막에서 공기저항이 매우 작다고 할 때 얇은 막 내부의 속도 분포 v를 구하여라.

(3) 얇은 막 내부 평균속도 V를 구하여라.

(4) 점성유체가 상승하기 위한 가동벨트의 최소속도 V_0을 구하여라.

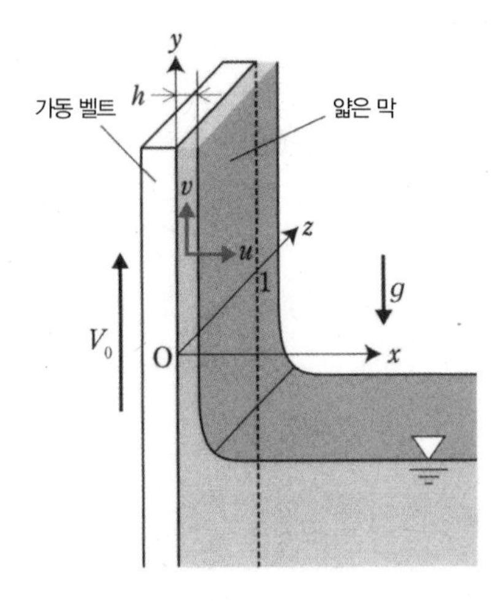

[풀이]

(1) 나비에-스토크스 운동방정식(식 (9.8))에서 얇은 막 내부 유체가 정상유동이므로 x축 방향의 속도는 $u=0$, 미분으로 나타낸 연속방정식(식 (5.10))에서 $\partial v/\partial y=0$, 즉 y축 방향의 속도변화는 무시할 수 있고 정상유동이므로 $\partial v/\partial t=0$이 된다. 따라서 얇은 막 내부 유체의 y축 방향 속도는 x만의 함수가 된다. 나비에-스토크스 운동방정식의 x축 방향 성분은 다음과 같으므로 압력은 얇은 막 내부 x축 방향으로 변화하지 않는다는 것을 나타낸다.

$$\frac{\partial p}{\partial x}=0$$

즉, 얇은 막 표면($x=h$)의 압력이 대기압이므로 얇은 막 내부 압력도 대기압이 되고 게이지압력은 $p=0$이 된다. 나비에-스토크스 운동방정식의 y축 방향 성분은 중력을 고려할 경우 다음과 같이 된다.

$$0=\frac{\mu}{\rho}\frac{\mathrm{d}^2 v}{\mathrm{d}x^2}-g$$

$$\frac{\mathrm{d}^2 v}{\mathrm{d}x^2}=\frac{\rho g}{\mu} \quad \cdots \text{(답)} \qquad \cdots (1)$$

여기서 주의해야 할 점은 식 (9.8)의 나비에-스토크스 운동방정식이 단위질량당이므로 외력이 g가 된다는 점이다.

(2) 적분상수를 C_1이라고 하고 식 (1)을 적분하면 다음과 같다.

$$\frac{\mathrm{d}v}{\mathrm{d}x}=\frac{\rho g}{\mu}x+C_1 \qquad \cdots (2)$$

공기저항은 매우 작기 때문에 얇은 막 표면($x=h$)에서의 전단응력을 무시할 수 있다고 하면 다음과 같다.

$$\tau_{xy}=\mu\left(\frac{\mathrm{d}v}{\mathrm{d}x}\right)=0$$

이것을 식 (2)에 대입하면 다음과 같이 된다.

$$C_1=-\frac{\rho g h}{\mu}$$

적분상수를 C_2라고 하고 식 (2)를 적분하면 얇은 막 내부의 속도 분포 v는 다음과 같다.

$$v=\frac{\rho g}{2\mu}x^2-\frac{\rho g h}{\mu}x+C_2$$

가동 벨트 위($x=0$)의 유체 속도는 가동 벨트의 속도 V_0과 같으므로 $C_2=V_0$이다. 따라서 얇은 막 내부의 속도 분포 v는 다음과 같다.

$$v=\frac{\rho g}{2\mu}x^2-\frac{\rho gh}{\mu}x+V_0 \quad \cdots \text{(답)}$$

(3) 깊이(z축 방향)를 1이라고 했을 때 단위 깊이당 유량 q는 속도 v를 x축 방향으로 0부터 h까지 적분하면 다음과 같이 된다.

$$q=\int_0^h v\mathrm{d}x=\int_0^h\left(\frac{\rho g}{2\mu}x^2-\frac{\rho gh}{\mu}x+V_0\right)\mathrm{d}x$$

$$=V_0h-\frac{\rho gh^3}{3\mu}$$

한편, 얇은 막의 평균속도 V는 $q=Vh$이므로 다음과 같다.

$$V=V_0-\frac{\rho gh^2}{3\mu} \quad \cdots \text{(답)} \qquad \cdots (3)$$

(4) 식 (3)에서 점성유체의 연직상방으로의 흐름은 $V=0$이라고 했을 때 다음과 같으며 이 때가 가동 벨트의 최소속도이다.

$$V_0=\rho gh^2/3\mu \quad \cdots \text{(답)}$$

제 10 장

상사법칙과 난류의 기본 성질

지금까지는 속도가 느리고 점성력이 지배적인 흐름인 층류를 대상으로 설명했는데 10장에서는 관성력이 지배적인 난류의 기본 내용에 대해 배워본다. 또한 유동의 역학적 상사법칙에 대해서도 알아보고 이를 표현하기 위한 무차원수에 대해서도 학습한다.

10-1 층류와 난류의 차이 및 레이놀즈수

그림 10−1(a)와 같이 분향할 때의 연기는 처음에 흐트러지지 않고 일정한 형태를 유지하며 올라가지만 중간부터 흐트러진다. 여기서 처음에 일정하게 솟아오르는 흐름을 **층류**laminar flow, 중간부터 흐트러지는 흐름을 **난류**turbulence flow라고 한다. 또한 그림 10−1(b)와 같이 수도꼭지에서 물을 조금 흐르게 하면 물이 일정하게 흐르지만 많이 흐르게 하면 흐트러진다. 이것도 층류와 난류라고 할 수 있다. 즉, 기체든 액체든 흐름에는 층류와 난류가 있다.

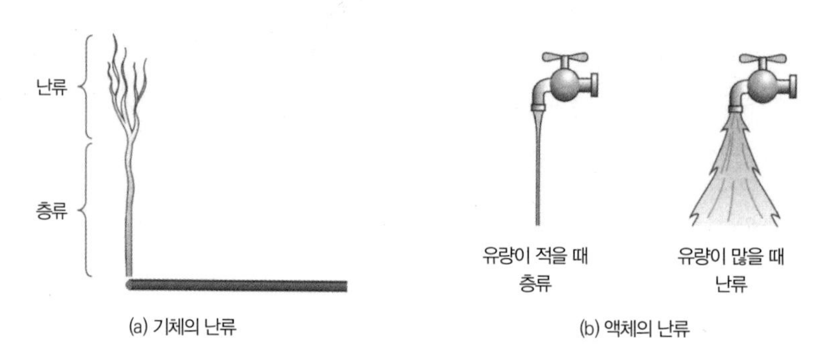

|그림 10−1| 층류와 난류

영국의 물리학자인 레이놀즈는 층류와 난류 차이의 경우 관성력과 점성력의 비가 중요하다고 생각해서, 그 비를 나타내는 무차원수인 **레이놀즈수**Reynolds number Re를 다음과 같이 정의하였다.

레이놀즈수

$$Re = \frac{\text{관성력}}{\text{점성력}} = \frac{UD}{\nu} \tag{10.1}$$

즉, 레이놀즈수는 대표속도 U와 대표길이 D의 곱을 동점도(동점성계수. 8장 참조) ν로 나눈 것이다. 대표속도 U와 대표길이 D로 무엇을 구하는지는 관례적으로 정해졌으며 관 내 흐름인 경우 대표속도는 평균속도로, 대표길이는 관 지름으로 한다. 동점성계수 ν를 점성계수 μ와 밀도 ρ로 나타내면 $\nu=\mu/\rho$(식 (8.2))이므로 식 (10.1)의 레이놀즈수는 다음과도 같다.

$$Re = \frac{\rho UD}{\mu} \tag{10.2}$$

이 식에서 레이놀즈수가 작을 경우 점성력이 지배적이며 관성력의 영향이 작은 끈적끈적한 흐름이 되고, 레이놀즈수가 크면 관성력이 지배적이고 점성력의 영향이 작은 흐름이 된다. 나비에-스토크스 운동방정식(식 (9.8))에서 생각하면 레이놀즈수가 작을 경우, 관성력항을 무시할 수 있으므로 유체 운동은 압력과 점성력의 균형으로 결정된다. 한편, 레이놀즈수가 클 경우 점성력의 영향을 무시할 수 있으므로 유체 운동은 관성력과 압력의 균형으로 결정된다.

레이놀즈는 그림 10-2(a)에 나타난 관로 속에 색소를 넣은 물을 흘린 후 속도, 관 지름, 점성을 다양하게 변화시켜 흐름의 모습을 관찰했다. 속도가 느린 경우, 관 지름이 작은 경우, 유체의 점성이 큰 경우에는 그림 10-2(b)의 위쪽 그림과 같이 색소가 실 모양으로 흘렀다.

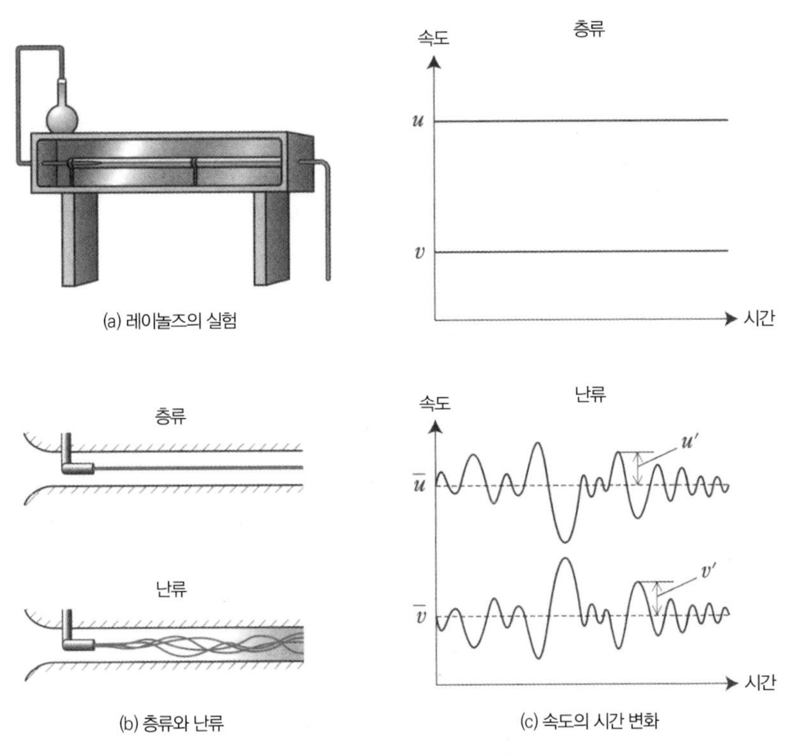

|그림 10-2| 레이놀즈의 실험

한편 속도가 빠른 경우, 관 지름이 큰 경우, 점도가 작은 경우에는 그림 10-2(b)의 아래 그림처럼 색소가 흐트러지고 혼합되어 작은 소용돌이가 발생했다. 또한 구체적인 레이놀즈수로 2320을 넘으면 층류에서 난류로 되는 것을 발견하였다. 이때의 레이놀즈수를 **임계 레이놀즈수** critical Reynolds number Re_c라고 한다. 그림 10-2(c)는 그 색소의 x 방향과 y 방향의 속도 u 및 v의 시간 변화를 오일러 방법(4장 참조)으로 나타낸 것이다. 층류에서는 속도 u, v가 시간 변화에 대해 일정하지만 난류에서는 복잡한 시간 변화를 나타낸다. 속도 u, v의 시간 평균값을 $\bar{u}$, $\bar{v}$라고 했을 때 각 시간에서 속도 u, v와 시간 평균값 $\bar{u}$, $\bar{v}$의 차이를 **속도섭동**velocity fluctuation이라고 하며 u', v'로 나타낸다. 따라서 난류의 어떤 시간의 속도는 다음과 같이 나타낼 수 있다.

$$u = \bar{u} + u' \qquad v = \bar{v} + v' \tag{10.3}$$

10-2 흐름의 역학적 상사

그림 10-3과 같이 실제 비행기의 크기를 축소하여 기하학적으로 닮은 모형을 만든 후 그 모형에 있어서 흐름의 레이놀즈수를 실물의 레이놀즈수와 같게 하면 모형과 실물의 흐름이 역학적으로 유사하게 된다. 즉, 모형을 사용한 실험에서 발생한 유체역학적인 현상을 실물의 현상으로 간주할 수 있다. 이와 같이 실물과 모형의 유체역학적인 상사(相似)를 **상사법칙** similarity law이라고 한다. 이 상사법칙은 비행기, 자동차, 선박, 유체 관련 기기 설계 개발 시 매우 중요하다.

다음에는 흐름의 상사와 레이놀즈수의 관계에 대해 알아본다. 유체의 운동은 관성력, 압력, 점성력, 중력, 외력의 크기에 따라 결정된다. 레이놀즈수는 이러한 힘에서 관성력과 점성력 두 개만 고려한 것이다.

그림 10-4와 같이 스케일이 큰 흐름과 작은 흐름에서 두 개의 유동장이 유체역학적으로 비슷하다고 하자. 유동장이 서로 유사하다고 할 경우 유동장 두 개의 유선이 그리는 도형도 유사해야 한다. 유선이 그리는 도형이 유사하면 거기에 작용하는 관성력 F_n과 점성력 F_t의 비도 같아진다(두 개의 유동장에서 가속도 방향이 같아진다).

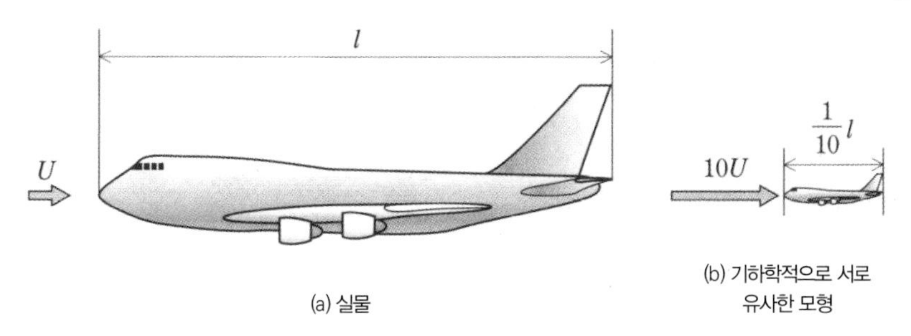

|그림 10-3| 기하학적으로 서로 유사한 모형과 상사법칙

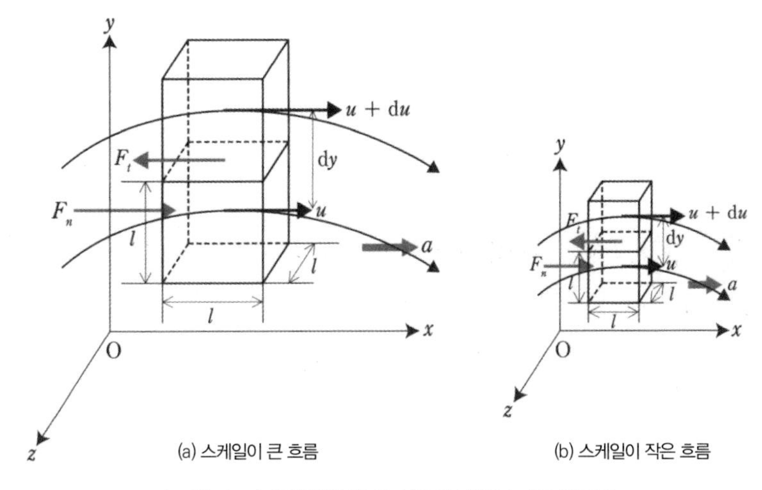

|그림 10-4| 유체역학적으로 서로 유사한 두 개의 유동장

다음에는 이 F_n/F_t 비가 의미하는 것이 무엇인지 생각해보자. 그림 10-4에서 한 변의 길이가 l인 유체의 미소 직육면체를 떠올린 후 관성력 F_n과 점성력 F_t를 구해보자. 유체의 밀도를 ρ라고 하면 그 미소 직육면체의 질량 m은 다음과 같다.

$$m = \rho l^3 \tag{10.4}$$

한편, 유동장의 가속도 a는 속도를 u라고 했을 때 다음과 같다.

$$a = \frac{\mathrm{d}u}{\mathrm{d}t} \propto \frac{u}{l/u} \tag{10.5}$$

미소 직육면체에 작용하는 관성력 F_n은 식 (10.4)와 식 (10.5)에서 다음과 같다.

$$F_n = ma \propto (\rho l^3)\frac{u}{l/u} = \rho u^2 l^2 \tag{10.6}$$

다음으로 미소 직육면체의 접선 방향에 작용하는 점성력 F_t에 대해 생각해보자. 속도 기울기 $\mathrm{d}u/\mathrm{d}y$는 다음과 같다.

$$\frac{\mathrm{d}u}{\mathrm{d}y} \propto \frac{u}{l} \tag{10.7}$$

점성력 F_t는 전단응력인 점성응력 τ_m에 작용하는 면적 l^2을 곱한다.

$$F_t = -\tau_m l^2 \tag{10.8}$$

식 (8.1) 뉴턴의 점성법칙에서 점성응력 τ_m을 식 (10.8)에 대입하고 또 식 (10.7)을 대입하면 다음과 같다.

$$F_t = -\mu \frac{\mathrm{d}u}{\mathrm{d}y} l^2 \propto \mu \frac{u}{l} l^2 = \mu u l \tag{10.9}$$

여기서 식 (10.6)의 관성력 F_n과 식 (10.9)의 점성력 F_t의 비를 정리하여 식 (8.2)의 동점성계수 ν로 나타내면 다음과 같다.

대표 속도 / 대표 길이

$$\frac{F_n}{F_t} = \frac{\rho u^2 l^2}{\mu u l} = \frac{\rho u l}{\mu} = \frac{ul}{\nu} = Re \tag{10.10}$$

동점성계수

그림 10–4와 같이 두 개의 유동장이 유체역학적으로 서로 닮으면(유선이 그리는 도형이 닮으면) 유동장의 속도 u와 길이 l의 곱을 동점성계수 ν로 나눈 값, 즉 레이놀즈수 Re는 그 유동장 두 개의 대응하는 점(그림 10–4 두 개의 미소 직육면체)에서 같아진다. 이 레이놀즈수 Re는 관성력과 점성력의 비 F_n/F_t이므로 무차원수가 된다.

[연습문제 10–1]

내경 $D=75$[mm]인 수평관에서 물이 유량 $Q=360$[L/min]으로 흐르고 있을 때 레이놀즈수 Re를 구하고 흐름이 층류인지 난류인지 판별하여라. 물의 밀도 ρ 및 점성계수 μ는 각각 998[kg/m³], 1.009×10^{-3}[Pa·s]다.

[풀이]

수평관에서 흐르는 물의 평균속도 U는 다음과 같다.

$$U=\frac{Q}{\pi D^2/4}=\frac{360\times10^{-3}/60}{3.14\times0.075^2/4}=1.36[\mathrm{m/s}]$$

따라서 레이놀즈수 Re는 다음과 같이 된다.

$$Re=\frac{\rho UD}{\mu}=\frac{998\times1.36\times0.075}{1.009\times10^{-3}}=1.01\times10^5 \ \cdots \text{(답)}$$

$1.01\times10^5 > Re_c=2320$이므로 물의 흐름은 난류이다.

[연습문제 10-2]

내경 $D=22[\mathrm{mm}]$인 유리관을 사용해 층류와 난류의 흐름을 가시화한 실험장치를 만든다고 생각해보자. 임계 레이놀즈수 Re_c가 되도록 평균속도를 $U=3[\mathrm{m/s}]$로 할 때 사용하는 유체의 동점성계수 ν는 얼마로 하는 것이 좋을까?

[풀이]

임계 레이놀즈수의 값은 $Re_c=2320$이므로 식 (10.1) 레이놀즈수의 정의에서 동점성계수 ν는 다음과 같다.

$$\nu=\frac{UD}{Re_c}=\frac{3\times0.022}{2320}=2.84\times10^{-5}[\mathrm{m^2/s}] \ \cdots \text{(답)}$$

[연습문제 10-3]

표준상태의 공기 속을 속도 $u_1=96.5[\mathrm{km/h}]$로 달리는 전체 길이 l_1의 자동차가 있다. 그림과 같이 전체 길이 l_2가 실물의 1/15인 모형을 만들고 이것을 물 속에서 움직이게 하여 실험할 때 실물과 모형의 주변 흐름이 역학적으로 서로 유사하려면 모형의 속도 u_2를 얼마로 하는 것이 좋을까? 단, 공기와 물의 동점성계수를 각각 $\nu_a=1.502\times10^{-5}[\mathrm{m^2/s}]$, $\nu_w=1.011\times10^{-6}[\mathrm{m^2/s}]$라고 한다.

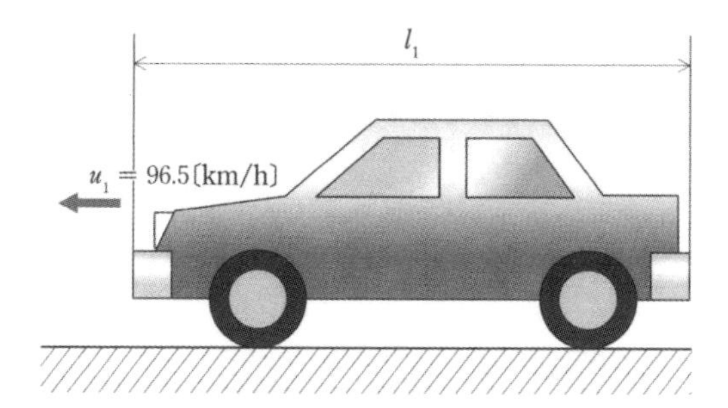

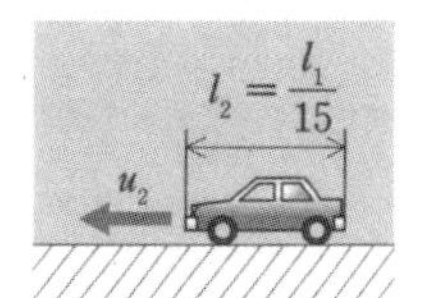

[풀이]

모형의 치수는 $l_2=l_1/15$이고 실물과 모형 주변의 레이놀즈수는 같으므로 다음과 같다.

$$Re = \frac{u_1 l_1}{\nu_a} = \frac{u_2 l_2}{\nu_w}$$

$$u_2 = \frac{u_1 l_1 \nu_w}{l_2 \nu_a} = \frac{15 u_1 \nu_w}{\nu_a} = \frac{15 \times 96.5 \times 1.011 \times 10^{-6}}{1.502 \times 10^{-5}}$$

$$= 97.4[\mathrm{km/h}] = 27.1[\mathrm{m/s}] \cdots \text{(답)}$$

10-3 프루드수

앞에서 설명한 것처럼 레이놀즈수는 관성력과 점성력의 비다. 여기서는 유체의 운동이 관성력과 중력에 의해 지배되는 경우에 대해 생각해본다. 예를 들어 액체가 파도를 일으키며 흐를 경우 액체는 상하운동을 하므로 점성력보다는 관성력과 중력이 지배적으로 된다. 또한 배가 물 위를 달릴 때 받는 조파저항wave resistance이나 댐 방수 시 물이 튀어 오르는 도수현상hydraulic jump 등도 관성력과 중력이 지배적이다. 이러한 경우 관성력과 중력의 비를 무차원수로 나타내고 실물과 모형 사이에서 이 무차원수가 같으면 양쪽에 발생하는 유체역학적인 현상은 서로 유사하다. 체적 l^3의 미소 직육면체에 작용하는 중력 F_g는 $F_g=\rho g l^3$이 된다. 식 (10.6)에서 체적이 l^3인 유체의 미소 직육면체에 작용하는 관성력 F_n과 중력 F_g의 비는 다음과 같다.

$$\frac{\text{관성력}}{\text{중력}} = \frac{F_n}{F_g} = \frac{\rho u^2 l^2}{\rho g l^3} = \frac{u^2}{gl} \tag{10.11}$$

이 무차원수의 제곱근을 가지고 다음과 같이 나타내며 이 Fr을 **프루드수**Froude number라고 한다.

프루드수

$$Fr = \frac{u}{\sqrt{gl}} \tag{10.12}$$

10-4 난류의 소용돌이와 레이놀즈 응력

그림 10-2에 나타난 레이놀즈의 실험과 같이 난류에는 흐트러짐이 복잡하게 발생해 작은 소용돌이(와류)가 생긴다. 다음에는 난류의 발생 메커니즘에 대해 생각해본다. 층류에는 점성에 의한 전단응력 τ_m이 작용한다고 설명하였다(8장 참조). 난류에는 점성에 의한 전단응력(점성응력) τ_m 외에 불규칙한 변동에 의한 전단응력(레이놀즈 응력) τ_t도 작용하며 난류의 평균전단응력 τ는 그것들을 더해 다음과 같이 나타낼 수 있다.

$$\tau = \tau_m + \tau_t \tag{10.13}$$

점성응력 τ_m은 뉴턴의 점성법칙(식 (8.1))으로 주어진다.

$$\tau_m = \mu \frac{\mathrm{d}u}{\mathrm{d}y} \tag{8.1}$$

이에 따라 불규칙한 변동에 의한 전단응력 τ_t는 다음과 같다.

$$\tau_t = \eta \frac{\mathrm{d}u}{\mathrm{d}y} \tag{10.14}$$

η(에타)를 와류점도eddy viscosity 또는 **와점성계수**eddy viscosity coefficient라고 한다. 와점성계수 η는 작은 난류의 소용돌이에 의한 혼합 작용으로 발생하는 점성이다. 이 와점성계수 η와 점성계수 μ를 명확하게 구별하기 위해 점성계수 μ를 **분자점도**molecular viscosity라고도 하며, 동점성계수 ν를 **분자동점도**molecular kinematic viscosity라고 부르기도 한다. 점성계수 μ를 밀도 ρ로 나누어 동점성계수 ν를 $\nu = \mu/\rho$(식 (8.2))라고 표기한 것처럼 와점성계수 η에 대해서도 밀도 ρ로 나눠 다음과 같이 나타낸다.

$$\varepsilon = \frac{\eta}{\rho} \tag{10.15}$$

이 ε(엡실론)을 **와류동점도**eddy kinematic viscosity coefficient, **와류동점성계수**eddy kinematic viscosity coefficient 또는 **난류확산계수**turbulent diffusion coefficient라고 한다. 와류동점성계수 ε의 단위는 동점성계수 ν와 같이 $[\mathrm{m^2/s}]$다. 와류동점성계수 ε 과 와점성계수 η는 동점성계수 ν나 점성계수 μ와

달리 유체의 성질에 의존하지 않고 레이놀즈수와 위치에 의존한다. 식 (8.1)과 식 (10.14)를 식 (10.13)에 대입하면 관 내 난류에서 벽면으로부터 거리 y인 점의 평균 전단응력 τ는 다음과 같이 나타낼 수 있다.

$$\tau = (\mu + \eta)\frac{du}{dy} \tag{10.16}$$

다음에는 불규칙한 변동에 의한 전단응력 τ_t에 대해 상세히 설명한다. 그림 10-5와 같이 어떤 시간의 $y = y_0$의 위치에서 x축 방향의 평균속도를 $\bar{u}$ 라고 한다. $y_0 + l$ 및 $y_0 - l$의 위치에서 x축 방향 속도는 각각 $\bar{u} + l\frac{d\bar{u}}{dy}$, $\bar{u} - l\frac{d\bar{u}}{dy}$가 된다. 여기서 유체입자 ①과 ②가 시계 방향(① → ①′ → ② → ②′ → ①)으로 회전하고 있다. 유체입자 ①이 운동량을 보존한 채 ①′로 이동하면 다음과 같이 된다.

$$u' = -l\frac{d\bar{u}}{dy} < 0$$

$$v' = l\frac{d\bar{u}}{dy} > 0$$

(v': y축 방향 속도 v의 속도변화(10-1절 참조))

마찬가지로 유체입자 ②가 ②′로 이동하면 $u' > 0$, $v' < 0$가 되며 $u'v' < 0$가 된다. 여기서 $\rho u'v'$ $[\frac{kg \cdot m}{s} \frac{1}{m^2 \cdot s}]$은 단위시간·단위체적당 운동량의 변화이며 이것이 불규칙한 변동에 의한 전단응력 τ_t에 해당한다. 거리 l은 난류의 작은 소용돌이(와류)에 의해 운동량을 유지한 채 이동한 거리를 나타내며, **혼합거리**mixing length 또는 와류 스케일eddy scale이라고 한다. 따라서 불규칙한 변동에 의한 전단응력 τ_t를 **레이놀즈 응력**Reynolds stress이라고도 하며 다음과 같이 나타낼 수 있다.

$$\tau_t = -\rho\overline{u'v'} \tag{10.17}$$

($\overline{u'v'}$: 속도 변화의 곱 $u'v'$의 시간 평균(10-1절 참조))

x축 방향의 속도 변화 u'는 혼합거리 l과 시간 평균속도 기울기 $d\bar{u}/dy$에 비례하고 y축 방향의 속도 변화 v'도 마찬가지로 혼합거리와 시간 평균속도 기울기에 비례한다고 생각했을 때 속도 변화 u'와 v'는 다음과 같다.

$$u' = -l\frac{d\bar{u}}{dy},\ v' = l\frac{d\bar{u}}{dy} \tag{10.18}$$

따라서 난류에 의해 발생하는 응력, 즉 레이놀즈 응력 τ_t는 식 (10.18)을 식 (10.17)에 대입하면 다음과 같이 된다.

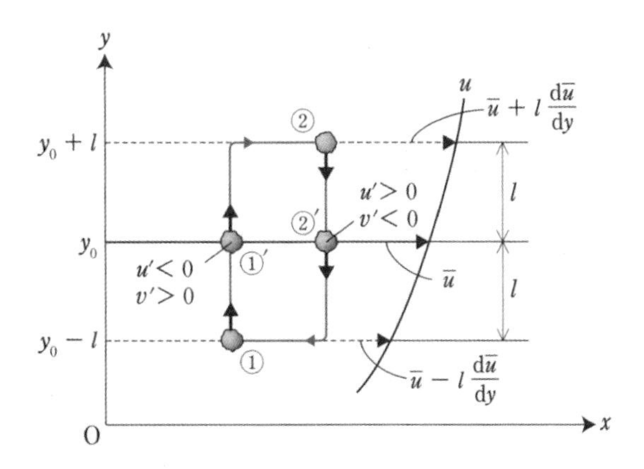

|그림 10-5| 경계층 내에서의 유체입자 운동

혼합거리의 가설

$$\tau_t = -\rho\overline{u'v'} = \rho l^2\left|\frac{d\bar{u}}{dy}\right|\frac{d\bar{u}}{dy} \tag{10.19}$$

식 (10.19) 우변의 절대값 기호는 시간 평균속도 기울기 $d\bar{u}/dy$가 플러스(+)일 때 레이놀즈 응력 τ_t도 플러스(+)가 되고, 시간 평균속도 기울기가 마이너스(−)일 때 레이놀즈 응력 τ_t도 마이너스(−)가 되도록 고려했기 때문이다. 식 (10.19)는 프란틀의 **혼합거리의 가설**mixing length hypothesis이라고 한다.

식 (10.14)에서 $\eta = \frac{\tau_t}{du/dy}$로 변형하여 식 (10.15)에 대입하면 다음과 같이 된다.

$$\varepsilon = \frac{\tau_t}{\rho(du/dy)} \tag{10.20}$$

여기에 식 (10.19)를 대입하여 와류동점성계수 ε을 시간 평균속도 기울기로 나타내면 다음과 같다.

$$\varepsilon = l^2\left|\frac{d\bar{u}}{dy}\right| = l\overline{v'} \tag{10.21}$$

여기서 속도변동 v'의 시간 평균을 고려해 $\overline{v'}=l|\mathrm{d}\bar{u}/\mathrm{d}y|$로 나타내고 $\overline{v'}$는 y축 방향 속도변동의 시간 평균값이다.

한편, 그림 10-6(a)에 나타낸 바와 같이 난류 소용돌이의 운동은 관벽에 의해 구속되므로 난류 소용돌이의 크기는 관벽으로부터의 거리 y에 비례하여 커진다. 따라서 관벽 근처의 $0<y<0.1R$(관의 반지름)인 영역에서는 혼합거리 l과 관벽으로부터의 거리 y의 관계가 다음과 같다.

$$l=\varkappa y \tag{10.22}$$

$\varkappa$(카파)는 **카르만 상수**Kármán constant라고 하며 일반적으로 0.4 정도의 값이 적용된다. 한편, 관의 중심 부근에서는 다음과 같이 된다.

$$l=0.15R \tag{10.23}$$

식 (10.22)를 식 (10.19)에 대입하면 레이놀즈 응력은 다음과 같이 나타낼 수 있다.

$$\tau_t=\rho\varkappa^2y^2\left|\frac{\mathrm{d}\bar{u}}{\mathrm{d}y}\right|\frac{\mathrm{d}\bar{u}}{\mathrm{d}y} \tag{10.24}$$

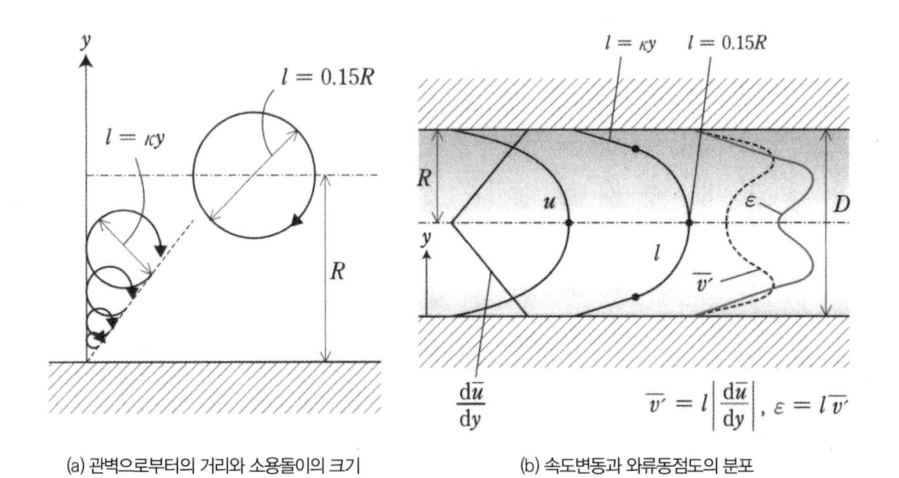

|그림 10-6| 혼합거리와 와류동점도의 분포

평균적인 혼합거리 l, 평균적인 속도변동 $\overline{v'}$, 와류동점도 ε과 관벽으로부터의 거리 y의 관계를 매끄러운 원관 내 난류에 대해 나타내면 정성적으로 그림 10-6(b)와 같이 된다. 평균적인 혼합거리 l은 관벽면 위에서 0, 관 중심에서 최댓값에 도달한다. 속도변동 $\overline{v'}$는 관벽 부근에서 최댓값이 되고 관 중심으로는 감소한다. 따라서 ε를 가리키는 선으로 나타낸 바와 같이

그 곱인 와류동점도 $\varepsilon = l\overline{v'}$는 관 중심과 관벽의 중간 부근에서 최댓값을 나타낸다. 이것은 와류동점도 ε이 최대인 위치에서 난류에서의 운동에너지 손실, 열전달, 액체 속 고체미립자의 난류 확산 등의 현상이 최댓값을 나타낸다는 것을 의미한다.

[연습문제 10-4]

관 지름 $D=2R=0.1[\mathrm{m}]$의 원관 내에 최대속도 $u_{\max}=4.0[\mathrm{m/s}]$로 물이 흐르고 있다. 난류일 때의 속도 분포 $\bar{u}$는 관벽으로부터의 거리를 y, n을 상수라고 하면 $\bar{u}=u_{\max}\left(\frac{y}{R}\right)^{\frac{1}{n}}$로 (식 (11.15)) 나타낼 수 있다. $n=6$이라고 했을 때 다음 물음에 답하여라. 단, 물의 밀도를 $\rho=1000[\mathrm{kg/m^3}]$, 동점성계수를 $\nu=1.011\times10^{-6}[\mathrm{m^2/s}]$라고 한다.

(1) 원관 내 평균속도 U는 n을 이용해 $\frac{U}{u_{\max}}=\frac{2n^2}{(n+1)(2n+1)}$으로 나타낼 수 있다. (식 (11.16)) 레이놀즈수 Re를 구하고 이 흐름이 난류임을 확인하라.

(2) 시간 평균속도 기울기 $\mathrm{d}\bar{u}/\mathrm{d}y$를 y의 함수로 구하여라.

(3) 카르만 상수 κ를 0.4라고 하고 관벽으로부터 $y=1.0[\mathrm{mm}]$에서의 혼합거리 l과 관 중심의 혼합거리 l을 구하여라.

(4) 관벽으로부터 $y=1.0[\mathrm{mm}]$에서의 레이놀즈 응력 및 관 중심에서의 레이놀즈 응력을 구하여라.

[풀이]

(1) 원관 내 평균속도 U는 다음과 같다.

$$U=u_{\max}\frac{2n^2}{(n+1)(2n+1)}=4.0\times\frac{2\times6^2}{(6+1)(2\times6+1)}=3.16[\mathrm{m/s}]$$

식 (10.1)에서 레이놀즈수 Re는 다음과 같다.

$$Re=\frac{UD}{\nu}=\frac{3.16\times0.1}{1.011\times10^{-6}}=3.1\times10^5 \cdots \text{(답)}$$

따라서 임계 레이놀즈수보다 크므로 이 흐름은 난류이다.

(2) 시간 평균속도 기울기는 다음과 같다.

$$\frac{\mathrm{d}\bar{u}}{\mathrm{d}y}=\frac{u_{\max}}{R}\frac{1}{n}\left(\frac{y}{R}\right)^{\frac{1}{n}-1}=\frac{4.0}{0.05}\times\frac{1}{6}\times\left(\frac{y}{0.05}\right)^{-\frac{5}{6}}$$

$$=13.33\times\left(\frac{y}{0.05}\right)^{-\frac{5}{6}} \cdots \text{(답)}$$

(3) 관벽 근처의 영역에서 혼합거리 l과 관벽으로부터의 거리 y의 관계는 식 (10.22)에서 다음과 같다.

$$l = \kappa y = 0.4 \times 1.0 \times 10^{-3} = 4.0 \times 10^{-4}[\mathrm{m}] \cdots \text{(답)}$$

한편, 관 중심에서는 식 (10.23)에서 다음과 같이 된다.

$$l = 0.15R = 7.5 \times 10^{-3}[\mathrm{m}] \cdots \text{(답)}$$

(4) 관 벽으로부터 $y = 1.0[\mathrm{mm}]$에서의 레이놀즈 응력은 식 (10.19)에서 다음과 같이 된다.

$$\begin{aligned}\tau_t &= \rho l^2 \left| \frac{\mathrm{d}\bar{u}}{\mathrm{d}y} \right| \frac{\mathrm{d}\bar{u}}{\mathrm{d}y} \\ &= 1000 \times (4.0 \times 10^{-4})^2 \times 13.33^2 \times \left(\frac{0.001}{0.05} \right)^{-\frac{5}{6} \times 2} \\ &= 19.3[\mathrm{Pa}] \cdots \text{(답)}\end{aligned}$$

또한 관 중심에서의 레이놀즈 응력은 다음과 같다.

$$\begin{aligned}\tau_t &= \rho l^2 \left| \frac{\mathrm{d}\bar{u}}{\mathrm{d}y} \right| \frac{\mathrm{d}\bar{u}}{\mathrm{d}y} \\ &= 1000 \times (7.5 \times 10^{-3})^2 \times 13.33^2 \times \left(\frac{0.05}{0.05} \right)^{-\frac{5}{6} \times 2} \\ &= 10.0[\mathrm{Pa}] \cdots \text{(답)}\end{aligned}$$

제 11 장

원관 내의 난류

11장에서는 원관 내 흐름을 예로 들어 난류의 점성응력, 관마찰계수, 벽면 근처에서의 유동에 대한 성질, 난류의 속도 분포식에 대해 알아본다. 이들은 전부 실용적이며 산업계에서도 자주 사용되므로 확실히 익혀두기 바란다.

11-1 원관 내 벽면 근처에서의 난류 응력

9-3절에서는 원관 내 층류의 점성응력 τ_m의 분포에 대해 배웠다. 벽면 근처에서는 난류라도 점성응력이 지배적이므로(11-2절 참조), 식 (8.1)과 식 (9.19)의 점성응력 τ_m에 관한 식은 벽면 부근이라면 난류에서도 적용 가능하다. 여기서는 식 (9.19)에서 도출한 것과는 다른 방법으로 점성응력 τ_m과 관의 반지름 거리 r의 관계를 구해본다. 속도 기울기 $\mathrm{d}u/\mathrm{d}r$과 반지름 거리 r의 관계식(식 (8.8))을 뉴턴의 점성법칙(식 (8.1))에 대입하면 원관 내 점성응력 τ_m은 다음과 같다.

$$\tau_m = \mu\frac{\mathrm{d}u}{\mathrm{d}r} = \left(\frac{\mathrm{d}p}{\mathrm{d}x}\right)\frac{r}{2} \tag{11.1}$$

$\frac{\mathrm{d}u}{\mathrm{d}r} = \frac{1}{2\mu}\frac{\mathrm{d}p}{\mathrm{d}x}r$ 대입

점성계수 μ가 없어지고 압력 기울기 $\mathrm{d}p/\mathrm{d}x$와 반지름 거리 r과의 관계로 된다. 그림 9-5와 같이 반지름 거리 r에 대해 점성응력 τ_m은 직선적으로 변화한다. 식 (11.1)은 층류뿐만 아니라 난류의 벽면 부근에서도 적용이 가능하다. 따라서 식 (11.1)에 의해 난류의 벽면($r=R$)에서의 점성응력 τ_0은 다음과 같다.

$$\tau_0 = \left(\frac{\mathrm{d}p}{\mathrm{d}x}\right)\frac{R}{2} \tag{11.2}$$

한편, 벽면 부근의 레이놀즈 응력 τ_t가 τ_0과 같다고 하면 난류의 벽면에서의 점성응력 τ_0은 식 (10.19)($\tau_t = \rho l^2\left|\frac{\mathrm{d}\bar{u}}{\mathrm{d}y}\right|\frac{\mathrm{d}\bar{u}}{\mathrm{d}y}$)의 τ_t를 τ_0에서 유체의 밀도 ρ로 나누었을 때 다음과 같이 나타낼 수 있다.

$$\frac{\tau_0}{\rho} = l^2\left(\frac{\mathrm{d}\bar{u}}{\mathrm{d}y}\right)^2 \tag{11.3}$$

11-2 프란틀의 벽 법칙

그림 11-1(a)와 같이 매끄러운 벽면의 원관 안에서 난류가 흐를 때 벽면 근처에서는 소용돌이의 크기가 매우 작아지고 난류임에도 층류처럼 행동한다. 벽면 근처에서는 속도 기울기가 크게 작용하므로 뉴턴의 점성법칙(식 (8.1))에서 나타낸 바와 같이 벽면상에 점성응력 τ_0이 작용한다. 벽면 근처 흐름의 특성을 알아보기 위해 그 대표 속도로서 **마찰 속도**friction velocity U^*를 유체 밀도 ρ로 다음과 같이 정의한다.

$$U^* = \sqrt{\frac{\tau_0}{\rho}}\ [\mathrm{m/s}] \tag{11.4}$$

이 루트 속 단위는 $\left[\dfrac{\mathrm{kg} \cdot \dfrac{\mathrm{m}}{\mathrm{s}^2}}{\mathrm{m}^2}\right] / \left[\dfrac{\mathrm{kg}}{\mathrm{m}^3}\right] = \left[\dfrac{\mathrm{m}^2}{\mathrm{s}^2}\right]$가 되며 U^*의 단위가 [m/s]라는 것을

(점성응력의 단위 [Pa]) (밀도의 단위)

알 수 있다.

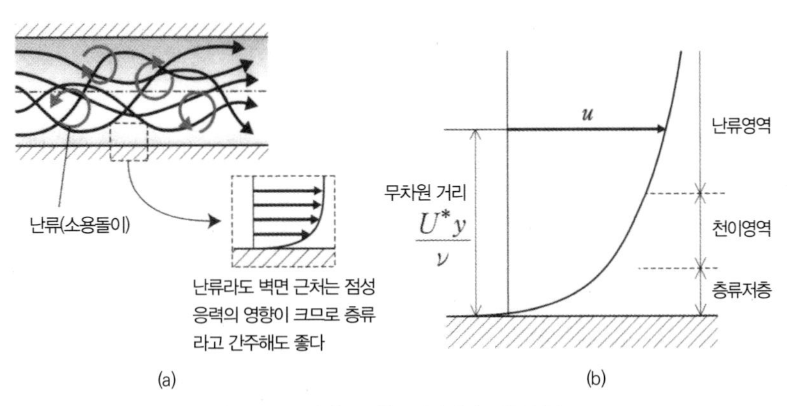

|그림 11-1| 층류저층, 천이영역, 난류영역

독일의 물리학자인 프란틀은 난류의 속도 분포 u를 마찰속도 U^*로 나눈 무차원 속도가 벽면으로부터의 거리 y, 동점성계수 ν, 마찰속도 U^*의 함수라고 생각하여 다음과 같이 나타냈다.

프란틀의 벽 법칙

$$\frac{u}{U^*} = f\left(\frac{U^* y}{\nu}\right) \tag{11.5}$$

이것을 **프란틀의 벽 법칙**Prandtl's wall law이라고 한다. 그리고 우변의 $U^* y/\nu$는 **벽면으로부터의 무차원 거리**non-dimentional length from wall라고 한다. 이 단위에 대해 생각해보면 $\left[\frac{\text{m}}{\text{s}}\right] \cdot [\text{m}] / \left[\frac{\text{m}^2}{\text{s}}\right]$

무차원 속도의 단위 / 거리의 단위 / 동점성계수의 단위

$= 1$이 되어 $U^* y/\nu$의 차원이 없다는 것을 알 수 있다.

식 (11.5)와 같이 벽면 근처 난류의 무차원 속도 u/U^*는 벽면으로부터의 무차원 거리 $U^* y/\nu$의 함수이다. 그렇다면 이 무차원 거리가 어느 범위까지 분자점도의 영향이 지배적인 영역이고, 어디부터 와류점도(10-4절 참조)의 영향이 지배적인 영역일까? 그림 11-1(b)와 같이 원관 내 난류는 벽면으로부터의 무차원 거리 $U^* y/\nu$에 의해 **층류저층**laminar sublayer, **천이영역**transmission area, **난류영역**turbulent area의 세 영역으로 분류할 수 있고 구체적인 무차원 거리의 범위는 표 11-1과 같다. 층류저층은 레이놀즈 응력 τ_t보다 점성응력 τ_m이 지배적인 벽면에 가까운 층이며 **점성저층**viscosity sublayer이라고도 한다.

|표 11-1| 벽면으로부터의 무차원 거리 및 영역 이름

영역 이름	무차원 거리의 범위
층류저층	$0 < \frac{U^* y}{\nu} < 4$
천이영역	$4 < \frac{U^* y}{\nu} < 30 \sim 70$
난류영역	$30 \sim 70 < \frac{U^* y}{\nu}$

다음에는 프란틀의 벽 법칙(식 (11.5))으로 층류저층(벽면 근처 영역)에서의 무차원 속도에 관한 식을 도출해본다. 마찰속도의 관계식(식 (11.4))의 양변을 제곱하고, 벽면상의 점성응력 τ_0을 마찰속도 U^*로 하면 τ_0이 뉴턴의 점성법칙(식 (8.1))의 τ_0과 같으므로 다음과 같다.

$$\tau_0 = \rho U^{*2} = \mu\left(\frac{\mathrm{d}u}{\mathrm{d}y}\right) \tag{11.6}$$

$\tau_m = \mu\left(\frac{\mathrm{d}u}{\mathrm{d}y}\right)$를 대입한다. 단, τ_m이 아니라 τ_0으로 한다.

식 (11.6)을 변수분리하여 적분하면 다음과 같다.

$$\rho U^{*2}\int \mathrm{d}y = \mu\int \mathrm{d}u$$

$$\rho U^{*2} y = \mu u \tag{11.7}$$

또한 동점성계수 $\nu = \mu/\rho$를 활용하여 정리하면 다음과 같다.

$$\frac{u}{U^*} = \frac{U^* y}{\nu} \tag{11.8}$$

따라서 식 (11.5) 프란틀의 벽 법칙에 의한 층류저층에서의 무차원 속도에 관한 식이 도출되었다. 층류저층에서 속도는 벽면으로부터의 거리 y에 대해 직선적으로 증가한다.

11-3 원관 내 난류영역의 속도 분포

층류저층에서의 속도 분포를 식 (11.8)에 나타내었다. 그리고 식 (11.5)에서 난류영역의 속도 분포도 프란틀의 벽 법칙에 따라 무차원 거리 $U^* y/\nu$의 함수라는 것을 설명하였다. 그러면 난류영역의 속도 분포를 어떻게 나타내는지 더 구체적으로 살펴보자. 우선 마찰속도의 식(식 (11.4))에 난류 벽면에서의 점성응력 τ_0의 식(식 (11.3))을 대입하면 다음과 같다.

$$U^* = \sqrt{\frac{\tau_0}{\rho}} = l\left(\frac{\mathrm{d}u}{\mathrm{d}y}\right) \tag{11.9}$$

이 식의 l에 식 (10.22)($l=\varkappa y$)의 혼합거리의 관계를 대입해서 정리하면 속도 기울기 du/dy와 벽면으로부터의 거리 y의 함수는 다음과 같이 나타낼 수 있다.

$$\frac{\mathrm{d}u}{\mathrm{d}y}=\frac{U^*}{\varkappa y} \tag{11.10}$$

식 (11.10)을 변수분리하여 적분하면 다음과 같다.

$$\frac{1}{U^*}\int \mathrm{d}u=\frac{1}{\varkappa}\int\frac{1}{y}\mathrm{d}y \tag{11.11}$$

따라서 다음과 같이 된다.

$$\frac{u}{U^*}=\frac{1}{\varkappa}\ln y+C \tag{11.12}$$

C는 적분상수, ln은 자연로그 $\log_e$이므로 $1/y$를 y로 적분하면 $\ln y$가 된다. 식 (11.12)에서 y 대신 무차원 거리 $U^* y/\nu$를 사용하면 카르만 상수 $\varkappa$가 0.4, 적분상수 C가 5.5일 때 실험결과와 일치하기 때문에 무차원 속도 u/U^*는 다음과 같이 된다.

로그법칙

$$\frac{u}{U^*}=2.5\ln\frac{U^* y}{\nu}+5.5=5.75\log_{10}\frac{U^* y}{\nu}+5.5 \tag{11.13}$$

이 속도 분포를 **로그법칙**logarithm law이라고 하며, 이와 같이 원관 내 난류영역에서의 속도 분포는 로그함수가 된다.

식 (11.8)과 식 (11.3)에서 주어진 층류저층과 난류영역에서의 무차원 속도 u/U^*와 벽면으로부터의 무차원 거리 $U^* y/\nu$의 관계는 그림 11-2와 같다. 여기서 가로축의 무차원 거리 $U^* y/\nu$를 로그축으로 잡고, 세로축의 무차원 속도 u/U^*는 일반적인 좌표라는 데 주의해야 한다. 무차원 속도의 경우 층류저층에서는 프란틀의 벽 법칙을 따르고, 난류영역에서는 로그법칙을 따른다. 실제로 실험해보면 무차원 거리 $U^* y/\nu=10$ 부근에서 식 (11.8)과 식 (11.3)이 일치하지 않는 것으로 알려져 있는데, 이것은 층류저층과 난류영역 사이에 천이영역이 존재한다는 것을 의미한다.

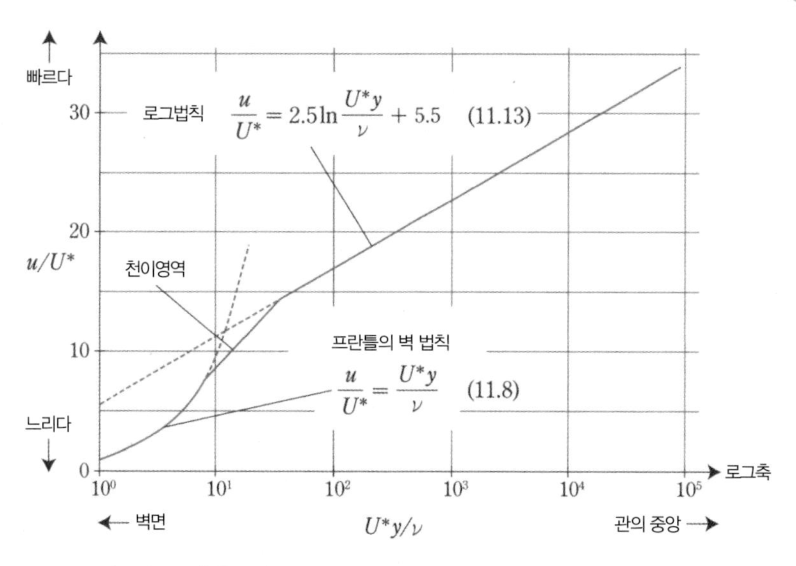

|그림 11-2| 원관 내 난류의 로그법칙과 벽 법칙에 의한 무차원 속도 분포

식 (11.13)의 로그법칙에 의한 속도 분포는 관이 매끄럽다는 것을 전제로 한다. 프란틀의 제자였던 니쿨라드세는 거친 관에서의 속도 분포를 실험으로 구했다. 관의 조도(11-8절 참조)를 e라고 하면 거친 관의 난류영역 속도 분포는 다음과 같이 나타낼 수 있다.

$$\frac{u}{U^*} = 5.75\log_{10}\frac{y}{e} + 8.5 \tag{11.14}$$

11-4 지수법칙에 의한 속도 분포

원관 내 난류영역의 속도 분포는 매끄러운 관의 경우 식 (11.13), 거친 관의 경우 식 (11.14)에 나타난 로그법칙으로 나타낼 수 있다. 그러나 로그법칙의 속도 분포는 복잡하기 때문에 프란틀은 다음과 같이 더 간단한 식을 제안하였다.

지수법칙

$$\frac{u}{u_{\max}} = \left(\frac{y}{R}\right)^{\frac{1}{n}} \tag{11.15}$$

이것을 프란틀 **지수법칙**power law이라고 한다. 여기서 u는 벽면으로부터의 거리 y에서의 속도, u_{max}는 원관 중심에서의 속도, R은 원관의 반지름, n은 지수이다. 이 식은 로그법칙과 다르게 물리적인 의미는 없지만 실험 결과와 경향이 일치하고 계산이 용이하므로 실제로 많이 활용된다. 그러나 벽면 근처 층류저층의 속도 분포는 제대로 표현되지 않는다. 지수 n의 값은 레이놀즈수 Re에 따라 다르며 표 11−2와 같이 된다.

|표 11−2| 지수법칙에서 레이놀즈수와 지수와의 관계

레이놀즈수 Re	4.0×10^3	2.3×10^4	1.1×10^5	1.1×10^6	2.0×10^6	3.2×10^6
지수 n	6.0	6.6	7.0	8.8	10	10

또한, 연속방정식과 식 (8.15)에서 평균속도 U는 $U=\dfrac{1}{\pi R^2}\int u \cdot 2\pi r \mathrm{d}r$ 이 되고 이 속도 u에 식 (11.15) 지수법칙의 u를 반지름 거리 r로 대입하여 적분하면, 평균속도 U와 중심속도 u_{max}의 비는 n을 활용하여 다음과 같이 나타낼 수 있다.

$$\frac{U}{u_{\max}}=\frac{2n^2}{(n+1)(2n+1)} \tag{11.16}$$

11-5 달시−바이스바하 방정식

목용탕의 남은 물을 펌프로 세탁기에 보내 세탁에 이용하는 경우도 있다. 관로에는 큰 저항이 있으므로 목욕탕의 펌프로 석유 파이프라인의 원유를 보낼 수는 없다. 식 (11.2)에서 벽면에서의 점성응력 τ_0은 반지름 R 대신 관 지름 D를 이용하고, 압력 기울기 $\mathrm{d}p/\mathrm{d}x$ 대신 관 길이 l과 압력손실 Δp를 이용하면 다음과 같이 된다.

$$\tau_0=\frac{\Delta p}{l}\frac{D}{4} \tag{11.17}$$

이 식에서 벽면에서의 점성응력 τ_0은 관로를 따라 압력변화 $\Delta p/l$를 측정하여 구할 수 있다. 식 (11.17)을 다시 쓰면 다음과 같다.

$$4\tau_0 = \frac{\Delta p}{l}D \tag{11.18}$$

이 식의 양변은 단위면적당 힘이다. 즉 압력의 단위를 갖고 있으므로 같은 압력의 단위를 가진 동압(6장 참조) $\rho U^2/2$로 양변을 나누면 무차원이 되어 다음과 같이 된다.

$$\frac{4\tau_0}{\rho U^2/2} = \frac{\Delta p}{l}\frac{D}{\rho U^2/2} \tag{11.19}$$

식 (11.19)는 무차원이므로 상수 λ(람다)로 나타낸다. 즉, 식 (11.19)의 좌변$=\lambda$로 두면 다음과 같이 된다.

$$\tau_0 = \frac{\lambda\rho U^2}{8} \quad [\mathrm{N/m^2}](=[\mathrm{Pa}]) \tag{11.20}$$

그리고 식 (11.19)의 우변$=\lambda$로 두면 다음과 같이 된다.

달시-바이스바하 방정식

$$\Delta p = \lambda\frac{l}{D}\frac{\rho U^2}{2} \tag{11.21}$$

식 (11.21)을 **달시-바이스바하 방정식**D'Arcy-Weisbach's equation이라고 하고, Δp를 **관마찰손실**pipe friction loss, 상수 λ를 **관마찰계수**pipe friction factor라고 한다. 달시-바이스바하 방정식은 관마찰손실 Δp가 관마찰계수 λ, 관 길이 l, 운동에너지 $\rho U^2/2$에 비례하고 관 지름 D에 반비례한다는 것을 나타낸다. 이 관마찰손실 Δp의 단위를 변형하면 $[\mathrm{Pa}] = [(\mathrm{N{\cdot}m})$(에너지의 단위)$/\mathrm{m^3}$(체적의 단위)$]$가 되고 [Pa]은 단위체적당 에너지라는 것을 알 수 있다. 식 (11.21)은 관 지름 D, 평균속도 U의 관 내 흐름에서 관 길이 l 사이에 어느 정도 마찰에 의하여 에너지가 손실되는지 나타낸다. 식 (11.21)을 ρg로 나누어 **마찰손실수두**friction loss head $\Delta h(\Delta h = \frac{\Delta p}{\rho g})$로 나타내면 다음과 같다.

$$\Delta h = \lambda\frac{l}{D}\frac{U^2}{2g} \quad [\mathrm{m}] \tag{11.22}$$

단위가 [m]라는 데 주의하기 바란다.

다음으로 식 (11.21)을 다음과 같이 변형하여 관마찰계수 λ의 물리적 의미를 생각해보자.

$$\lambda = \frac{\frac{\Delta p}{l} D}{\frac{\rho U^2}{2}} \tag{11.23}$$

이 식의 분자는 '지름 D의 관로를 속도 U로 흐르는 단위체적당 유체가 소비하는 에너지'이고, 분모는 '단위체적당 유체가 보유한 운동에너지'라는 것을 알 수 있다.

11-6 층류의 관마찰계수

8장에서 설명한 것처럼 점성유체는 점성응력을 거슬러서 흐르므로 하류로 감에 따라 압력손실로 에너지를 잃는다. 이 압력손실은 관마찰손실이 원인이므로 압력손실과 관마찰손실은 같은 의미로 사용된다. 그리고 층류의 압력손실(관마찰손실)은 하겐-푸아죄유의 식(식 (9.12))으로 나타내고, 난류의 관마찰손실은 달시-바이스바하 방정식(식 (11.21))으로 나타낸다. 여기서 주의해야 할 점은 달시-바이스바하 방정식이 난류뿐만 아니라 층류의 관마찰손실도 나타낼 수 있다는 것이다. 층류에서는 달시-바이스바하 방정식과 하겐-푸아죄유의 식을 비교함으로써 관마찰계수 λ를 논리적으로 구할 수 있다. 달시-바이스바하 방정식을 다시 인용하면 관마찰손실 Δp가 다음과 같이 된다.

$$\Delta p = \lambda \frac{l}{D} \frac{\rho U^2}{2} \tag{11.24}$$

한편, 하겐-푸아죄유의 식을 한 번 더 쓰면 관마찰손실 Δp는 다음과 같이 된다.

$$\Delta p = \frac{32 \mu l U}{D^2} \tag{11.25}$$

식 (11.24)와 식 (11.25)에서 Δp의 항을 소거하면 다음과 같다.

$$\lambda \frac{l}{D} \frac{\rho U^2}{2} = \frac{32\mu l U}{D^2} \tag{11.26}$$

층류의 관마찰계수 λ는 다음과 같이 되며, 레이놀즈수 Re만으로 나타낼 수 있다.

$$\lambda = \frac{64\mu}{\rho UD} = \frac{64}{Re} \tag{11.27}$$

$Re = \frac{\rho UD}{\mu}$ (10.2) 대입

[연습문제 11–1]

내경 $D=20[\text{cm}]$, 관마찰계수 $\lambda=0.019$인 원관에 물이 흐르고 있고 1[km]당 마찰손실수두는 $\Delta h=12.2[\text{m}]$다. 이 때 물의 유량 Q를 구하여라. 단, 물의 동점성계수는 $\nu=1.0\times10^{-6}[\text{m}^2/\text{s}]$라고 한다.

[풀이]

식 (11.22)에서 평균속도 U를 구하면 다음과 같다.

$$\Delta h = \lambda \frac{l}{D} \frac{U^2}{2g}$$

$$U = \sqrt{\frac{2gD\Delta h}{\lambda l}} = \sqrt{\frac{2\times9.81\times0.20\times12.2}{0.019\times1000}} = 1.59[\text{m/s}]$$

유량 Q는 식 (5.2)에서 다음과 같이 된다.

$$Q = \frac{\pi D^2}{4} U = \frac{3.14\times0.20^2}{4} \times 1.59 = 0.050[\text{m}^3/\text{s}]$$ … (답)

[연습문제 11–2]

그림과 같이 내경 $D=155[\text{mm}]$인 원관 안을 물이 $U=1.22[\text{m/s}]$의 평균속도로, 그리고 연직 상향으로 흐르고 있다. 높이 $l=36.0[\text{m}]$에서 관마찰손실 Δp를 구하여라. 단, 물의 밀도를 $\rho=998.0[\text{kg/m}^3]$, 관마찰계수를 $\lambda=0.02$라고 한다.

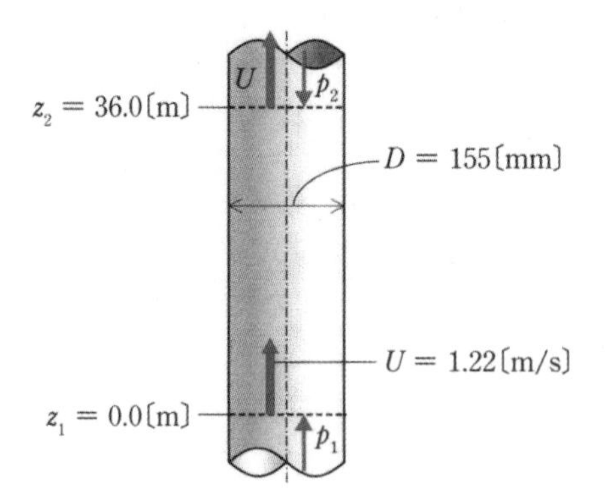

[풀이]

아래쪽 압력을 p_1, 위쪽 압력을 p_2, 아래쪽 높이를 $z_1=0.0$[m], 위쪽 높이를 $z_2=36.0$[m]라고 하고 두 점 사이에서 손실되는 관마찰손실 Δp를 고려하여 확장된 베르누이 방정식(식 (9.13))을 적용하면 다음과 같다.

$$p_1 + \rho g z_1 + \frac{\rho U^2}{2} = p_2 + \rho g z_2 + \frac{\rho U^2}{2} + \Delta p$$

이 식은 다음과 같이 정리된다.

$$p_1 - p_2 = \rho g(z_2 - z_1) + \Delta p$$

여기서 달시–바이스바하 방정식(식 (11.21))을 이 식에 대입하여 계산하면 다음과 같다.

$$\begin{aligned} p_1 - p_2 &= \rho g z_2 + \lambda \frac{l}{D}\frac{\rho U^2}{2} \\ &= 998.0 \times 9.81 \times 36.0 + 0.02 \times \frac{36.0}{0.155} \times \frac{998.0 \times 1.22^2}{2} \\ &= 355903.7[\mathrm{Pa}] \fallingdotseq 356[\mathrm{kPa}] \ \cdots \text{(답)} \end{aligned}$$

11-7 매끄러운 관에서의 관마찰계수

난류는 비정상적으로 복잡한 흐름이지만 충분히 긴 시간을 거쳐 평균을 내면 달시–바이스바하 방정식으로 관 내 난류의 관마찰손실 Δp를 구할 수 있다. 달시–바이스바하 방정식(식 (11.21))에서 관마찰손실 Δp를 구체적으로 계산하려면 관마찰계수 λ의 값이 반드시 필요하다. 난류의 관마찰계수 λ는 매끄러운 관과 거친 관으로 분류하여 실험적으로 구한다. 난류에서 매끄러운 관의 관마찰계수 λ를 구하는 식으로는 **블라시우스 방정식**Blasius' equation이 매우 일반적으로 사용된다.

블라시우스 방정식

$$\lambda = 0.3164\,Re^{-\frac{1}{4}} \qquad (3\times10^3 < Re < 10^5) \tag{11.28}$$

관마찰계수 λ는 레이놀즈수 Re의 함수가 된다. 블라시우스 방정식의 적용 범위는 $3\times10^3 < Re < 10^5$라는 데 주의하기 바란다. 한편, $Re > 10^5$의 범위에서도 적용 가능한 관마찰계수 λ를 구하는 식으로 **카르만-프란틀 방정식**Kármán-Prandtl's equation이 있다.

카르만-프란틀 방정식

$$\frac{1}{\sqrt{\lambda}} = 2.0\log_{10}(Re\sqrt{\lambda}) - 0.8 \quad (Re > 10^5) \tag{11.29}$$

카르만-프란틀 방정식은 식 (11.13)에 나타난 로그법칙의 원관 내 속도 분포에서 도출하고 실험값을 활용해 보정한 것이다. 이 식은 양변에 관마찰계수 λ가 포함되어 있으므로 반복해서 계산해야 한다.

11-8 거친 관에서의 관마찰계수

실제 관은 표면이 거친데 그 관 표면의 거칠기를 **상대조도**relative roughness e/D로 나타낸다. e는 **조도** roughness라고 하는 관 표면의 거칠기고 D는 관 지름이며 단위는 대부분 [mm]로 나타낸다. 난류에서 거친 관의 관마찰계수 λ를 구하는 식으로 **콜브룩 방정식**Colebrook's equation이 있으며 레이놀즈수 Re와 조도 e의 함수가 된다.

콜브룩 방정식

$$\frac{1}{\sqrt{\lambda}} = -2.0\log_{10}\left(\frac{e/D}{3.71} \cdot \frac{2.51}{Re\sqrt{\lambda}}\right) \tag{11.30}$$

또한, 레이놀즈수 Re가 충분히 큰 난류에서 거친 관의 관마찰계수 λ를 구하는 식으로 **니쿨라드세 방정식**Nikuradse's equation이 있다.

니쿨라드세 방정식

$$\frac{1}{\sqrt{\lambda}} = -2.0\log_{10}\left(\frac{e}{D}\right) + 1.14 \qquad (11.31)$$

이 식에서 레이놀즈수 Re가 충분히 큰 난류에서 거친 관의 관마찰계수 λ는 조도 e에만 의존하며 레이놀즈수 Re에는 의존하지 않는다는 것을 알 수 있다.

[연습문제 11-3]

내경 $D = 205[\text{mm}]$, 길이 $l = 12.87[\text{km}]$인 수평관 내를 비중 $s = 0.75$인 가솔린이 유량 $Q = 0.70[\text{kL/min}]$으로 흐르고 있다. 가솔린의 동점성계수가 $\nu = 1.00 \times 10^{-6}[\text{m}^2/\text{s}]$일 때 관마찰손실 Δp를 구하여라.

[풀이]

가솔린의 평균속도 U는 식 (5.2)에서 다음과 같다.

$$U = \frac{4Q}{\pi D^2} = \frac{4 \times 0.70/60}{3.14 \times 0.205^2} = 0.3536[\text{m/s}]$$

그리고 레이놀즈수 Re는 다음과 같다.

$$Re = \frac{UD}{\nu} = \frac{0.3536 \times 0.205}{1.00 \times 10^{-6}} = 7.25 \times 10^4$$

이 레이놀즈수 Re는 블라시우스 방정식(식 (11.28))의 적용 범위이므로 관마찰계수 λ는 다음과 같다.

$$\lambda = 0.3164\,Re^{-\frac{1}{4}}$$

관마찰손실 Δp는 달시-바이스바하 방정식(식 (11.21))에서 다음과 같이 된다.

$$\begin{aligned}\Delta p &= \lambda \frac{l}{D} \frac{\rho U^2}{2} = 0.3164\,Re^{-\frac{1}{4}} \frac{l}{D} \frac{\rho U^2}{2} \\ &= 0.3164 \times (7.25 \times 10^4)^{-\frac{1}{4}} \times \frac{12870}{0.205} \times \frac{750 \times 0.3536^2}{2} \\ &= 56759[\text{Pa}] \fallingdotseq 56.8[\text{kPa}] \ \cdots \ (\text{답})\end{aligned}$$

[연습문제 11-4]

유량 $Q=360[\mathrm{L/min}]$인 물이 내경 $D=75[\mathrm{mm}]$의 매끄러운 관 내를 흐르고 있다. 블라시우스 방정식을 사용하여 관마찰계수 λ를 구하여라. 또한, 관로의 길이 $l=1000[\mathrm{m}]$에서의 마찰손실수두 Δh와 관벽면에서의 전단응력 τ_0을 구하여라. 단, 물의 동점성계수와 물의 밀도는 각각 $\nu=1.004\times10^{-6}[\mathrm{m^2/s}]$, $\rho=998.2[\mathrm{kg/m^3}]$라고 한다.

[풀이]

매끄러운 관 내에서 흐르는 물의 평균속도 U는 식 (5.2)에서 다음과 같다.

$$U=\frac{4Q}{\pi D^2}=\frac{4\times360\times10^{-3}/60}{3.14\times0.075^2}=1.36[\mathrm{m/s}]$$

그리고 레이놀즈수 Re는 다음과 같다.

$$Re=\frac{UD}{\nu}=\frac{1.36\times0.075}{1.004\times10^{-6}}=1.02\times10^5$$

이 레이놀즈수에 대한 관마찰계수 λ는 블라시우스 방정식에서 다음과 같다.

$$\lambda=\frac{0.3164}{Re^{1/4}}=\frac{0.3164}{(1.02\times10^5)^{1/4}}=0.0177 \quad \cdots \text{(답)}$$

또한 마찰손실수두 Δh는 식 (11.22)에서 다음과 같다.

$$\Delta h=\lambda\frac{l}{D}\frac{U^2}{2g}=0.0177\times\frac{1000}{0.075}\times\frac{1.36^2}{2\times9.81}=22.2[\mathrm{m}] \quad \cdots \text{(답)}$$

관 벽면에서의 전단응력 τ_0은 식 (11.20)에서 다음과 같다.

$$\tau_0=\frac{\lambda\rho U^2}{8}=\frac{0.0177\times998.2\times1.36^2}{8}=4.08[\mathrm{Pa}] \quad \cdots \text{(답)}$$

[연습문제 11-5]

연습문제 11-4에서 관의 중심 속도와 관 중심으로부터 $r=20[\mathrm{mm}]$에서의 속도를 다음 조건으로 구하여라.

(1) 원관 내의 속도 분포가 로그법칙을 따르는 경우

(2) 원관 내의 속도 분포가 $n=7$인 지수법칙을 따르는 경우

[풀이]

(1) 로그법칙을 따르는 경우 마찰속도 U^*는 다음과 같다.

$$U^*=\sqrt{\frac{\tau_0}{\rho}}=\sqrt{\frac{4.08}{998.2}}=0.0640[\mathrm{m/s}]$$

관 중심에서는 $y=R=0.0375[\mathrm{m}]$, 속도 $u=u_{max}$이므로 식 (11.13)에서 다음과 같다.

$$\frac{u_{max}}{U^*}=5.75\log_{10}\left(\frac{U^*}{\nu}R\right)+5.5$$

$$=5.75\log_{10}\left(\frac{0.0640}{1.004\times10^{-6}}\times0.0375\right)+5.5=24.9$$

따라서 다음과 같은 식을 얻을 수 있다.

$$u_{max}=24.9U^*=24.9\times0.0640=1.59[\mathrm{m/s}]\ \cdots\ (\text{답})$$

또한 관 중심으로부터 $r=20[\mathrm{mm}]$ 위치에서의 속도 u는 식 (11.13)에서 다음과 같다.

$$\frac{u}{U^*}=5.75\log_{10}\left\{\frac{U^*}{\nu}(R-r)\right\}+5.5$$

따라서 다음과 같은 식을 얻을 수 있다.

$$u=0.0640\times\left[5.75\log_{10}\left\{\frac{0.0640}{1.004\times10^{-6}}\times(0.0375-0.020)\right\}+5.5\right]$$

$$=1.47[\mathrm{m/s}]\ \cdots\ (\text{답})$$

(2) $n=7$인 지수법칙을 따르는 경우

식 (11.16)에서 다음과 같이 정리된다.

$$\frac{U}{u_{max}}=\frac{2n^2}{(n+1)(2n+1)}$$

따라서 $n=7$을 대입해 관의 중심속도 u_{max}를 구하면 다음과 같다.

$$u_{max}=\frac{(n+1)(2n+1)}{2n^2}U=\frac{8\times15}{2\times7^2}\times1.36$$

$$=1.67[\mathrm{m/s}]\ \cdots\ (\text{답})$$

따라서 관 중심으로부터 $r=20[\mathrm{mm}]$ 위치에서의 속도 u는 식 (11.15)에서 다음과 같은 식을 얻을 수 있다.

$$\frac{u}{u_{max}}=\left(\frac{R-r}{R}\right)^{\frac{1}{7}}$$

$$u=u_{max}\left(\frac{R-r}{R}\right)^{\frac{1}{7}}=1.67\times\left(\frac{0.0375-0.020}{0.0375}\right)^{\frac{1}{7}}$$

$$=1.50[\mathrm{m/s}]\ \cdots\ (\text{답})$$

11-9 무디 선도

그림 11-3과 같이 관마찰계수 λ를 레이놀즈수와 상대조도의 함수로 나타낸 것을 **무디 선도** Moody diagram라고 하며 관로설계 현장에서 널리 이용되고 있다. 무디 선도는 가로축이 레이놀즈수 Re, 우측의 세로축이 상대조도 e/D, 좌측의 세로축이 관마찰계수 λ이며 모두 로그축이라는 데 주의해야 한다. 이 그림을 활용해 다음과 같이 관마찰계수를 구해본다.

(1) 상대조도를 계산하여 우측 세로축의 상대조도에 플롯한다.
(2) 레이놀즈수를 계산하여 가로축에 플롯한다.
(3) 상대조도의 선을 왼쪽으로 연장하여 레이놀즈수와의 교점을 구한다.
(4) 그 교점에서 좌측 세로축의 관마찰계수를 구한다.

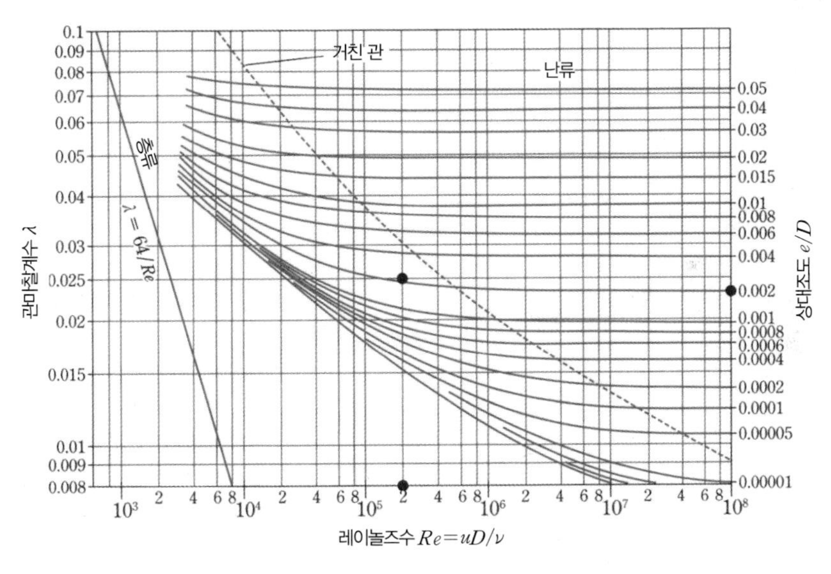

|그림 11-3| 무디 선도

[연습문제 11-6]

내경 $D=100[\mathrm{mm}]$, 조도 $e=0.2[\mathrm{mm}]$인 관로에 평균속도 $U=2.0[\mathrm{m/s}]$인 물이 흐르고 있다고 하자. 관의 무디 선도(그림 11-3)를 사용해 관마찰계수 λ를 구하여라. 단, 물의 동점성계수를 $\nu=1.0\times10^{-6}[\mathrm{m^2/s}]$라고 한다.

[풀이]

먼저 상대조도 e/D를 계산하면 다음과 같다.

$$\frac{e}{D}=\frac{0.2}{100}=0.002$$

다음으로 레이놀즈수 Re를 계산하면 다음과 같다.

$$Re=\frac{UD}{\nu}=\frac{2.0\times 0.1}{1.0\times 10^{-6}}=2\times 10^{5}$$

이 결과에서 무디 선도(그림 11–3) 우측 세로축의 상대조도와 가로축에 상당하는 레이놀즈수의 교점(그림 11–3의 ● 표시 참조)을 구한다. 그 교점을 왼쪽으로 연장하여 좌측 세로축의 값을 읽으면 관마찰계수 λ는 다음과 같이 된다는 것을 알 수 있다.

$\lambda=0.025$ … (답)

[연습문제 11–7]

내경 $D=20[\mathrm{cm}]$, 조도 $e=0.16[\mathrm{mm}]$인 원관 내로 물이 평균유량 $Q=0.05[\mathrm{m^3/s}]$로 흐르고 있다. 이 원관로의 거리 $l=1[\mathrm{km}]$에서의 마찰손실수두 Δh를 구하여라. 단, 물의 동점성계수를 $\nu=1.0\times10^{-6}[\mathrm{m^2/s}]$라고 한다.

[풀이]

상대조도는 다음과 같이 된다.

$$\frac{e}{D}=\frac{0.16\times 10^{-3}}{0.20}=0.0008$$

다음으로 물의 평균속도 U는 식 (5.2)에서 다음과 같이 된다.

$$U=\frac{4Q}{\pi D^2}=\frac{4\times 0.05}{3.14\times 0.20^2}=1.59[\mathrm{m/s}]$$

레이놀즈수 Re는 다음과 같다.

$$Re=\frac{UD}{\nu}=\frac{1.59\times 0.20}{1.0\times 10^{-6}}=3.18\times 10^{5}$$

구해진 상대조도 e/D와 레이놀즈수 Re에서 무디 선도를 사용하면 관마찰계수 $\lambda=0.02$가 된다. 따라서 식 (11.22)에서 마찰손실수두 Δh는 다음과 같이 된다.

$$\Delta h=\lambda\frac{l}{D}\frac{U^2}{2g}=0.02\times\frac{1000}{0.20}\times\frac{1.59^2}{2\times 9.81}=12.9[\mathrm{m}]\quad\cdots\ (\text{답})$$

제 12 장

불균일 유동에서의 압력손실

실제 산업체 현장에서는 원형의 관로가 항상 직선적으로 배관되어 있거나 관 지름이 일정하지 않은 경우도 있다. 12장에서는 원형의 관로가 구부러지거나 관 지름이 갑자기 확대 또는 축소되고 중간에 밸브가 설치된 경우의 압력손실을 구하는 방법에 대해 배운다. 또한 유체 수송을 위해 관로 중간에 설치한 펌프의 동력에 대해서도 알아본다.

12-1 불균일 유동에서의 압력손실 관계식

실제 관로는 직관뿐만 아니라 곡관, 밸브, 급확대관, 급축소관 등으로 구성된다. 이러한 직관이 아닌 관로 내 유체에는 달시-바이스바하 방정식(식 (11.21))에 의한 관마찰손실 Δp 외에 부가적인 압력손실이 발생한다. 이러한 부차적 압력손실 Δp는 단위체적당 운동에너지(동압이라고도 한다) $\rho U^2/2$에 비례하므로 다음과 같이 나타낼 수 있다.

$$\Delta P = \zeta \frac{\rho U^2}{2} \tag{12.1}$$

여기서 ρ는 유체의 밀도, U는 관로 내의 평균속도다. ζ(제타)는 **손실계수**loss coefficient라고 하며 부차적 압력손실 ΔP의 동압 $\rho U^2/2$에 대한 계수를 나타낸다. 압력손실 ΔP의 단위는 [Pa]이다. 동압 $\rho U^2/2$는 유체가 가진 운동에너지이므로 손실계수 ζ는 관로의 형상 변화 등에 따라 손실되는 에너지의 비율을 나타내고 관로 형상과 레이놀즈수에 의존한다. 다음에는 관로 입구, 곡관, 밸브, 확대관, 축소관에 대해 압력손실 ΔP를 구체적으로 어떻게 나타내는지 살펴보자.

12-2 관로 입구의 압력손실

전철역의 개표구는 많은 사람이 한꺼번에 집중되기 때문에 사람들끼리 부딪힌다. 유체가 넓은 관로에서 좁은 관로 안으로 들어갈 때 전철역의 개표구와 마찬가지로 유체가 부딪혀 부가적인 마찰이 일어나고, 결과적으로 관로 입구 부분에서 압력손실이 발생한다. 그 압력손실 ΔP_i는 다음과 같이 나타낼 수 있다.

$$\Delta P_i = \zeta_i \frac{\rho U^2}{2} \tag{12.2}$$

여기서 ζ_i는 **입구손실계수**inlet loss coefficient라고 하며 입구의 형상에 따라 크게 달라진다. 그림 12-1(a)와 같이 나팔 모양의 벨 마우스를 관로 입구에 설치하면 유체를 관로 안으로 원활하게 유도함으로써 입구손실계수를 작게 할 수 있다. 벨 마우스형의 입구손실계수는 $\zeta_i = 0.01 \sim 0.05$다. 그림 12-1(b)에 나타난 각형의 입구손실계수는 $\zeta_i = 0.5$나 되므로 일반적으로 벨 마우스형을 사용한다.

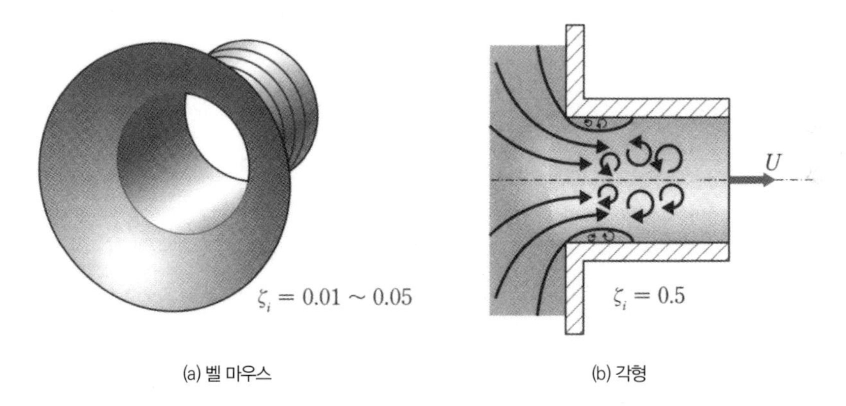

|그림 12-1| 관로 입구의 형상

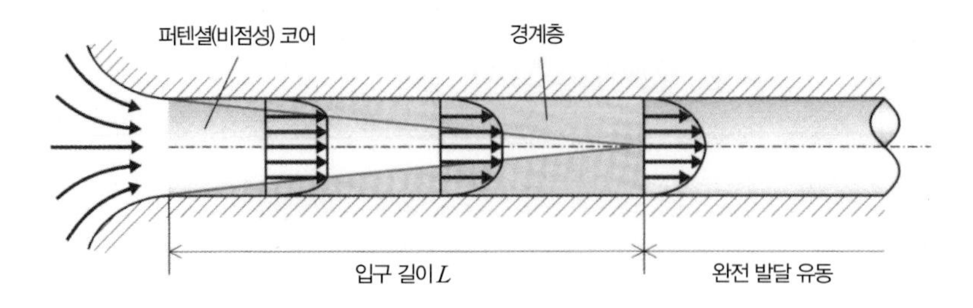

층류 $L=0.065ReD$
난류 $L=50D\sim100D$

|그림 12-2| 관로 입구에서의 흐름

그림 12-2와 같이 벽면 근처의 속도가 급격하게 변화하는 영역을 경계층(14장 참조)이라고 한다. 경계층의 내측 속도가 같은 영역을 **퍼텐셜 코어**potential core라고 한다. 층류저층(11장 참조)은 이 경계층 내 벽면 근처의 영역이다. 관로 입구에서 들어온 유체는 가속되고 있으며 경계층의 두께는 입구 부분에서 매우 얇고 하류로 갈수록 점성의 영향으로 두꺼워진다. 관로 입구에서 가속되어 속도가 일정해진 흐름을 **완전 발달 유동**fully developed flow이라고 한다. 그리고 관로 입구에서 충분히 발달한 흐름으로 되기까지의 거리를 **입구 길이**entrance length L이라고 한다. 층류의 입구 길이 L은 원관의 관 지름 D와 레이놀즈수 Re에 의존하며 다음과 같이 나타낼 수 있다.

$$L=0.065ReD \tag{12.3}$$

한편, 난류의 입구 길이 L은 다음과 같으며 레이놀즈수에는 의존하지 않는다.

$$L=50D\sim100D \tag{12.4}$$

흐름이 난류로 되면 벽면 근처의 경계층 내에서 혼합이 촉진되고, 경계층의 발달이 빨라져 난류의 입구 길이가 층류보다 짧아진다.

관로 입구에서 입구 길이 L까지의 압력손실은 식 (12.2)에 나타난 관로 입구 부분의 압력손실 ΔP_i에 달시-바이스바하 방정식(식 (11.21))을 입구 길이 L까지 적용한 압력손실 ΔP_u를 더하면 다음과 같이 된다.

$$\Delta P_i+\Delta P_u=\left(\zeta_i+\lambda\frac{L}{D}\right)\frac{\rho U^2}{2} \tag{12.5}$$

12-3 곡관 내의 압력손실

|그림 12-3| 높은음자리표 형태의 빨대는 마시기 어렵다

예전에 그림 12-3과 같은 높은음자리표 형태의 빨대가 유행한 적이 있었다. 이처럼 구부러진 형태의 빨대는 직감적으로 저항이 클 것 같고 주스는 마시기 어려울 것 같다.

그 직감은 정확하며, 그림 12-4와 같이 벤드(곡률반경이 큰 곡관)나 엘보(곡률반경이 작은 곡관)라고도 불리는 곡관에서는 부차적 압력손실이 발생한다. 그 이유 중 하나는 곡관 내 유체가 관을 따라 구부러질 때 유체 입자에 원심력이 작용하고, 그 결과 곡관 내에 소용돌이가 발생하기 때문이다. 또 하나의 이유는 곡관 내 속도 분포가 균일하지 않아 점성응력이 커지기 때문이다. 곡관의 압력손실 ΔP_b는 다음과 같다.

$$\Delta P_b = \zeta_b \frac{\rho U^2}{2} \tag{12.6}$$

여기서 ζ_b는 **곡관의 손실계수**loss coefficient of bend라고 한다. 표 12-1에 대표적인 곡관의 손실계수를 나타낸다. 구부러진 각도 θ가 클수록 손실계수 ζ_b가 커진다. 또 곡률반경 R이 작을수록 손실계수 ζ_b가 커지며 엘보 쪽의 손실계수 ζ_b가 벤드보다 커진다. 여기서 주의해야 할 점은 압력손실 ΔP_b 안에 곡관의 관마찰손실과 곡관에 의한 부차적 압력손실이 모두 포함되어 있다는 것이다.

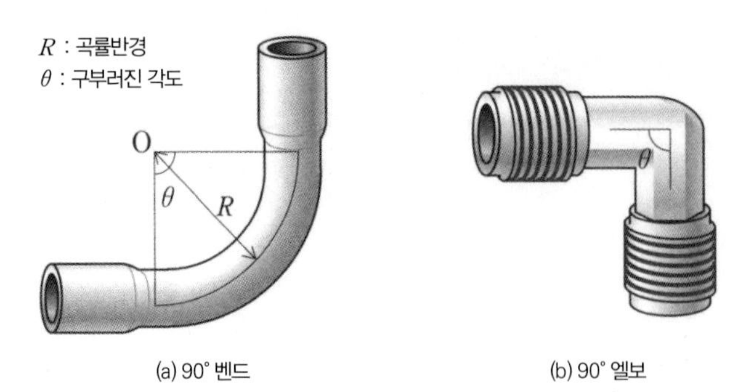

(a) 90° 벤드　　(b) 90° 엘보

|그림 12-4| 벤드와 엘보

|표 12-1| 곡관의 손실계수

곡관의 종류	곡관의 손실계수 ζ_b
90° 벤드	0.2
리턴 벤드(180° 벤드)	2.2
45° 엘보	0.4
90° 엘보	1.0

12-4 밸브의 압력손실

그림 12-5와 같이 **밸브**valve는 관 내 유량을 조절하기 위해 사용된다. 밸브 내부의 압력손실 ΔP_v는 다음과 같다.

$$\Delta P_v = \zeta_v \frac{\rho U^2}{2} \tag{12.7}$$

ζ_v는 **밸브의 손실계수**loss coefficient of valve라고 한다. 표 12-2에 대표적인 밸브의 손실계수 ζ_v를 나타낸다. 슬루스 밸브, 글로브 밸브, 앵글 밸브의 내부 구조는 그림 12-5와 같다. 슬루스 밸브는 돌기물이 적으므로 손실계수 ζ_v는 다른 밸브에 비해 작다. 밸브 내부의 압력손실은 다른 관로의 압력손실과 비교해 매우 커진다.

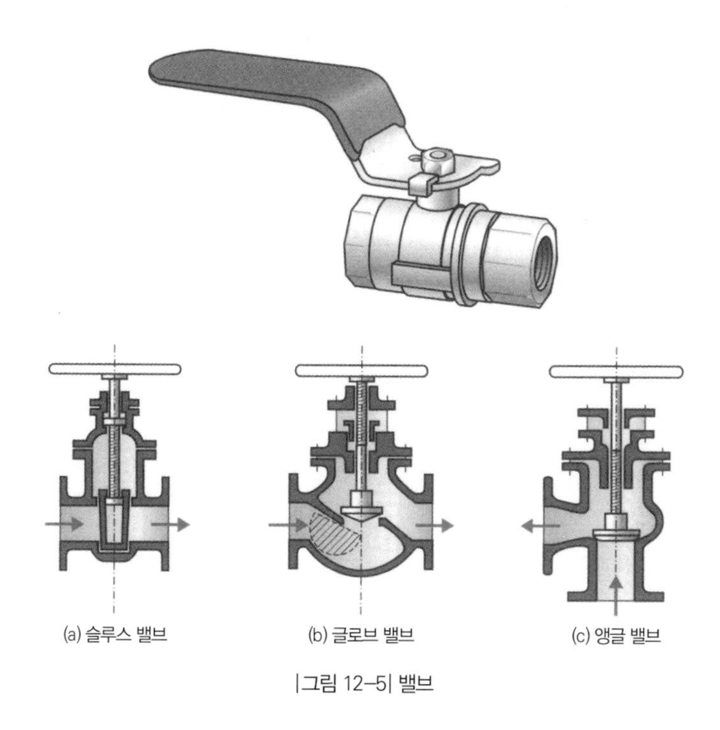

|그림 12-5| 밸브

|표 12-2| 밸브의 손실계수

밸브의 종류	밸브의 손실계수 ζ_v
슬루스 밸브(완전 개방)	1
슬루스 밸브(1/2 개방)	4
글로브 밸브(완전 개방)	10
앵글 밸브(완전 개방)	5

12-5 급확대관의 압력손실

그림 12-6과 같이 단면적이 급격하게 넓어지는 관을 **급확대관**abrupt divergent pipe이라고 한다. 급확대관에서는 급확대부에서 소용돌이가 생겨 큰 압력손실이 발생한다. 급확대관의 압력손실 ΔP_d는 다음과 같다.

$$\Delta p_d = \zeta_d \frac{\rho U_1^2}{2} \tag{12.8}$$

ζ_d는 **급확대손실계수**abrupt divergence loss coefficient라고 한다. 다음에는 이 급확대손실계수 ζ_d를 이론적으로 구해보자. 그림 12-6과 같이 검사영역을 만들고 입구 부분의 단면적을 A_1, 평균속도를 U_1, 압력을 p_1, 출구 부분 단면적을 A_2, 평균속도를 U_2, 압력을 p_2라고 하고 유량을 Q라고 한다. 급확대관의 압력손실 ΔP_d를 확장된 베르누이 방정식(식 (9.13))에 더하고 위치에너지 ρgz를 일정하게 하면 다음과 같이 된다.

$$\frac{\rho U_1^2}{2} + p_1 = \frac{\rho U_2^2}{2} + p_2 + \Delta P_d$$

$$\Delta P_d = \frac{\rho}{2}(U_1^2 - U_2^2) + (p_1 - p_2) \tag{12.9}$$

다음에는 압력차 $p_1 - p_2$를 운동량 보존 법칙으로 구한다. 이 검사영역 내에서는 운동량 보존 법칙이 성립되므로 식 (7.3)에 의해 다음과 같이 된다.

$$p_1 A_1 - p_2 A_2 + F = \rho Q(U_2 - U_1) \tag{12.10}$$

축소관은 마이너스(−), 확대관은 플러스(+)

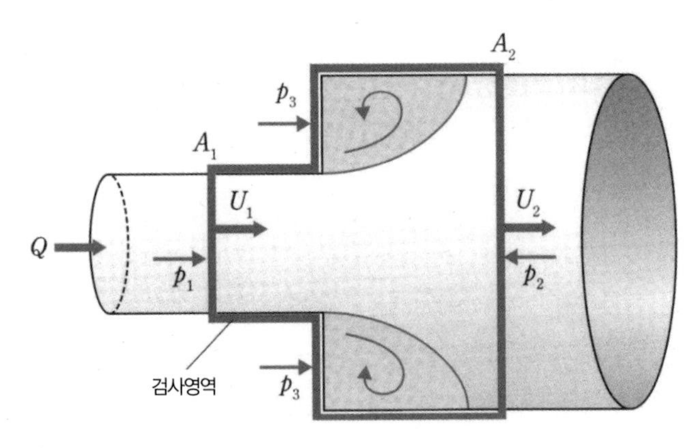

|그림 12-6| 급확대관

식 (12.10)에서 $F = p_3(A_2 - A_1)$이고 $p_3 = p_1$이므로 식 (12.10)은 다음과 같이 정리된다.

$$p_1 - p_2 = \frac{\rho Q(U_2 - U_1)}{A_2} \tag{12.11}$$

여기서 식 (12.11)의 면적은 A_1이 아니라 A_2라는 데 주의해야 한다. 따라서 식 (12.9)의 (p_1-p_2) 부분에 식 (12.11)을 대입하면 다음과 같다.

$$\Delta P_d = \frac{\rho}{2}(U_1^2 - U_2^2) + \frac{\rho Q(U_2 - U_1)}{A_2} \tag{12.12}$$

한편, 식 (5.3)에서 식 (12.12)의 우변 제2항 중 Q/A_2는 $\frac{Q}{A_2} = U_2 = \frac{A_1}{A_2}U_1$이 되며 이것을 식 (12.12)에 대입하면 다음과 같이 된다.

$$\Delta P_d = \frac{\rho}{2}(U_1^2 - U_2^2) + \rho(U_2^2 - U_2 U_1) \tag{12.13}$$

그리고 $U_2 = (A_1/A_2)\,U_1$을 식 (12.13)에 대입하면 다음과 같이 정리된다.

$$\begin{aligned}\Delta P_d &= \frac{\rho}{2}\left\{U_1^2 - \left(\frac{A_1}{A_2}\right)^2 U_1^2\right\} + \rho\left\{\left(\frac{A_1}{A_2}\right)^2 U_1^2 - \frac{A_1}{A_2}U_1^2\right\} \\ &= \left\{1 - 2\frac{A_1}{A_2} + \left(\frac{A_1}{A_2}\right)^2\right\}\frac{\rho U_1^2}{2} \\ &= \left(1 - \frac{A_1}{A_2}\right)^2 \frac{\rho U_1^2}{2}\end{aligned} \tag{12.14}$$

식 (12.14)는 식 (12.8)의 압력손실식과 같아지므로 급확대손실계수 ζ_d는 다음과 같다.

$$\zeta_d = \left(1 - \frac{A_1}{A_2}\right)^2 \tag{12.15}$$

따라서 급확대손실계수 ζ_d는 단면적의 비 A_1/A_2로 구할 수 있다. 이 급확대손실계수 ζ_d를 **보다-카르노 손실**Borda-Carnot loss이라고 한다. 하류 측의 단면적 A_2가 충분히 클 경우 $A_1/A_2=0$이라고 볼 수 있으므로 급확대손실계수 $\zeta_d=1$이 되고 관로 출구부에서는 동압 $\rho U_1^2/2$가 모두 손실된다.

[연습문제 12-1]

그림과 같이 입구 내경 $D_1 = 20[\text{cm}]$, 출구 내경 $D_2 = 60[\text{cm}]$의 급확대관을 공기가 유량 $Q = 0.5[\text{m}^3/\text{s}]$로 흐르고 있다. 이때 다음을 구하여라.

(1) 급확대손실계수 ζ_d를 구하여라.

(2) 이 급확대관의 압력손실 ΔP_d를 구하여라. 단, 공기의 밀도는 $\rho = 1.205[\text{kg/m}^3]$라고 한다.

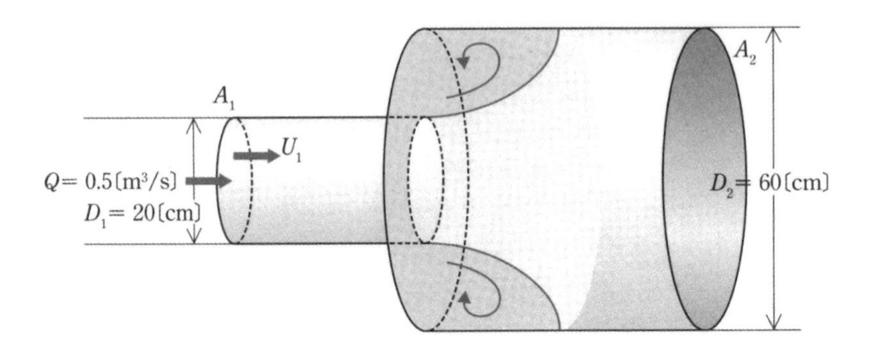

[풀이]

(1) 관 입구의 단면적 A_1과 관 출구의 단면적 A_2는 다음과 같다.

$$A_1 = \frac{\pi D_1^2}{4} = \frac{3.14 \times 0.20^2}{4} = 3.14 \times 10^{-2}[\text{m}^2],$$

$$A_2 = \frac{\pi D_2^2}{4} = \frac{3.14 \times 0.60^2}{4} = 2.83 \times 10^{-1}[\text{m}^2]$$

식 (12.15)에서 급확대손실계수 ζ_d는 다음과 같다.

$$\zeta_d = \left(1 - \frac{A_1}{A_2}\right)^2 = \left(1 - \frac{3.14 \times 10^{-2}}{2.83 \times 10^{-1}}\right)^2 = 0.790 \quad \cdots \text{(답)}$$

(2) 관 입구의 평균속도 U_1은 다음과 같다.

$$U_1 = \frac{Q}{A_1} = \frac{0.5}{3.14 \times 10^{-2}} = 15.92[\text{m/s}]$$

급확대관의 압력손실 ΔP_d는 식 (12.8)에서 다음과 같다.

$$\Delta P_d = \zeta_d \frac{\rho U_1^2}{2} = 0.790 \times \frac{1.205 \times 15.92^2}{2} = 121[\text{Pa}] \quad \cdots \text{(답)}$$

12-6 디퓨저의 압력손실

그림 12-7과 같이 단면적이 완만하게 커지는 관을 **디퓨저**diffuser라고 하고, 각도 θ를 확대각이라고 한다. 디퓨저에서는 급확대관과 같은 소용돌이가 생기지 않으며 유체는 벽면을 따라 흐른다. 디퓨저의 압력손실 ΔP_f는 식 (12.8)에 나타난 급확대관의 압력손실 ΔP_d와 비슷하다. 디퓨저의 압력손실계수는 급확대관의 손실계수 ζ_d에 보정계수 ξ(크시)를 곱하면 다음과 같이 된다.

$$\Delta P_f = \xi\zeta_d \frac{\rho U_1^2}{2} = \xi\left(1 - \frac{A_1}{A_2}\right)^2 \frac{\rho U_1^2}{2} \tag{12.16}$$

확대각 $\theta = 5°$일 때 보정계수 ξ의 값은 최솟값 0.13이 되고 디퓨저의 압력손실 ΔP_f는 최소가 된다. $\theta = 60°$일 때 보정계수 ξ의 값은 최댓값 1.2가 되고 압력손실 ΔP_f는 최대가 된다. 식 (12.8)에 나타낸 급확대관의 압력손실 ΔP_d는 $\xi = 1$일 때 디퓨저의 압력손실 ΔP_f에 해당한다.

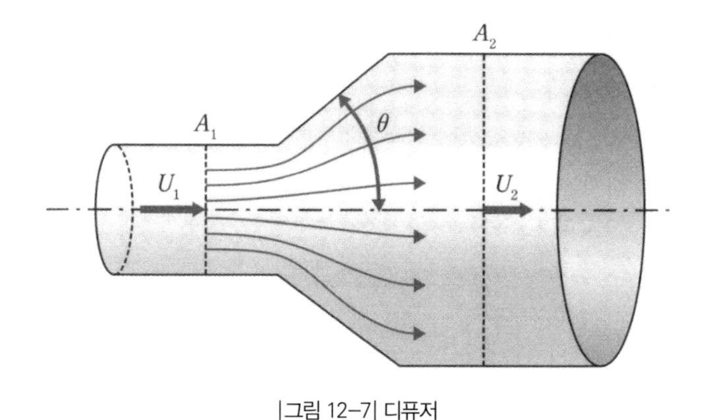

|그림 12-7| 디퓨저

12-7 급축소관의 압력손실

그림 12-8과 같이 단면적이 급격하게 작아지는 관을 **급축소관** abrupt contraction pipe이라고 한다. 유체는 관성을 갖고 있으므로 급축소관의 급축소부에서는 벽면을 따라 흐를 수 없고, 급축소부보다 조금 떨어진 곳에서의 유체 단면적 A_c는 급축소관 하류 측의 단면적 A_2보다 작아진다. 이러한 현상을 **축류** contracted flow라고 한다. 급축소관의 압력손실 ΔP_c는 다음과 같다.

$$\Delta P_c = \zeta_c \frac{\rho U_2^2}{2} \tag{12.17}$$

ζ_c는 **급축소손실계수** abrupt contraction loss coefficient라고 한다. 여기서 주의할 점은 급축소관의 압력손실식에서 평균속도는 상류 측 평균속도 U_1이 아니며 하류 측 평균속도 U_2라는 것이다. 식 (12.15)의 급확대손실계수 ζ_d에 따라 급축소손실계수 ζ_c를 다음과 같이 나타낸다.

$$\zeta_c = \left(1 - \frac{A_2}{A_c}\right)^2 \tag{12.18}$$

또한 **축류계수** contracted flow coefficient를 $\alpha = A_c/A_2$라고 정의하면 급축소손실계수 ζ_c를 다음과 같이 나타낼 수 있다. 여기서 주의할 점은 급축소손실계수 ζ_c에는 상류 측의 단면적 A_1이 아니라 축류부의 단면적 A_c를 적용한다는 것이다.

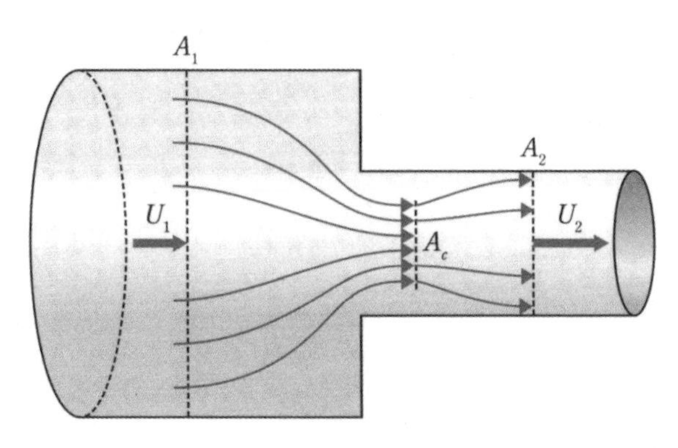

|그림 12-8| 급축소관

$$\zeta_c = \left(1 - \frac{1}{\alpha}\right)^2 \tag{12.19}$$

또한 축소부의 단면적 A_c는 계측이 어려우므로 A_c를 적용하지 않고 상류 측 단면적 A_1과 하류 측 단면적 A_2를 적용하여 축소계수 α를 나타내면 편리하다. 공기의 경우 축소계수가 다음과 같이 된다는 것을 실험적으로 알 수 있다.

$$\alpha = 0.582 + \frac{0.0418}{1.1 - \sqrt{A_2/A_1}} \tag{12.20}$$

이 경우의 단면적비 A_2/A_1, 축류계수 α 및 급축소손실계수 ζ_c의 관계를 표 12-3에 나타낸다. 단면적이 완만하게 변화하는 축소관의 손실계수는 유체가 벽면을 따라 순조롭게 흐르므로 급축소손실계수 ζ_c보다 충분히 작아진다.

|표 12-3| 공기인 경우의 급축소손실계수

A_2/A_1	0.1	0.2	0.3	0.4	0.5	0.6	0.7	0.8	0.9	1.0
α	0.61	0.62	0.63	0.65	0.67	0.70	0.73	0.77	0.84	1.00
ζ_c	0.41	0.38	0.34	0.29	0.24	0.18	0.14	0.089	0.036	0

12-8 관로에서 손실되는 전압력손실

실제 관로에서는 밸브, 급확대관, 급축소관, 곡관 등이 있으며 다양한 압력손실이 존재한다. 관로 입구에서 출구까지 전압력손실을 구하려면 단순하게 각 부분의 압력손실을 합한다. 그러나 확대관이나 축소관이 존재하면 속도가 변화하므로 **압력회복**pressure recovery을 고려해야 한다.

그림 12-9와 같이 수조 ①에서 ②로 물을 이동시킨 경우의 전체 압력손실을 구하고, 그 압력회복이 어떤 형태로 나타나는지 설명한다. 여기서는 압력손실을 ρg로 나눠 압력손실수두의

형태로 나타낸다. 그림 12-9에 (1)~(4) 선으로 나타낸 바와 같이 압력손실수두의 값을 관로의 중심선보다 연직상방으로 플롯하여 이은 선을 **수력구배선**hydraulic gradient line 또는 **압력구배선**pressure gradient line이라고 한다. 굵은 원관의 마지막 수력구배선이 수조 ②의 수면이 된다. 가는 원관 내의 평균속도를 U_1, 굵은 원관 내의 평균속도를 U_2라고 한다. 이 때 전체의 압력손실수두 Σh는 ① 가는 원관 입구 부근에서 발생한 관로 입구의 압력손실(식 (12.2)), ② 평균속도 U_1이 발생함에 따른 속도수두 $U_1^2/2g$, ③ 가는 원관의 관마찰손실(식 (11.21)), ④ 급확대관의 압력손실(식 (12.8)), ⑤ 급확대관에서의 속도변화에 의한 압력회복, ⑥ 굵은 원관의 관마찰손실을 모두 더한 값이 된다.

$$\Sigma h = \zeta_i \frac{U_1^2}{2g} + \frac{U_1^2}{2g} + \lambda \frac{l_1}{D_1} \frac{U_1^2}{2g} + \zeta_d \frac{U_1^2}{2g} - \left(\frac{U_1^2}{2g} - \frac{U_2^2}{2g} \right) + \lambda_2 \frac{l_2}{D_2} \frac{U_2^2}{2g} \tag{12.21}$$

① 입구의 압력손실
② 가는 원관의 속도수두
③ 가는 원관의 관마찰손실
④ 급확대관의 압력손실
⑤ 압력회복
⑥ 굵은 원관의 관마찰손실

여기서 주의할 점은 ( )로 둘러싸인 다섯 번째 항, 즉 급확대관에서 속도수두가 감소함에 따라 압력수두가 회복한(회복했으므로 마이너스) 압력회복항이 존재한다는 것이다. 즉 확장된 베르누이 방정식(식 (9.13))과 같이 관로에서 속도수두가 감소하면 압력수두가 증가한다. 식 (12.21)을 정리하면 다음과 같이 된다.

$$\Sigma h = \lambda_1 \frac{l_1}{D_1} \frac{U_1^2}{2g} + \lambda_2 \frac{l_2}{D_2} \frac{U_2^2}{2g} + \zeta_i \frac{U_1^2}{2g} + \zeta_d \frac{U_1^2}{2g} + \frac{U_2^2}{2g} \tag{12.22}$$

관마찰손실
급확대관의 압력손실
입구의 압력손실
속도변화에 의한 압력회복

여기서 주의할 점은 굵은 원관 내의 속도수두 $U_2^2/2g$만 나타나며 가는 원관 내의 속도수두 $U_1^2/2g$는 나타나지 않는다는 것이다.

그림 12-10과 같이 수조 ①과 ②를 연결하는 관로 중간에 펌프를 설치하여 수조 ①에서 ②로 물을 퍼 올릴 때 펌프가 공급하는 에너지를 생각해보자. 아까 관로에서는 압력손실수두만 생각했지만, 펌프의 경우 다른 수두도 있으므로(연습문제 12-5) 전수두 H로 생각하고 수조 ①과 ② 사이에서 확장된 베르누이 방정식을 전수두(식 (6.2))로 나타내면 다음과 같이 된다.

$$H_1 + H_p + H_2 + \Sigma h \tag{12.23}$$

여기서 H_1은 수조 ①의 전수두, H_p는 펌프가 공급한 전수두, H_2는 수조 ②의 전수두, Σh는 전압력손실수두를 나타낸다.

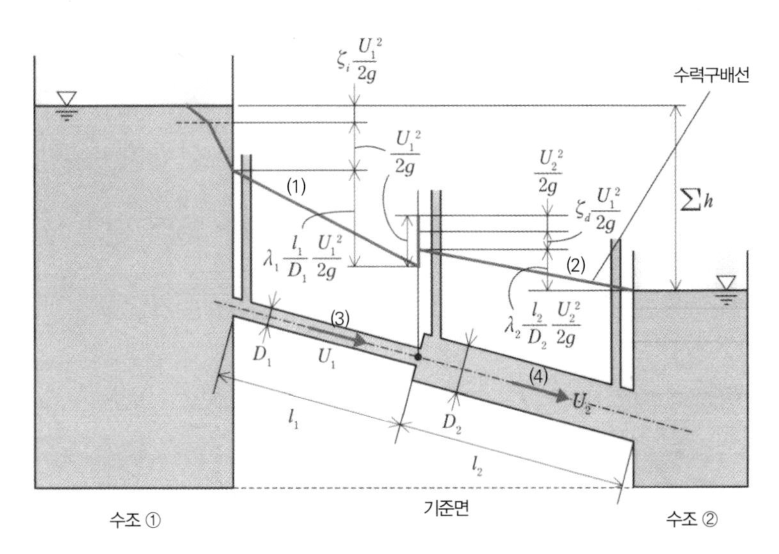

|그림 12-9| 전압력손실수두

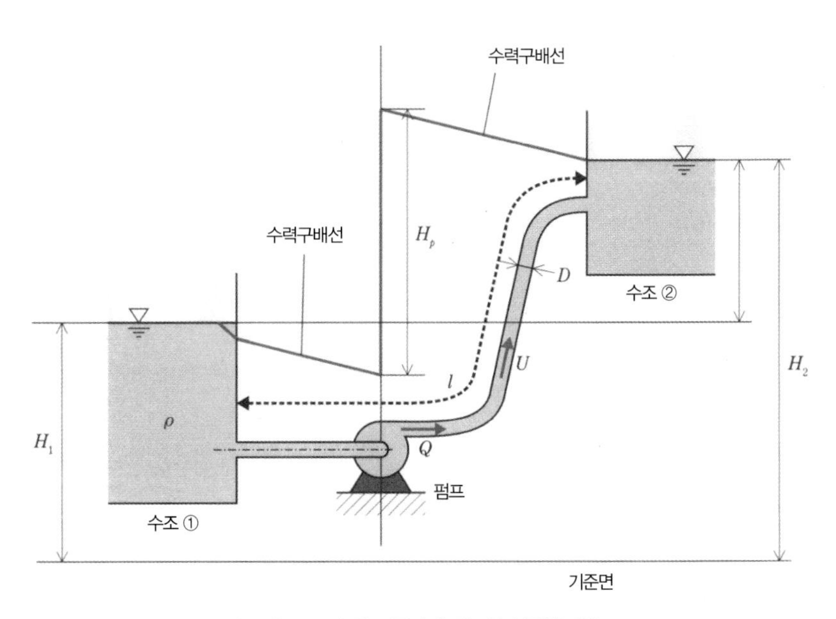

|그림 12-10| 관로 중간에 펌프를 설치한 경우

그림 12-10의 예에서는 (전수두)=(위치수두)지만 경우에 따라서는 속도수두나 압력수두도 고려해야 한다. 식 (12.23)에서 H_p는 다음과 같이 된다.

$$H_p = (H_2 - H_1) + \Sigma h \tag{12.24}$$

이 $H_2 - H_1$을 펌프의 **실양정**actual pump head, H_p를 펌프의 **전양정**total pump head이라고 한다. 펌프가 물에 가한 단위시간당 작업(일률)을 **수동력**water power이라고 하며 P_w로 나타낸다. 수동력 P_w는 전양정 H_p, 유체의 밀도 ρ, 유량 Q를 사용해 다음과 같이 나타낸다.

$$P_w = \rho g Q H_p \tag{12.25}$$

이 수동력의 단위는 [N·m/s]=[J/s](Joule per second)=[W](와트)가 된다. 그리고 펌프의 **소요동력**required power P_e는 **펌프 효율**pump efficiency을 η라고 했을 때 다음과 같이 나타낼 수 있다.

$$P_e = \frac{P_w}{\eta} \tag{12.26}$$

[연습문제 12–2]

그림과 같이 액체 표면의 높이가 z_1인 탱크 내부에서 액체가 높이 z_2, 길이 l, 내경 D_2의 수평관 안을 흘러 대기 중으로 방출된다. 수평관에는 밸브가 설치되어 있다. 다음 질문에 대답해보자.

(1) 관마찰손실계수를 λ, 수평관의 입구손실계수를 ζ_i, 밸브의 손실계수를 ζ_v라고 하고 각 기호를 사용해 원관 출구의 평균속도 U_2를 구하여라.

(2) $z_1=100$[cm], $z_2=20$[cm], $l=15$[m], $D_2=10$[cm], $\zeta_i=0.01$, $\lambda=0.03$이고 밸브의 손실계수 ζ_v를 표 12–2에서 글로브 밸브(완전 개방)라고 할 때 평균속도 U_2를 구하여라.

(3) (1)에서 전관로에서의 손실을 무시했을 때 평균속도 U_2는 어떻게 되는지 서술하여라.

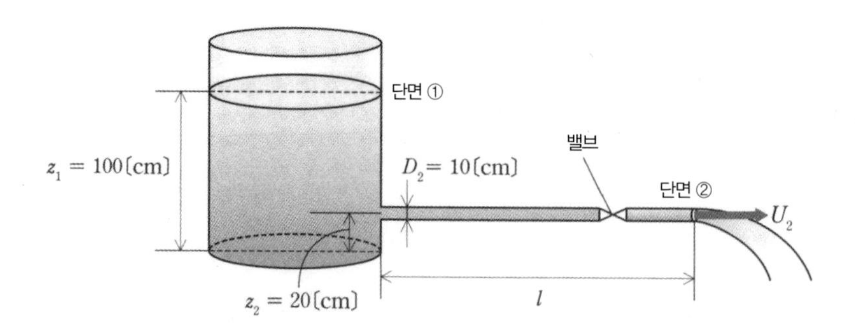

[풀이]

(1) 대기압을 p_0, 액체의 밀도를 ρ라고 하고 관 내 평균속도는 수평관 출구 액체의 평균속도 U_2로 대표된다고 한다. 탱크의 액체 표면을 단면 ①이라고 하고 수평관 출구의 위치를 단면 ②라고 한다. 액체의 하강속도 U_1을 무시하고 에너지 손실을 ΔE라고 했을 때 단면 ①과 단면 ② 사이에서 확장된 베르누이 방정식(식 (9.13))을 활용하면 다음과 같다.

$$\frac{p_0}{\rho}+gz_1=\frac{U_2^2}{2}+\frac{p_0}{\rho}+gz_2+\Delta E$$

여기서 식 (9.13)을 밀도 ρ로 나누고 단위를 $\left[\frac{\mathrm{N}}{\mathrm{m}^2}\right]/\left[\frac{\mathrm{kg}}{\mathrm{m}^3}\right]=\left[\frac{\mathrm{N\cdot m}}{\mathrm{kg}}\right]$의 에너지

밀도의 단위 / 단위질량당 에너지 / 압력의 단위 [Pa]

손실의 단위라고 한다. 여기서 에너지 손실 ΔE는 다음과 같이 된다.

$$\Delta E=-\frac{U_2^2}{2}+g(z_1-z_2) \quad \cdots (1)$$

한편, 이 에너지 손실 ΔE는 관마찰손실, 입구의 압력손실 및 밸브의 압력손실을 합한 것이므로 다음과 같이 쓸 수 있다.

$$\Delta E=\frac{U_2^2}{2}\left(\lambda\frac{l}{D^2}+\zeta_i+\zeta_v\right) \quad \cdots (2)$$

식 (1)과 식 (2)가 같으므로 평균속도 U_2에 대해 정리하면 다음과 같다.

$$U_2=\sqrt{\frac{2g(z_1-z_2)}{\lambda\frac{l}{D_2}+\zeta_i+\zeta_v+1}} \quad \cdots (\text{답})$$

(2) 각 값을 (1)의 답에 대입하면 다음과 같이 평균속도를 구할 수 있다.

$$U_2=\sqrt{\frac{2\times 9.81\times(1-0.2)}{0.03\times 15/0.1+0.01+10+1}}=1.0[\mathrm{m/s}] \quad \cdots (\text{답})$$

(3) (1)의 답에서 λ, ζ_i, ζ_v를 모두 0으로 놓고 손실이 전혀 없는 경우 평균속도 U_2는 다음과 같으며 토리첼리의 정리(식 (6.11))가 된다. 즉 관로에서 분출되는 평균속도 U_2는 액체 표면의 높이로 나타낼 수 있다.

$$U_2=\sqrt{2g(z_1-z_2)}$$

[연습문제 12-3]

기준면으로부터 z_1 위치에 액면이 있는 탱크 ①에서 $z_2=13[\mathrm{m}]$ 위치에 액면이 있는 탱크 ②로 내경 $D=15[\mathrm{cm}]$이며 90° 벤드관이 두 개 설치되어 있는 전체 길이 $l=197[\mathrm{m}]$의 매끄러운 원관이 있다. 이 안을 유량 $Q=0.28[\mathrm{m^3/s}]$로 동점성계수 $\nu=4\times10^{-5}[\mathrm{m^2/s}]$의 액체가 흐를 때 탱크 ①에서 액체 표면의 높이 z_1을 구하여라. 여기서 입구손실계수 ζ_i는 0.5라고 한다.

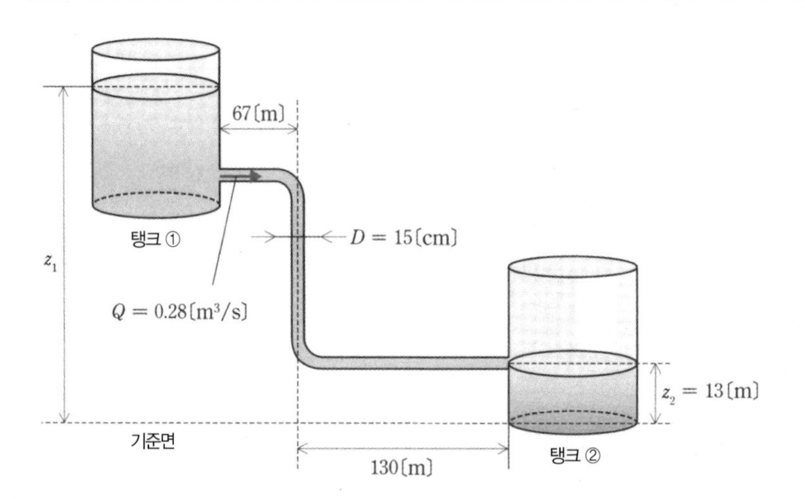

[풀이]

우선 관마찰계수 λ를 구하기 위해 레이놀즈수 Re를 계산한다. 원관 내의 평균속도 U_2는 다음과 같다.

$$U_2=\frac{4Q}{\pi D^2}=\frac{4\times0.028}{3.14\times0.15^2}=1.59[\mathrm{m/s}]$$

그러므로 다음과 같이 된다.

$$Re=\frac{U_2D}{\nu}=\frac{1.59\times0.15}{4\times10^{-5}}=5.96\times10^3$$

여기서 레이놀즈수 Re는 블라시우스 방정식의 적용 범위이므로 식 (11.28)에서 $\lambda=0.3164\times(5.96\times10^3)^{-\frac{1}{4}}=0.036$이 된다.

다음으로 관로 전체에서의 손실수두를 Σh라고 하고 탱크 ①의 액체 표면을 아래 첨자 1로 나타내며 탱크 ②에 연결된 원관로의 출구를 아래 첨자 2로 나타낸 후 이것을 단면으로 하여 확장된 베르누이 방정식(식 (9.13))을 적용하면 다음과 같이 된다.

$$\frac{p_1}{\rho g}+\frac{U_1^2}{2g}+z_1=\frac{p_2}{\rho g}+\frac{U_2^2}{2g}+z_2+\Sigma h \qquad \cdots (1)$$

여기서 Σh는 관로 전체의 압력손실수두를 고려했을 때 식 (11.22), 식 (12.2) 및 식 (12.6)에서 다음과 같다.

$$\Sigma h = \lambda \frac{l}{D}\frac{U_2^2}{2g} + \zeta_i \frac{U_2^2}{2g} + 2\zeta_b \frac{U_2^2}{2g} \quad \cdots (2)$$

벤드가 두 개 있으므로

여기서 식 (12.2)와 식 (12.6)은 ρg로 나누어 수두로 나타낸다.

탱크 ① 액면의 하강속도 U_1은 무시하고 p_1, p_2는 대기압이므로 게이지압력에서 $p_1 = p_2 = 0$이라고 했을 때 식 (2)를 식 (1)에 대입하면 다음과 같이 정리된다.

$$z_1 = z_2 + \frac{U_2^2}{2g}\left(1 + \lambda\frac{l}{D} + \zeta_i + 2\zeta_b\right)$$

90° 벤드관의 손실계수는 표 12-1에서 $\zeta_b = 0.2$이고 각 값을 대입하면 다음과 같이 된다.

$$z_1 = 13 + \frac{1.59^2}{2 \times 9.81}\left(1 + \frac{0.036 \times 197}{0.15} + 0.5 + 2 \times 0.2\right) = 19.3[\mathrm{m}] \quad \cdots (답)$$

[연습문제 12-4]

그림과 같이 두 개의 수조를 수평 길이가 $100[\mathrm{m}]$이며 평행에서 $\theta = 15°$ 경사진 원관로로 연결한다. 이 원관로는 중앙에서 내경이 $D_1 = 300[\mathrm{mm}]$에서 $D_2 = 600[\mathrm{mm}]$로 확대된다. 이 때 양 수조의 수면 차 Δh는 얼마인가? 단, 가는 원관 내 유체의 평균속도는 $U_1 = 4.6[\mathrm{m/s}]$, 입구손실계수 ζ_i는 0.6, 급확대손실계수 ζ_d는 0.56, 가는 원관의 관마찰계수 λ_1은 0.03, 굵은 원관의 관마찰계수 λ_2는 0.02라고 한다.

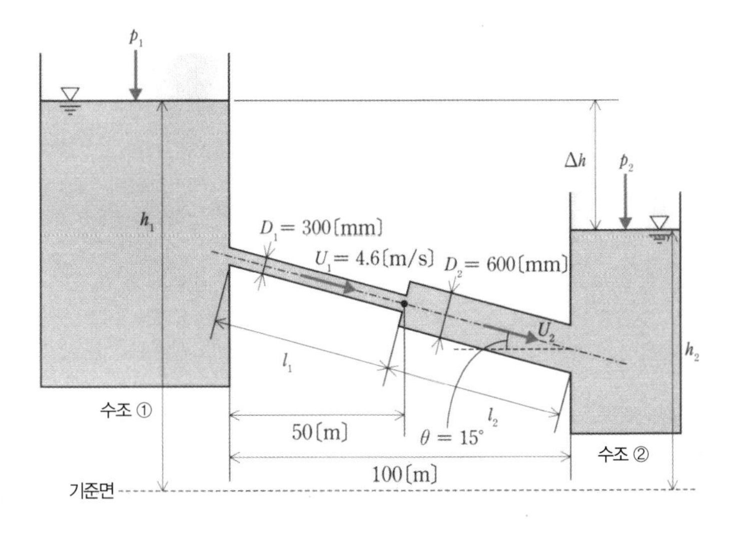

[풀이]

굵은 원관에서의 평균속도 U_2는 연속방정식에서 다음과 같다.

$$U_2 = \frac{\pi D_1^2/4}{\pi D_2^2/4} U_1 = \left(\frac{0.3}{0.6}\right)^2 \times 4.6 = 1.15[\mathrm{m/s}]$$

수조 ①과 ② 사이의 전체 압력손실수두가 양 수조의 수면 차 Δh이므로 식 (12.22)에서 다음과 같다.

$$\begin{aligned}
\Delta h &= \left(\lambda_1 \frac{l_1}{D_1}\frac{U_1^2}{2g} + \lambda_2 \frac{l_2}{D_2}\frac{U_2^2}{2g}\right) + \left(\zeta_i \frac{U_1^2}{2g} + \zeta_d \frac{U_1^2}{2g} + \frac{U_2^2}{2g}\right) \\
&= \left(0.03 \times \frac{50/\cos 15^\circ}{0.3} \times \frac{4.6^2}{2\times 9.81} + 0.02 \times \frac{50/\cos 15^\circ}{0.6} \times \frac{1.15^2}{2\times 9.81}\right) \\
&\quad + \left(0.6 \times \frac{4.6^2}{2\times 9.81} + 0.56 \times \frac{4.6^2}{2\times 9.81} + \frac{1.15^2}{2\times 9.81}\right) \\
&= \frac{1}{2\times 9.81} \times (109.5 + 2.282 + 12.70 + 11.85 + 1.323) \\
&= 7.02[\mathrm{m}] \ \cdots \ (\text{답})
\end{aligned}$$

[연습문제 12-5]

그림과 같은 관로 내에 설치된 펌프로 유량 $Q=8.5[\mathrm{m^3/min}]$, 밀도 $\rho=1000[\mathrm{kg/m^3}]$인 물이 수송되고 있다. 기준면으로부터 높이 z_1인 단면 ① 및 높이 z_2인 단면 ②에서 게이지압력이 각각 $p_1=-33.9[\mathrm{kPa}]$, $p_2=276[\mathrm{kPa}]$을 나타낸다. 이 때 물에 가해지는 펌프의 수동력 P_w는 얼마인가? 또한 펌프 효율이 $\eta=0.6$이라고 했을 때 펌프의 소요동력 P_e를 구하여라. 단, 관로의 에너지 손실은 무시한다.

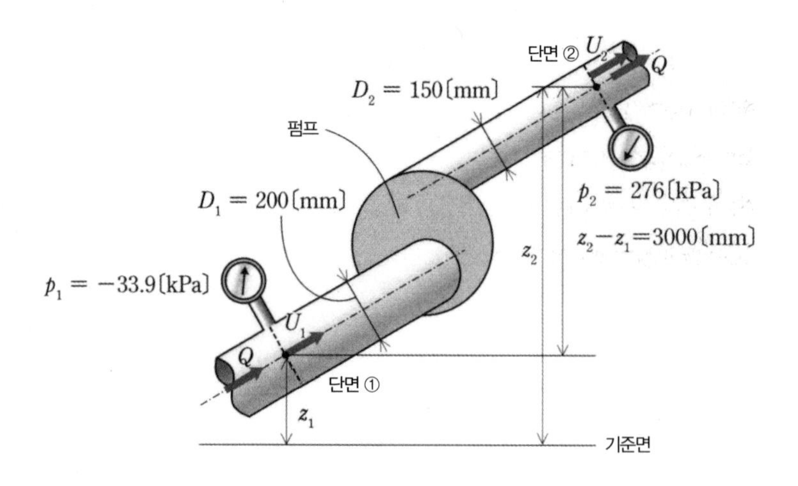

[풀이]

단면 ①의 전수두를 H_1, 단면 ②의 전수두를 H_2, 펌프가 물에 가하는 전수두를 H_p라고 한다. 단면 ①과 단면 ② 사이에 확장된 베르누이 방정식을 적용하면 식 (12.23)에서 다음과 같이 된다.

$$H_1+H_p=H_2+\Sigma h$$

전수두 H를 각 수두로 나타내면 식 (6.2)에서 다음과 같이 된다.

$$\left(\frac{U_1^2}{2g}+\frac{p_1}{\rho g}+z_1\right)+H_p=\left(\frac{U_2^2}{2g}+\frac{p_2}{\rho g}+z_2\right)+\Sigma h$$

$$H_p=\left\{\frac{U_2^2-U_1^2}{2g}+\frac{p_2-p_1}{\rho g}+(z_2-z_1)\right\}+\Sigma h \qquad \cdots (1)$$

여기서 에너지 손실을 무시하므로 $\Sigma h=0$이 된다. 또한 유량 $Q=8.5[\mathrm{m^3/min}]=0.142[\mathrm{m^3/s}]$이므로 단면 ①과 단면 ②에서 평균속도 U_1, U_2는 다음과 같다.

$$U_1=\frac{4Q}{\pi D_1^2}=\frac{4\times 0.142}{3.14\times 0.2^2}=4.52[\mathrm{m/s}],$$

$$U_2=\frac{4Q}{\pi D_2^2}=\frac{4\times 0.142}{3.14\times 0.15^2}=8.04[\mathrm{m/s}]$$

이 식을 식 (1)에 대입하면 펌프에서 물에 가해지는 전수두 H_p는 다음과 같이 된다.

$$H_p=\frac{8.04^2-4.52^2}{2\times 9.81}+\frac{\{276-(-33.9)\}\times 1000}{1000\times 9.81}+3=36.84[\mathrm{m}]$$

따라서 식 (12.25)에서 수동력 P_w는 다음과 같다.

$$P_w=\rho gQH_p=1000\times 9.81\times 0.142\times 36.84=51.3[\mathrm{kW}] \quad \cdots (답)$$

또한 식 (12.26)에서 소요동력 P_e는 다음과 같다.

$$P_e=\frac{P_w}{\eta}=\frac{51.3}{0.6}=85.5[\mathrm{kW}] \quad \cdots (답)$$

제 13 장

항력과 양력

13-1 항력계수와 양력계수

13-2 항력계수의 값

13-3 압력항력과 마찰항력

13-4 유체 속 낙하입자의 운동방정식과 스토크스 근사

13-5 침강속도

13-6 날개 주위의 흐름

비행기에는 추진에 저항이 되는 항력과 기체를 띄우는 양력이 작용한다. 이것은 열차, 자동차, 수영선수도 마찬가지다. 여기서는 항력과 양력이 어떻게 작용하는지 이해한다. 또한 항력은 유체 속을 낙하하는 유체입자의 침강속도에도 영향을 주는데, 이 침강속도에 대해서도 알아본다.

13-1 항력계수와 양력계수

그림 13-1의 경주용 자동차에는 유선형 리어스포일러가 있어서 상당히 멋있는데 이 멋진 디자인에는 유체역학적인 이유가 존재한다. 리어스포일러를 유선형으로 만든 이유는 바람이 접촉하는 면적을 작게 하여 경주용 자동차가 받는 항력을 줄이기 위해서다. 또한 리어스포일러를 부착하는 이유는 아래방향으로 작용하는 양력을 증대시켜 타이어와 노면 사이의 마찰력을 높일 수 있기 때문이다.

|그림 13-1| 경주용 자동차

흐름 속에 물체를 놓거나 정지 유체 속에서 물체를 움직이게 하면 물체 표면에 압력과 전단응력이 작용한다. 그 압력과 전단응력의 크기는 물체 표면의 각 지점마다 다르므로 전단응력을 물체 표면에서 적분함에 따라 물체에 작용하는 **유체력**fluid force을 구할 수 있다. 유체력은 크게 **항력**drag force과 **양력**lift force으로 나눌 수 있다.

그림 13-2와 같이 흐름의 방향으로 작용하는 유체력을 항력, 흐름에 대해 수직으로 작용하는 유체력을 양력이라고 한다. 예를 들어 비행기의 비행을 고려했을 경우 양력에 의해 기체가 떠오르지만 항력이 추진에 방해가 된다. 또한 비행기에서는 위 방향으로 양력이 작용하지만 경주용 자동차에서는 위 방향으로 작용하는 양력이 클 경우 타이어의 구동력이 노면에 전달되지 않으므로 리어스포일러를 통해 양력을 아래 방향으로 작용시킨다.

항력과 양력은 동압 $\rho U^2/2$에 비례한다. 동압에 대한 항력, 양력의 비율을 각각 **항력계수**drag coefficient, **양력계수**lift coefficient라고 한다. 항력계수를 C_D, 양력계수를 C_L, 유체의 밀도를 ρ, 평균 속도를 U, 투영면적을 A라고 하면 항력 F_D와 양력 F_L은 다음과 같이 나타낼 수 있다.

$$F_D = C_D \frac{\rho U^2}{2} A \tag{13.1}$$

$$F_L = C_L \frac{\rho U^2}{2} A \tag{13.2}$$

즉 (항력)=(항력계수)×(동압)×(투영면적), (양력)=(양력계수)×(동압)×(투영면적)이다.

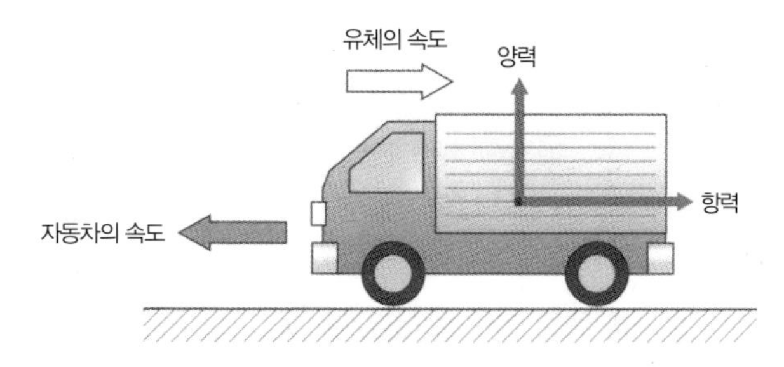

|그림 13-2| 항력과 양력

투영면적이란 그림 13-3과 같이 물체를 바로 정면에서 보았을 때의 면적으로, 앞쪽에서 빛을 비추고 있을 때 물체 뒤에 생기는 그림자의 면적이다. 이 투영면적을 작게 하면 항력과 양력이 모두 작아진다. 즉, 항력과 양력을 구하려면 물체 정면에서 흐름을 어떻게 받아들일지 생각해야 한다.

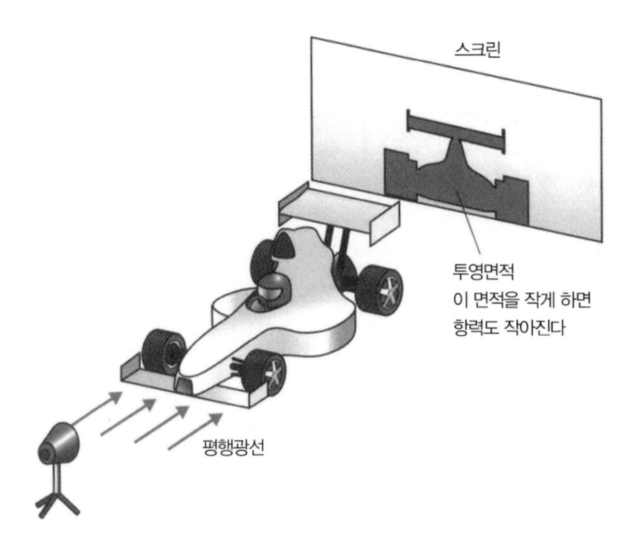

|그림 13-3| 투영면적

13-2 항력계수의 값

항력계수와 양력계수는 물체 형상, 표면의 거칠기, 레이놀즈수에 의존하며 흐름이 층류인지 난류인지에 따라 크게 변화한다. 표 13-1은 대표적인 물체 형상의 항력계수를 나타낸 것이다. 원뿔이나 구와 같은 둥근 물체는 항력계수가 작고 평판 등 사각 물체는 항력계수가 크다는 것을 알 수 있다. 승용차의 항력계수는 대략 0.3이고 트럭의 항력계수는 0.6인데, 항력계수가 작은 형상으로 하면 차량의 연비가 좋아진다. 그림 13-4는 레이놀즈수와 구의 항력계수의 관계를 나타낸 것이며 가로축, 세로축 모두 로그축이다. 구의 항력계수는 대략 $Re < 10^3$의 범위인 경우 레이놀즈수의 증가와 함께 감소하고 $10^3 < Re < 3\times10^5$의 범위인 경우 거의 일정해지며 $Re > 3\times10^5$의 범위에서는 급격하게 감소한다. 이처럼 급격한 항력계수 저하는 박리(14장 참조)에 의해 발생한다.

|표 13-1| 물체 형상에 따른 항력계수

대상	투영면적	조건	항력계수
원기둥 (흐름의 방향)	DL	$L/D=1,\ Re=10^5$	0.63
		$L/D=5,\ Re=10^5$	0.74
		$L/D=20,\ Re=10^5$	0.90
		$L/D=\infty,\ 10^3 < Re < 5\times10^5$	1.20
		$L/D=\infty,\ Re > 5\times10^5$	0.33
평판	DL	$L/D=1,\ Re=10^3$	1.16
		$L/D=5,\ Re=10^3$	1.20
		$L/D=\infty,\ Re=10^3$	1.90
반원호	DL		1.3
			0.4
원뿔	$\frac{\pi D^2}{4}$		0.2
구	$\frac{\pi D^2}{4}$	$Re < 1$	$24/Re$
		$10^3 < Re < 3\times10^5$	0.40
		$Re > 3\times10^5$	0.10

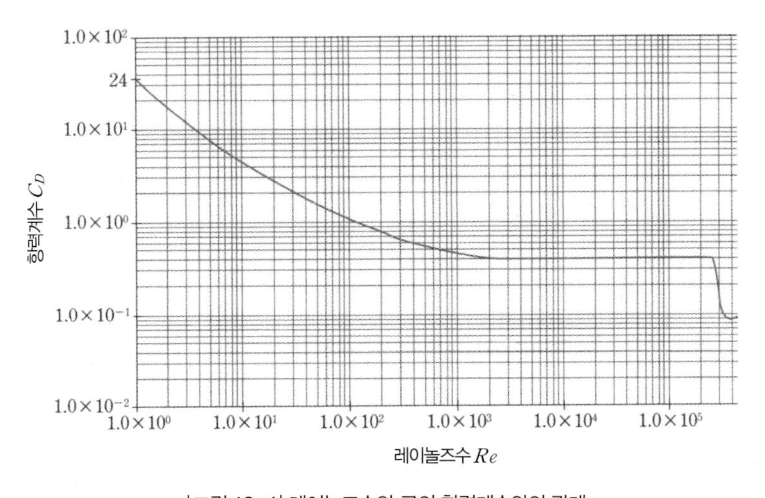

|그림 13-4| 레이놀즈수와 구의 항력계수와의 관계

13-3 압력항력과 마찰항력

그림 13–5와 같이 항력에는 **압력항력**pressure drag force과 **마찰항력**friction drag force이 있다. 압력항력과 마찰항력을 더한 것을 **전체 항력**total drag force이라고 한다. 압력항력은 물체 앞뒤의 압력 차이에서 발생하는 항력이며 **형상항력**profile drag force이라고도 한다. 마찰항력은 물체 표면의 마찰 응력에 의해 발생하는 항력이다.

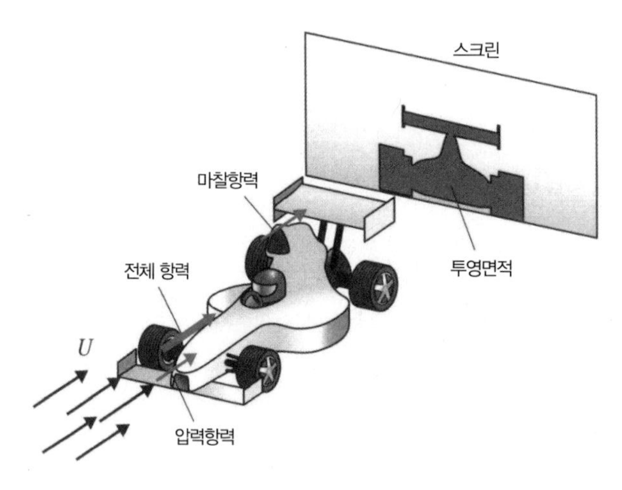

|그림 13–5| 압력항력과 마찰항력

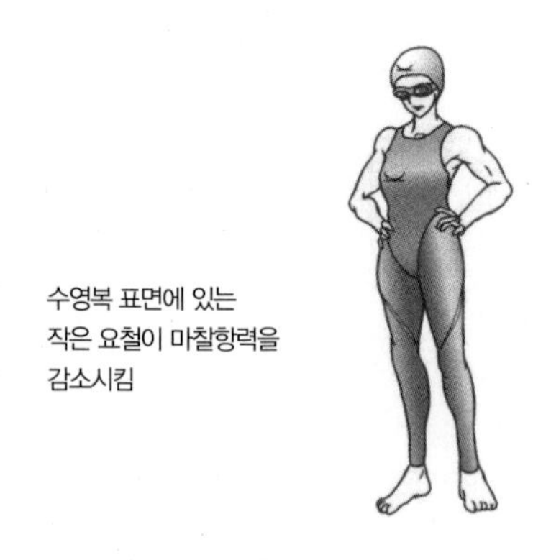

|그림 13–6| 경기용 수영복

자동차, 비행기, 수영선수에게 압력항력과 마찰항력은 가급적 작게 해야 하는 것이다. 베이징 올림픽에서 수영선수가 그림 13–6과 같이 몸 전체를 감싸는 수영복을 입고 수영한 결과

세계 기록이 잇따라 경신된 일은 유명하다. 이 수영복은 표면에 상어 가죽과 같이 아주 작은 요철이 있으며 물과 수영복 사이의 마찰항력을 감소시킨다. 직감적으로 생각했을 때 수영복 표면을 울퉁불퉁하게 하면 마찰항력이 증대될 것 같지만 아주 작은 요철이라면 반대로 마찰항력이 감소된다.

흐름에 수직으로 놓인 평판 등의 **비유선형 물체**bluff body나 원뿔 등의 **유선형 물체**streamlined body에서 압력항력과 마찰항력은 어느 쪽이 클까? 비유선형 물체에서는 압력항력 쪽이 마찰항력보다 커진다. 이 압력항력의 크기는 발생하는 소용돌이의 크기, 소용돌이의 회전 강도, 소용돌이의 수, 후류wake의 폭에 따라 달라진다. 한편, 유선형 물체에서는 마찰항력이 압력항력보다 커진다. 그 이유는 경계층이 분리되는 박리점이 물체의 뒷부분이므로(14장 참조), 발생하는 후류(물체 뒤쪽의 흐름)의 폭이 작아지고 그 결과 압력항력이 비교적 작아지기 때문이다.

[연습문제 13–1]

평균속도가 $U=5[\mathrm{m/s}]$인 물의 흐름 속에서 지름 $D=12[\mathrm{cm}]$, 길이 $L=60[\mathrm{cm}]$인 원기둥을 흐르는 방향에 대해 축을 수직으로 놓았을 때 작용하는 항력을 구하여라. 단, 물의 밀도를 $\rho=1000[\mathrm{kg/m^3}]$라고 하고 항력계수 C_L은 표 13–1에서 구한다.

[풀이]

종횡비 $L/D=5$이므로 표 13–1에서 항력계수 C_L은 0.74다. 따라서 식 (13.1)에 의해 다음 식을 얻을 수 있다.

$$F_D = C_D \frac{\rho U^2}{2} DL = 0.74 \times \frac{1000 \times 5^2}{2} \times 0.12 \times 0.6 = 0.67[\mathrm{kN}] \quad \cdots \text{(답)}$$

[연습문제 13–2]

밀도 $\rho=1.24[\mathrm{kg/m^3}]$, 평균속도가 $U=6.0[\mathrm{m/s}]$인 공기 흐름 속에 꼭지각 $\theta=30°$, 밑면 지름 $D=10[\mathrm{cm}]$인 원뿔의 정점이 흐름과 수평인 상태로 놓여 있을 때 작용하는 항력을 구하여라. 항력계수 C_D는 표 13–1에서 구한다.

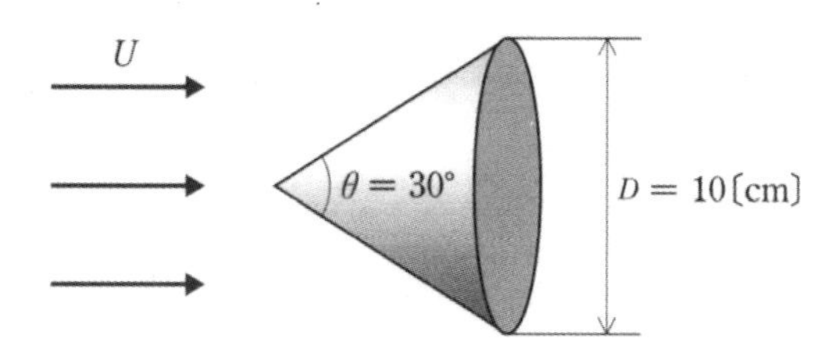

[풀이]

표 13-1에서 항력계수 C_D는 0.2다. 따라서 식 (13.1)에 의해 다음과 같이 된다.

$$F_D = C_D \frac{\rho U^2}{2}\left(\frac{D}{2}\right)^2 \pi = 0.2 \times \frac{1.24 \times 6.0^2}{2} \times \left(\frac{0.1}{2}\right)^2 \times 3.14$$

$$= 3.50 \times 10^{-2}[\mathrm{N}] \ \cdots \text{(답)}$$

[연습문제 13-3]

빌딩 위에 길이 $L=30[\mathrm{m}]$, 지름 $D=30[\mathrm{cm}]$인 원기둥 형태의 TV 안테나가 설치되어 있다. 풍속 $U=35[\mathrm{m/s}]$일 때 TV 안테나의 항력을 구하여라. 항력은 안테나 중앙 부분에 걸려 있다고 가정하고 굽힘 모멘트를 구한다. 단, 공기의 점성계수 μ와 밀도 ρ는 각각 $\mu=1.81\times10^{-5}[\mathrm{Pa \cdot s}]$, $\rho=1.20[\mathrm{kg/m^3}]$라고 한다.

[풀이]

레이놀즈수는 다음과 같다.

$$Re = \frac{\rho UD}{\mu} = \frac{1.20 \times 35 \times 0.30}{1.81 \times 10^{-5}} = 7.0 \times 10^5$$

또한 $L/D=100$에서 매우 크게 ∞로 간주해도 되므로 표 13-1에서 항력계수는 $C_D=0.33$이 된다. 따라서 항력 F_D는 다음과 같다.

$$F_D = C_D \frac{\rho U^2}{2} DL = 0.33 \times \frac{1.20 \times 35^2}{2} \times 0.30 \times 30 = 2183[\mathrm{N}] \ \cdots \text{(답)}$$

항력 F_D는 안테나 중앙 부분에 걸려 있다고 가정했으므로 굽힘 모멘트 M은 다음과 같다.

$$M = F_D\left(\frac{L}{2}\right) = 2183 \times \frac{30}{2} = 32745[\mathrm{N \cdot m}] \ \cdots \text{(답)}$$

13-4 유체 속 낙하입자의 운동방정식과 스토크스 근사

분말이나 물방울 등의 입자가 유체 속을 낙하할 경우 일반적으로 레이놀즈수 Re는 작으며 관성력보다 점성력이 입자의 운동을 지배한다. 이 때 정상류의 나비에-스토크스의 운동방정식(식 (9.9))은 관성력을 무시할 수 있으며 만약 외력 $\boldsymbol{F}$도 무시할 수 있다면 다음과 같이 압력항과 점성항이 같아진다.

$$\text{grad p} = \mu \nabla^2 \boldsymbol{u} \tag{13.3}$$

이러한 근사를 **스토크스 근사**Stokes approximation라고 한다. 스토크스 근사를 활용하여 낙하하는 입자에 작용하는 항력을 이론적으로 구할 수 있다. 질량 m, 지름 D_p인 한 개의 구형 입자가 밀도 ρ, 점도 μ의 정지 유체 속을 낙하하는 경우에 대해 생각해보자. 아일랜드의 물리학자인 스토크스는 식 (13.3)을 적분하여 구형 입자 근처의 속도 분포 u와 압력 분포 p를 구하고 또 적분하여 압력항력과 마찰항력의 합, 즉 전체 항력 F_D를 구하였다. 여기서는 상세한 설명을 생략하고 전체 항력 F_D는 다음과 같다.

스토크스 항력

$$F_D = 3\pi\mu v D_p \tag{13.4}$$

이 F_D를 **스토크스 항력**Stokes drag force이라고 한다. 이 식에 유체의 밀도 ρ가 포함되지 않았다는 점에서 스토크스 근사가 성립할 때 유체의 밀도가 항력에 영향을 미치지 않는다는 것을 알 수 있다. 또한 식 (13.1)과 같이 일반적으로 항력 F_D는 속도의 제곱에 비례하는데, 이러한 레이놀즈수가 작은 흐름에서는 항력 F_D가 입자의 속도 v에 비례한다. 한편 식 (13.1)에서 항력 F_D는 다음과 같다.

$$F_D = C_D \frac{\rho v^2}{2} A = C_D \frac{\rho v^2}{2}\left(\frac{\pi}{4} D_p^2\right) \tag{13.5}$$

항력계수 (C_D), 투영면적 (A), 구의 투영면적 ($\frac{\pi}{4} D_p^2$)

여기서 레이놀즈수 Re가 1보다 작고 점성력이 지배적일 때 식 (13.4)의 스토크스 항력 F_D와 비교하면 항력계수 C_D는 다음과 같이 나타낼 수 있다.

$$C_D = \frac{24\mu}{\rho v D_p} = \frac{24}{Re} \tag{13.6}$$

13-5 침강속도

한 개의 구형 입자를 낙하시킬 때 입자에 항력이 작용하기 때문에 입자의 속도가 무한히 커지는 일은 없다. 그러므로 빗방울의 속도가 지표면에서 극단적으로 커져 사람을 다치게 하는 일은 발생하지 않는다. 입자가 유체 속을 낙하할 때의 최종 속도 v_t를 **침강속도**settling velocity 또는 **종단속도**terminal velocity라고 한다. 스토크스 근사에서 구한 식 (13.4)의 항력 $F_D = 3\pi\mu v D_p$를 이용해 침강속도 v_t를 구해보자. 그림 13-7과 같이 입자 침강의 초기 속도는 0이지만 점점 속도가 상승한다. 양력을 무시하면 구형 입자에 중력 F_g, 항력 F_D, 부력(3장에서는 부력을 B로 나타냈지만 여기서는 F_B로 나타낸다) F_B가 작용한다.

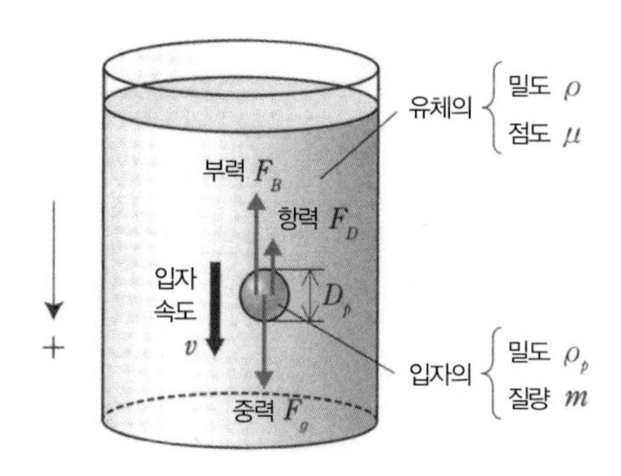

|그림 13-7| 유체 속을 낙하하는 입자

연직 하향을 플러스(+)라고 하고 연직 하향 속도를 v라고 하면 입자의 운동방정식은 다음과 같다.

$$F_g - F_D - F_B = m\frac{dv}{dt} \tag{13.7}$$

속도가 침강속도 v_t로 되면 중력, 부력, 항력 세 개의 힘이 평형을 이루므로 식 (13.7)에서 다음과 같이 된다.

$$F_g - F_D - F_B = 0 \tag{13.8}$$

입자의 밀도를 ρ_p, 유체의 밀도를 ρ, 입자의 지름을 D_p라고 하면 중력은 $F_g = (\pi D_p{}^3/6)\rho_p g$, 항력은 $F_D = 3\pi\mu v_t D_p$, 부력은 $F_B = (\pi D_p{}^3/6)\rho g$가 되므로 식 (13.8)을 다음과 같이 나타낼 수 있다.

$$\left(\frac{\pi}{6}D_p^3\right)\rho_p g - 3\pi\mu v_t D_p - \left(\frac{\pi}{6}D_p^3\right)\rho g = 0 \tag{13.9}$$

이 식을 정리하면 다음과 같다.

스토크스 근사에 의한 침강속도의 관계식

$$v_t = \frac{(\rho_p - \rho)g}{18\mu}D_p^2 \tag{13.10}$$

이 식을 **스토크스 근사에 의한 침강속도의 관계식**settling velocity by Stokes' approximation이라고 한다. 공기 중에서는 $\rho_p \gg \rho$이므로 ρ를 무시하면 다음과 같다.

$$v_t = \frac{\rho_p g}{18\mu}D_p^2 \tag{13.11}$$

[연습문제 13-4]

그림과 같이 비중 7.8, 지름 D_p=12.7[mm]인 구가 비중 0.90의 기름 속을 침강속도 v_t=9[cm/s]로 낙하하고 있다. 스토크스 근사가 성립한다고 했을 때 기름의 점성계수 μ를 구하여라.

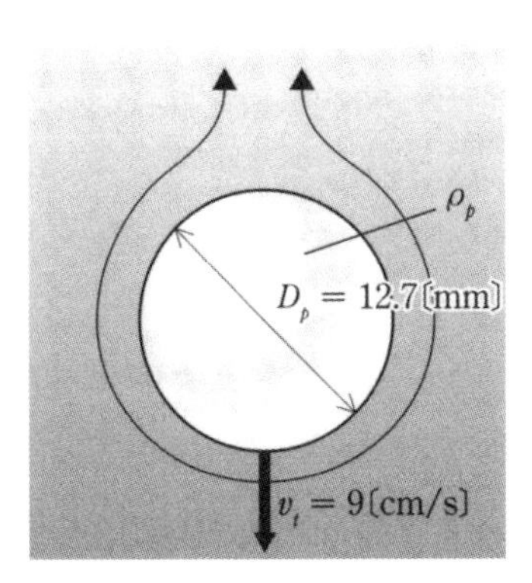

[풀이]

구의 밀도는 ρ_p=7800[kg/m³], 기름의 밀도는 ρ=900[kg/m³]이며 스토크스 근사에 의한 침강속도의 관계식(식 (13.10))에서 기름의 점성계수 μ는 다음과 같다.

$$\mu = \frac{(\rho_p - \rho)g}{18v_t}D_p^2 = \frac{(7800-900)\times 9.81}{18\times 0.09}\times 0.0127^2 = 6.739[\text{Pa}\cdot\text{s}]$$ ⋯ (답)

13-6 날개 주위의 흐름

그림 13–8과 같은 형태로 양력 발생을 목적으로 하는 것을 **날개**wing라고 한다. 날개가 펌프 등의 유체기계에 활용되는 경우는 **블레이드**blade나 **베인**vane이라고도 한다. 그림 13–8에 날개 각 부의 명칭을 나타낸다. **전연**leading edge과 **후연**trailing edge의 위치와 명칭을 기억해두자. **익폭**span을 b, **익현 길이**chord length를 c, **날개면적**wing area을 s라고 하면 **종횡비**aspect ratio는 $b/c=b^2/s$로 나타낸다. 날개 단면의 형태를 **익형**airfoil이라고 한다. 일반적으로 날개는 상하 면의 형태가 비대칭이라는 데 주의해야 한다. 날개의 경사 α는 **영각**angle of incidence이라고 하며 날개가 흐름에 대해 얼마나 기울어져 있는지를 나타낸다.

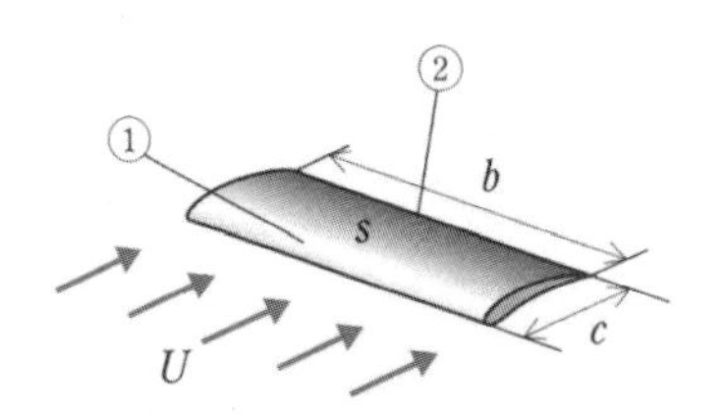

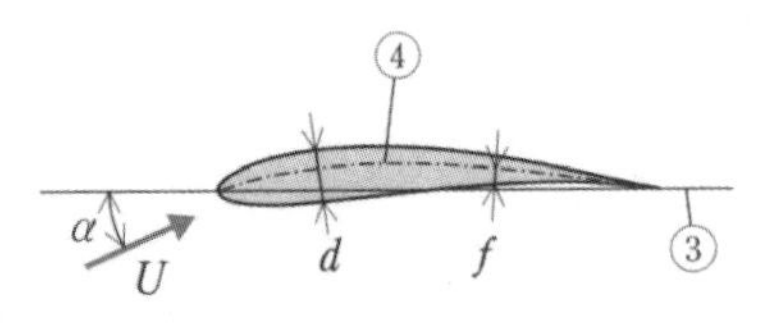

① 전연(leading edge)
② 후연(trailing edge)
b: 익폭(span)
c: 익현 길이(chord length)
s: 날개면적(wing area)
③ 익현선(chord line)
④ 골격선(camber line)
f: 캠버(camber)
d: 두께(thickness)
α: 영각(angle of incidence)

|그림 13–8| 날개의 형태와 명칭

그림 13–9는 영각 α와 양력계수 C_L 및 항력계수 C_D의 관계를 나타낸 것이다. 이와 같이 날개의 C_L과 C_D의 성능을 비교한 것을 **특성곡선**characteristic curve이라고 한다. 양력계수 C_L이 0이 되는 영각 α_0을 **제로 양력각**zero lift angle이라고 한다. 상하 면의 형태가 대칭인 대칭 날개에서 $\alpha_0=0°$지만, 캠버가 있는 날개형에서는 α_0이 마이너스(–)의 값을 갖는다. 영각 α가 제로 양력각 α_0에서 증가하면 양력계수 C_L은 거의 직선적으로 증가한다. 이 때 흐름의 모습은 그림 13–10과 같으며 유체가 날개 주위를 매끄럽게 흐른다는 것을 알 수 있다. 영각 α가 더 증가하면 어떤 영각 α_s에서 양력계수 C_L이 최댓값을 가지며, 영각 α가 더 증가하면 양력계수 C_L이 감소한다. 양력계수 C_L이 감소하는 것은 그림 13–11과 같이 영각 α가 어떤 일정 각도 이상이 되면 유체가 날개 주위를 매끄럽게 흐르지 않고 상익 면의 흐름이 분리되기 때문이다.

이 현상을 박리(14장 참조)라고 한다. 날개에서 발생하는 박리 현상을 특히 **실속**stall이라고 한다. 양력계수가 최대인 영각 α_s를 **실속각**stalling angle, 양력계수의 최댓값 $C_{L\max}$를 **최대 양력계수**maximum lift coefficient라고 한다.

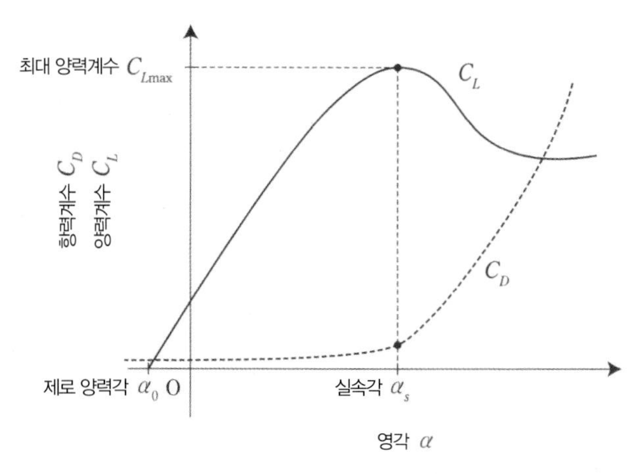

|그림 13-9| 특성곡선

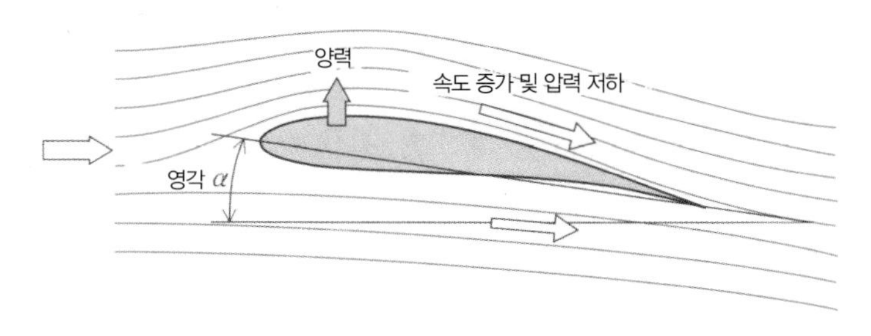

|그림 13-10| 날개 주위의 흐름

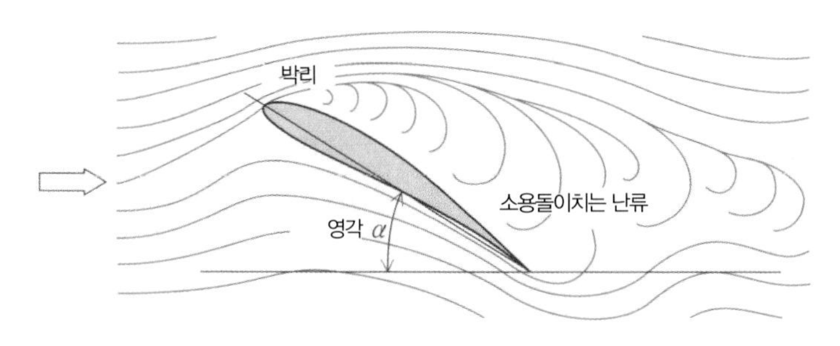

|그림 13-11| 날개 주위 흐름에서의 박리

한편, 항력계수 C_D는 영각 $\alpha=0°$ 부근에서의 극소값을 가지며 이 극소값을 **최소 항력계수** minimum drag coefficient라고 한다. 영각 α가 증가하면 C_D는 완만하게 증가하며, 실속각 α_s에 가까워지면 실속 때문에 흐름이 흐트러지고 항력계수가 급격하게 증가한다.

[연습문제 13–5]

중량 $W_a=10[\text{kN}]$, 날개 길이 $b=9.8[\text{m}]$, 익현 길이 $c=1.4[\text{m}]$인 경비행기에 중량 $W_p=800[\text{N}]$의 승무원 두 명이 타고 있고 이제부터 이륙하려고 한다. 날개가 다음 그림과 같은 특성곡선을 나타낼 경우 이륙속도 $U=140[\text{km/h}]$로 이륙할 때의 영각 α를 구하여라. 또한 실속각 α_s 및 실속속도 U_s를 구하여라. 단, 공기의 밀도는 $\rho=1.2[\text{kg/m}^3]$이고 일반적인 기상조건이라고 한다.

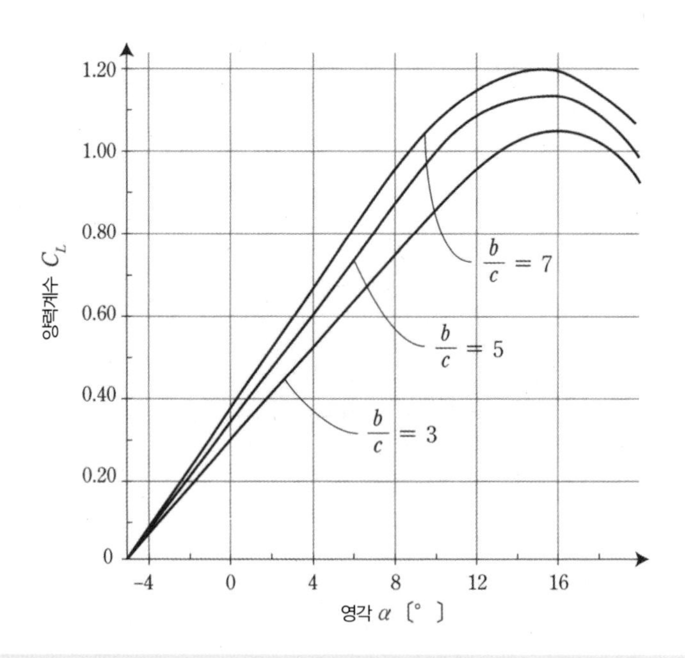

[풀이]

경비행기에 작용하는 중력(전체 중량) W는 다음과 같다.

$$W=W_a+2W_p=11600[\text{N}]$$

이륙할 때 중력 W가 양력 F_L과 평형을 이룬다. 이륙속도 U는 $U=140[\text{km/h}]=140000/3600[\text{m/s}]=38.89[\text{m/s}]$이고 투영면적 A는 $A=bc=13.72[\text{m}^2]$이므로 양력계수 C_L은 다음과 같다.

$$C_L = \frac{F_L}{\rho A U^2/2} = \frac{11600}{1.2 \times 13.72 \times 38.89^2/2} = 0.932$$

또한 종횡비는 다음과 같이 된다.

$$\frac{b}{c} = \frac{9.8}{1.4} = 7$$

특성곡선에서 양력계수 $C_L = 0.932$, 종횡비 $b/c = 7$일 때의 영각은 대략 다음과 같다.

$\alpha = 8°$ ⋯ (답)

다음으로 최대 양력계수 $C_L = 1.20$인 영각이 실속각에 해당하므로 그래프에서 실속각은 다음과 같이 된다.

$\alpha_s = 15°$ ⋯ (답)

실속속도는 식 (13.2)의 양력과 중력이 평형을 이루므로 다음과 같다.

$$W = F_L = C_L \frac{\rho U_s^2}{2} A$$

$$U_s = \sqrt{\frac{2W}{\rho A C_L}} = \sqrt{\frac{2 \times 11600}{1.2 \times 13.72 \times 1.20}} = 34.3[\mathrm{m/s}] \quad \cdots \text{(답)}$$

[연습문제 13-6]

날개면적 $A = 94.8[\mathrm{m}^2]$인 비행기가 어떤 고도에서 속도 $U = 500[\mathrm{km/h}]$로 수평비행하고 있을 때의 양력계수 C_L을 구하여라. 단, 비행기의 질량은 $m = 21.8[\mathrm{t}]$, 그 고도에서의 공기 밀도는 $\rho = 0.74[\mathrm{kg/m^3}]$라고 한다.

[풀이]

속도 U는 $U = 500[\mathrm{km/h}] = 500000/3600[\mathrm{m/s}] = 138.89[\mathrm{m/s}]$가 된다. 양력 F_L과 중력(전체 중량) mg가 평형을 이루므로 $F_L = mg$이고 식 (13.2)에서 다음과 같은 식을 얻을 수 있다.

$$C_L = \frac{2mg}{\rho A U^2} = \frac{2 \times 21800 \times 9.81}{0.74 \times 94.8 \times 138.89^2} = 0.32 \quad \cdots \text{(답)}$$

제 14 장 경계층과 박리

물체 주위에 유체가 흐르면 속도가 갑자기 변하는 경계층이라는 층이 형성된다. 14장에서는 경계층의 물리적인 의미를 배운다. 또한, 물체에 곡면이 있으면 유체는 물체를 따라 흐르면서 갑자기 흐름의 방향을 바꿀 수 없기 때문에 박리라는 현상이 발생한다. 이러한 박리에 대해서도 알아본다. 그리고 물체 뒤쪽에는 특유한 소용돌이인 카르만 소용돌이가 발생한다. 카르만 소용돌이의 특징과 발생에 관한 무차원수인 스트로할수에 대해서도 살펴본다.

14-1 경계층

그림 14-1과 같이 평균속도 U로 일정하게 흐르는 곳에 원기둥이 놓여 있을 경우, 그 주위의 흐름을 살펴보자. 점성을 무시한 이상유체에서는 후류에 소용돌이가 발생하지 않지만, 점성유체에서는 후류에 소용돌이가 발생한다. 원기둥 앞쪽 중심의 정체점 S에서는 흐름이 정지되어 속도가 0으로 된다. 그 때문에 정체점 S의 압력과 항력은 그 주위에 비해 높아진다. 평균속도 U의 일정한 흐름이 원기둥 선단의 정체점 S에 부딪히면 원기둥 표면을 따라 흐르지만 어느 지점부터 흐름이 원기둥에서 분리된다. 그림 14-2는 원기둥 주위의 흐름을 확대한 것으로, 점 C의 위치에서 x축 방향 속도 u의 y축 방향 분포를 나타낸 것이다. y축은 속도 기울기를 강조하기 위해 확대해서 나타냈다. 유체는 레이놀즈수 Re에 의해 속도 분포가 다르다. 그림 14-2(a)와 같이 레이놀즈수 Re가 작을 때 점성유체의 속도 분포는 점성력이 관성력보다 지배적이고 속도 기울기 $\mathrm{d}u/\mathrm{d}y$가 작아진다. 이상유체의 속도 분포는 원기둥 표면의 점 C에서도 속도가 0으로 되지 않는다.

또한 그림 14-2(b)와 같이 레이놀즈수 Re가 클 때 점성유체의 속도 분포는 관성력이 점성력보다 지배적이며 속도 기울기 $\mathrm{d}u/\mathrm{d}y$가 커진다.

벽면 근처에서는 이러한 속도 분포를 크게 두 개의 영역으로 나눌 수 있다. 그중 하나의 영역은 원기둥 표면에 매우 가까운 영역이며, 이 영역에서는 점성유체의 속도가 0이 되는 원기둥 표면에서 떨어짐에 따라 속도가 급격하게 변화한다. 이처럼 원기둥 등의 물체 표면 근처 속도 기울기 $\mathrm{d}u/\mathrm{d}y$가 큰 층을 **경계층**boundary layer이라고 한다. 그림 14-2와 같이 레이놀즈수 Re가 작은 흐름(그림 14-2(a))일수록 경계층이 두꺼워지고 레이놀즈수 Re가 큰 흐름(그림

14-2(b))일수록 경계층이 얇아진다.

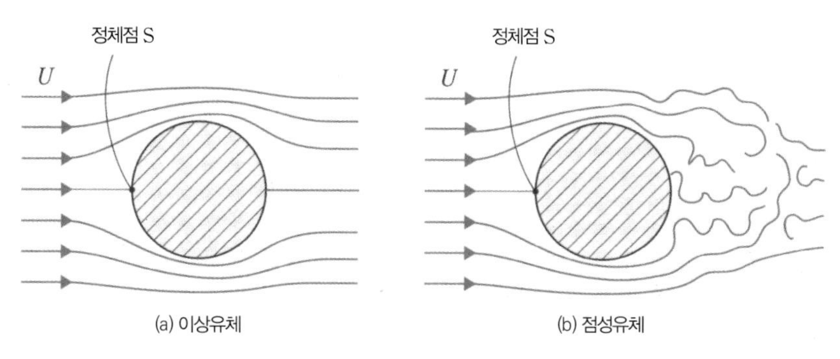

|그림 14-1| 원기둥 주위의 흐름

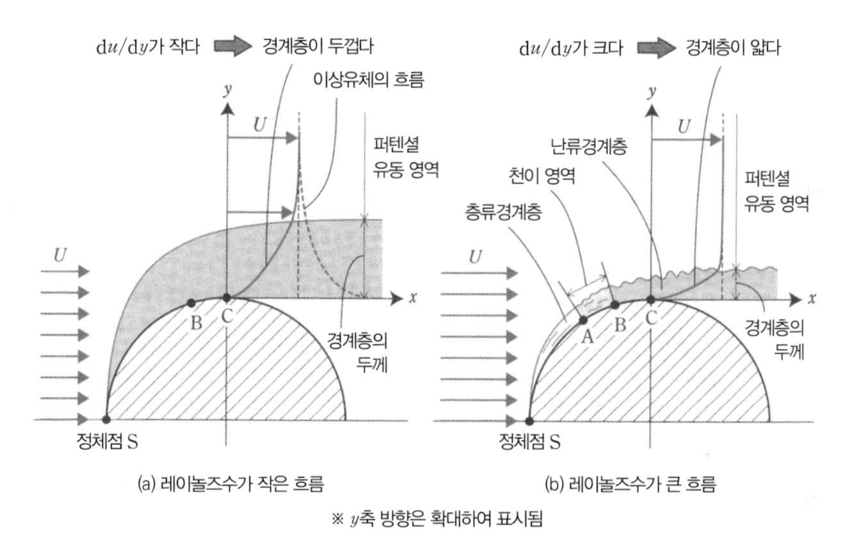

|그림 14-2| 원기둥 주위에서의 속도 분포와 경계층

그리고 또 하나의 영역은 경계층의 바깥쪽 영역(y값이 큰 영역)이다. 이 영역 내에서는 속도 기울기 du/dy의 값이 매우 작으며 유체에 작용하는 점성응력은 무시할 수 있고, 압력과 관성력만 고려하여 속도 분포와 압력 분포가 결정된다. 이 영역에서의 흐름은 점도를 0이라고 간주할 수 있는 이상유체의 흐름이라고 볼 수 있으며 **퍼텐셜 유동**potential flow이라고 한다.

그림 14-2(a)와 같이 레이놀즈수 Re가 작은 흐름에서는 벽면 근처의 경계층 내 유체가 층을 이루면서 흐르는데 이 경계층을 **층류경계층**laminar boundary layer이라고 한다. 한편, 그림 14-2(b)와 같이 레이놀즈수 Re가 큰 흐름에서도 정체점 S에서 점 A까지의 범위가 층류경계층이 된다. 이 층류경계층의 두께가 두꺼워진 점 A 뒤에서부터는 층 내 유체입자의 운동이 불안정해지고 점 B에 다다르면 불규칙해진다. 점 A에서 점 B까지의 경계층을 천이 영역transition area

이라고 하고, 점 B보다 하류에 있는 경계층을 **난류경계층**turbulent boundary layer이라고 한다. 단, 원기둥 표면과 매우 가까운 영역은 점성작용 때문에 속도가 느려지므로 난류경계층이라도 층류의 형태로 흐른다. 이 난류경계층 내 벽면 근처의 얇은 층을 **층류저층**laminar sublayer이라고 한다.

14-2 경계층의 두께

다음으로 경계층의 두께에 대해 알아보자. 경계층의 두께 δ는 그림 14-3(a)와 같이 경계층 내 x 방향 속도 u가 퍼텐셜 유동의 평균속도 U와 같아지는 위치에 있는 벽면으로부터의 수직거리 y를 말한다. 또한 경계층의 두께는 관성력이 지배적인 퍼텐셜 유동의 영역을, 점성력의 주요한 속도 기울기가 큰 영역에 의해 배제된 유체의 평균적인 두께 δ^*를 이용하여 나타낸다. 이 δ^*를 **경계층의 배제 두께**displacement thickness라고 하며 다음과 같이 나타낸다.

$$\delta^* = \frac{1}{U}\int_0^{\delta}(U-u)\mathrm{d}y \tag{14.1}$$

그림 14-3(b)와 같이 경계층의 배제 두께 δ^*의 물리적인 의미는 식 (14.1)에서 알 수 있듯이, 점성응력에 의해 속도가 감소($U-u$)한 사선으로 나타낸 면적($\int_0^{\delta}(U-u)\mathrm{d}y$)을 퍼텐셜 유동의 평균속도 U로 나눈 값이다.

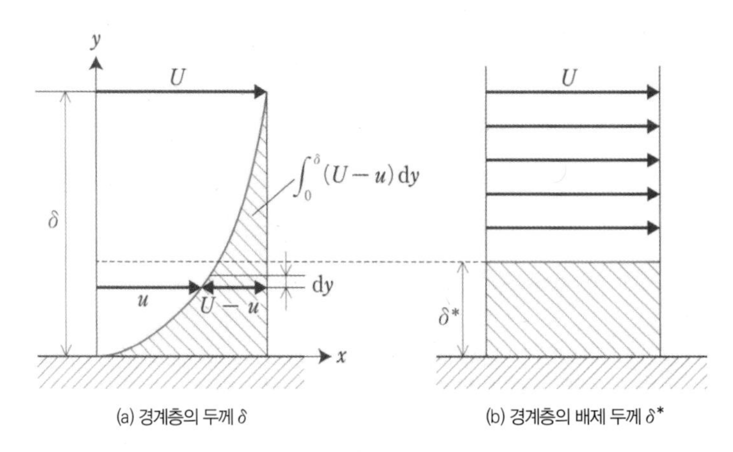

|그림 14-3| 경계층의 두께와 배제 두께

14-3 박리

유체는 물체 표면을 따라 흐르려고 하지만 물체 표면의 형태가 급격히 구부러져 있으면 유체가 갑자기 방향을 바꿀 수 없으며 흐름이 물체 표면에서 떨어져 나가게 된다. 이러한 현상을 **박리**separation라고 하며 박리하는 지점을 **박리점**separation point이라고 한다. 그림 14-4와 같이 층류경계층과 난류경계층에서 모두 박리가 있지만 박리점의 위치는 층류경계층일 때와 난류경계층일 때가 다르다. 직감적으로는 난류 쪽이 빨리 박리될 것이라고 생각하기 쉽지만 실제로는 그 반대다. 원기둥의 경우 층류경계층의 박리점이 대략 $\theta=85°$이고 난류경계층의 박리점은 대략 $\theta=110°$이다. 그림 14-5와 같이 골프공 표면에는 작은 요철(딤플dimple이라고도 한다)이 있다. 이처럼 요철이 있는 이유를 생각해보자.

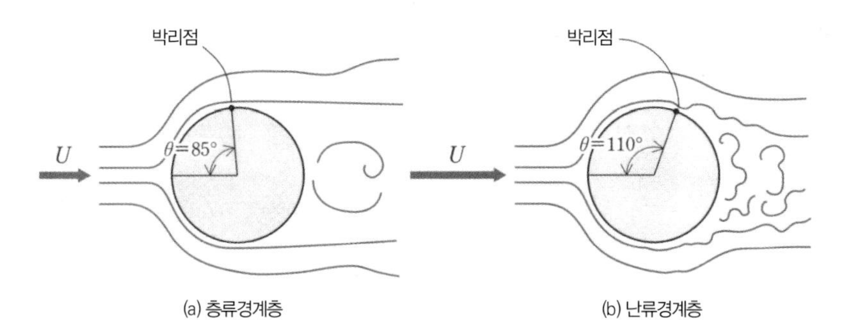

|그림 14-4| 층류경계층과 난류경계층

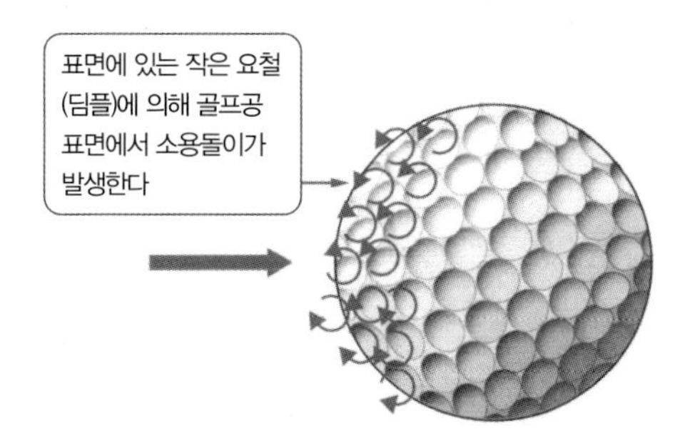

|그림 14-5| 골프공의 딤플

골프공 표면의 흐름이 난류가 되면 박리되는 위치가 골프공 뒤쪽으로 이동한다. 딤플은 골프공 표면상에 일부러 소용돌이를 발생시켜서 골프공 주위의 흐름을 난류로 만든다. 이 난류 덕분에 박리가 억제된다.

박리 과정을 자세히 살펴보면 다음과 같다. 그림 14-6과 같이 정체점을 지난 위치 ①의 표면의 흐름은 점성응력을 극복하고 흐르므로 속도 기울기가 완만해진다. 그림 14-6(a)와 같이 층류경계층에서는 위치 ②에서도 그 속도 경사가 완만한 상태다. 그러나 그림 14-6(b)와 같이 난류경계층에서는 벽면 근처에서 점성응력에 의해 에너지를 잃은 유체와 퍼텐셜 유동의 유체가 위치 ②에서 혼합된다. 이것을 난류의 **혼합작용**mixing effect이라고 한다. 혼합작용에 의해 흐름이 균질화(y축에 대해 속도 변화가 작다)된다. 그러므로 난류경계층에서는 박리점이 하류로 이동한다. 위치 ③에서 박리된 안쪽(역류가 발생한 영역)에는 소용돌이가 발생하며 압력이 낮아지고 이것이 항력으로 작용한다. 난류경계층에서는 박리점이 하류로 이동하므로 물체 뒤쪽에 있는 소용돌이가 작아지고 저항도 작아진다. 골프공의 딤플은 표면의 흐름을 층류에서 난류로 바꿈으로써 항력이 작아지는 현상을 응용한 것이다.

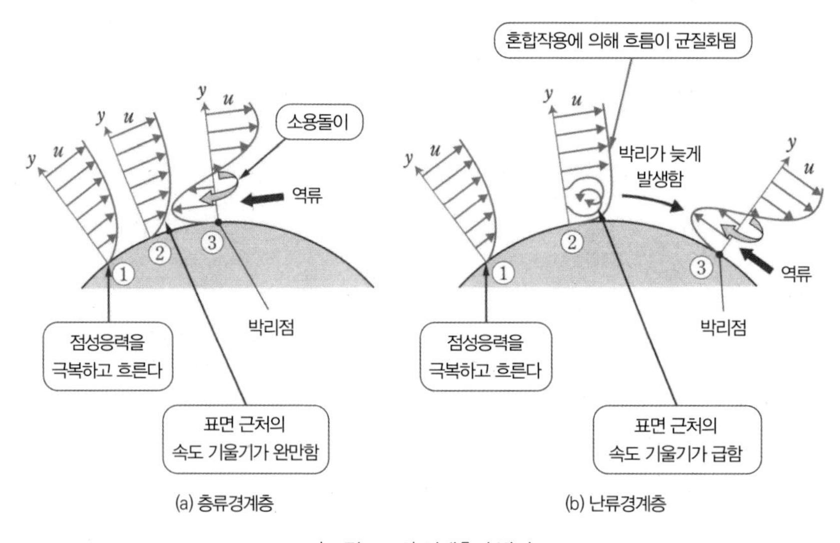

|그림 14-6| 경계층과 박리

14-4 이상유체의 원기둥 주위 압력 분포

평균속도 U로 일정하게 흐르는 이상유체 속에 반지름이 r인 원기둥의 축을 흐름과 수직이 되도록 놓았을 때 유체의 유선은 그림 14-7과 같다. 점성유체의 경우(그림 14-1)와 달리 이상유체에서는 경계층이 생기지 않는다. 따라서 퍼텐셜 유동의 경우 원기둥 표면 정체점 S에서의 각도 θ에서 속도 U_θ는 다음과 같다.

$$U_\theta = 2U\sin\theta \tag{14.2}$$

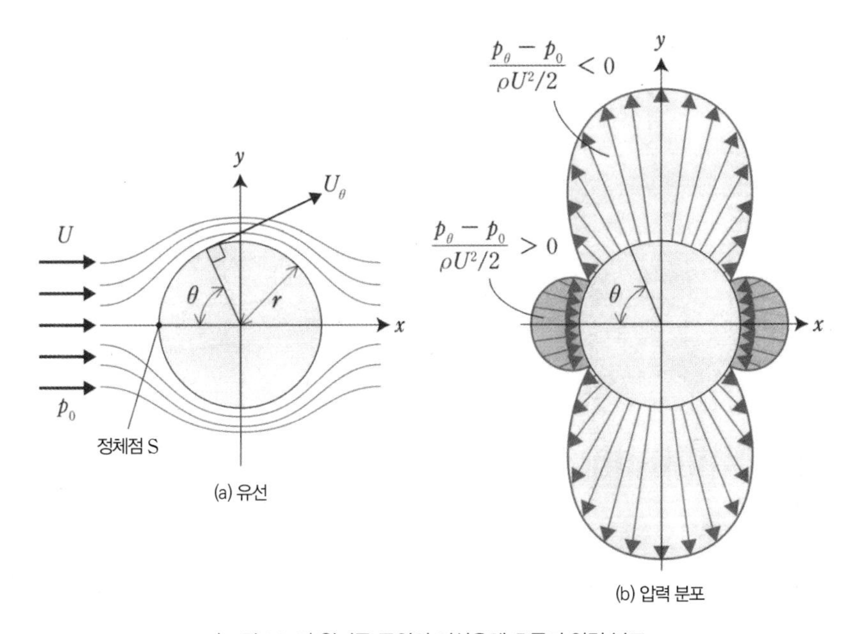

|그림 14-7| 원기둥 주위의 이상유체 흐름과 압력 분포

이상유체의 유선은 그림 14-7(a)와 같이 원기둥 앞뒤에서 대칭을 이룬다. 상류의 압력을 p_0, 원기둥 표면에 있는 임의의 점 θ에서의 압력을 p_θ라고 하고 상류의 지점에서 원기둥 표면을 따르는 유선에 베르누이의 정리를 적용하면 다음과 같다.

$$p_0 + \frac{\rho}{2}U^2 = p_\theta + \frac{\rho}{2}U_\theta^2 \tag{14.3}$$

이것을 정리하면 다음과 같이 된다.

$$p_\theta - p_0 = \frac{\rho}{2}(U^2 - U_\theta^2) \tag{14.4}$$

식 (14.2)의 U_θ를 식 (14.4)에 대입하면 다음과 같다.

$$\frac{p_\theta - p_0}{\frac{\rho U^2}{2}} = 1 - 4\sin^2\theta \tag{14.5}$$

압력차를 동압으로 나눈 것(식 (14.5)의 좌변)을 **압력계수**pressure coefficient라고 한다. 즉 원기둥 주위의 압력 분포는 $\sin^2\theta$의 함수가 되고 일종의 정현곡선으로 식 (14.5)를 좌표로 플롯하면 그림 14-7(b)와 같이 된다. 이 그림은 원기둥 표면을 기준으로 $p_\theta - p_0$의 플러스(+) 값을 반지름 방향 안쪽으로, 마이너스(−) 값을 반지름 방향 바깥쪽으로 하여 벡터로 나타낸 것이다.

이 그림과 같이 이상유체에서는 압력 분포가 원기둥 앞뒤에서 대칭으로 되고 원기둥에는 항력이 작용하지 않는다. 이것은 실제 현상과 다르므로 **달랑베르의 패러독스**d'Alembert Paradox라고 한다. 실제로는 앞에서 설명한 흐름의 박리에 의해 원기둥의 압력 분포가 식 (14.5)와 일치하지 않는다.

14-5 카르만 와류와 스트로할수

그림 14-8과 같이 점성유체 속에 물체를 놓았을 때 또는 점성유체 속에서 물체를 움직였을 때 그 뒤쪽의 흐름은 레이놀즈수 Re에 따라 변화한다. 레이놀즈수 $Re=50$ 정도일 때는 흐름이 원기둥을 따라 흐른다(그림 14-8(a)). 레이놀즈수 $Re=70$ 정도가 되면 흐름이 원기둥에서 박리되어 원기둥 뒤쪽에 한쌍의 소용돌이가 형성되는데(그림 14-8(b)) 이것을 쌍 와류twin vortex라고 한다. 레이놀즈수 $Re=140$ 이상이 되면 원기둥 뒤쪽에는 소용돌이가 교대로 생겨나고 하류에는 소용돌이가 상하로 번갈아서 늘어선 열(그림 14-8(c))이 생긴다. 이것을 **카르만 와류**Karman vortex라고 하며 소용돌이의 열을 **카르만 와열**Karman vortex street이라고 하고, 한쌍의

소용돌이를 **와류 쌍**vortex pair이라고 한다. 와류 쌍의 회전 방향은 상하열에서 시계 방향과 반시계 방향으로 되며 서로 대칭된다. 카르만 와열은 레이놀즈수 $Re=140$ 정도의 흐름부터 발생하고 레이놀즈수 $Re=10^5$의 흐름에서도 관찰된다.

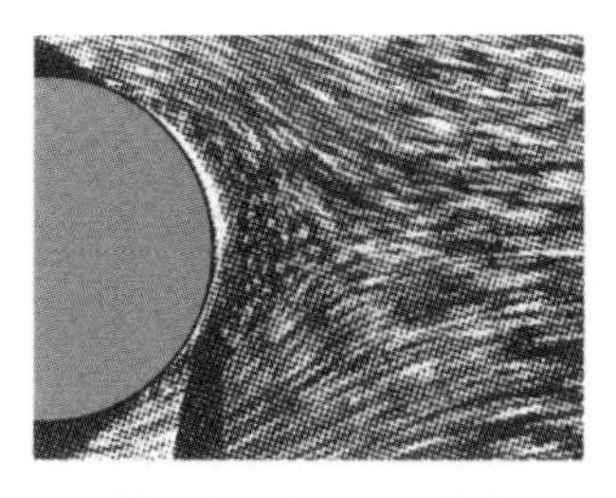

(a) 레이놀즈수 $Re=50$일 때

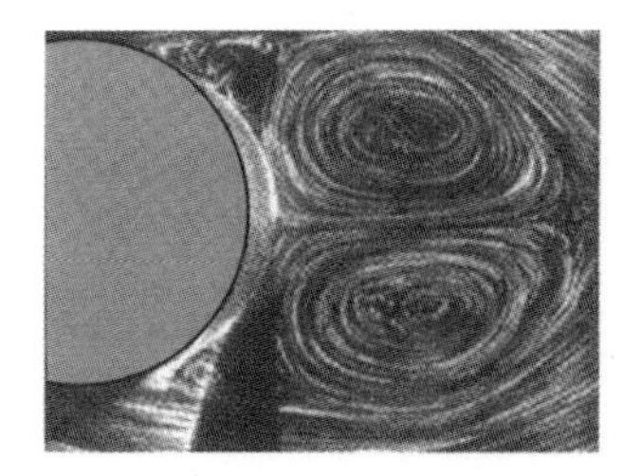

(b) 레이놀즈수 $Re=70$일 때

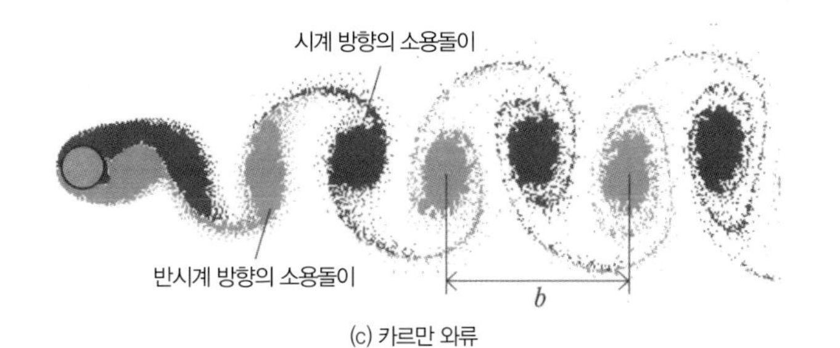

(c) 카르만 와류

|그림 14-8| 레이놀즈수에 의한 원기둥 주변의 흐름 변화

바람이 강하게 부는 날에 전선에서 윙윙 소리가 나기도 한다. 이것은 전선 하류에 카르만 와열이 발생하여 일정한 주기로 소용돌이가 방출되기 때문이다. 카르만 와류가 발생했을 때 흐름의 평균속도를 U, 카르만 와류의 중심이 진행하는 평균속도를 U_c라고 하면 단위시간당 방출되는 와류 쌍의 주파수 f는 다음과 같다.

$$f=\frac{U-U_c}{b} \tag{14.6}$$

b는 주류 방향의 소용돌이 간격이다. 이 주파수 f는 카르만 와류가 발생했을 때의 **소용돌이 방출 주기**eddy discharge frequency라고도 하며 단위는 [1/s] 또는 [Hz]다. 물체의 대표 치수 D, 주류의 평균 속도 U를 이용한 무차원 주파수를 **스트로할수**Strouhal number St라고 하며 다음과 같이 나타낸다.

$$St=\frac{fD}{U} \tag{14.7}$$

식 (14.6)의 주파수 f를 식 (14.7)에 대입하면 스트로할수 St를 다음과 같이 나타낼 수 있다.

$$St = \left(1 - \frac{U_c}{U}\right)\frac{D}{b} \tag{14.8}$$

그림 14-9는 원기둥인 경우의 스트로할수 St를 레이놀즈수 Re로 나타낸 것이다. 또한 실험식은 $50 < Re \leqq 300$일 때 다음과 같다.

$$St = \frac{fD}{U} = 0.204 \times \left(1 - \frac{21.0}{Re}\right) \tag{14.9}$$

스트로할수는 레이놀즈수와 물체 형상의 함수가 된다. 와류 쌍이 규칙적으로 지속되는 레이놀즈수의 범위는 레이놀즈수 $Re = 50 \sim 200$이며 레이놀즈수가 그 이상으로 되면 경계층이 난류로 천이하고 와류 쌍은 불규칙하게 된다. 그림 14-9의 플롯은 실험값을 나타내며 원기둥의 스트로할수는 $Re = 300 \sim 3 \times 10^5$의 범위에서 거의 일정하고 그 값은 대략 $0.19 \sim 0.21$이 된다. 참고로 각기둥에서의 스트로할수는 대략 0.135다.

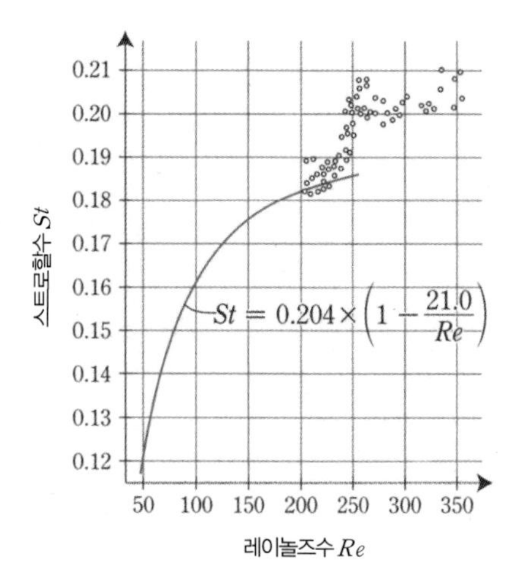

|그림 14-9| 카르만 와류에서 스트로할수와 레이놀즈수의 관계

[연습문제 14-1]

빌딩 위에 지름 $D = 30$[cm]인 막대기 형태의 TV 안테나가 설치되어 있다. 풍속 $U = 35$[m/s]일 때 이 안테나 주위에서 발생하는 소용돌이의 주파수 f를 구하여라. 단, 공기의 점성계수 μ와 밀도 ρ는 각각 $\mu = 1.81 \times 10^{-5}$[Pa·s], $\rho = 1.20$[kg/m³]라고 한다. 또한 레이놀즈수 Re와 스트로할수 St의 관계는 다음 그림과 같다.

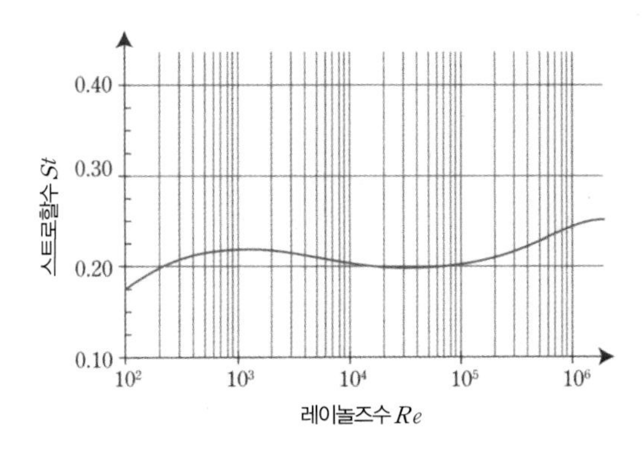

[풀이]

레이놀즈수 Re는 다음과 같다.

$$Re = \frac{\rho UD}{\mu} = \frac{1.20 \times 35 \times 0.30}{1.81 \times 10^{-5}} = 7.0 \times 10^5$$

그림에서 스트로할수는 $St = 0.23$이 된다. 식 (14.6)에서 주파수 f는 다음과 같다.

$$f = \frac{St\,U}{D} = \frac{0.23 \times 35}{0.30} = 27\,[\mathrm{Hz}] \quad \cdots \text{(답)}$$

[연습문제 14-2]

지름 $D = 1.5\,[\mathrm{mm}]$인 송전선에 풍속 $U = 3.0\,[\mathrm{m/s}]$인 바람이 직각방향으로 불고 있을 때 발생하는 카르만 와류의 주파수를 구하여라. 단, 공기의 동점성계수는 $\nu = 1.50 \times 10^{-5}\,[\mathrm{m^2/s}]$라고 한다.

[풀이]

전선 주위의 레이놀즈수 Re는 다음과 같다.

$$Re = \frac{UD}{\nu} = \frac{3.0 \times 0.0015}{1.50 \times 10^{-5}} = 300$$

따라서, 식 (14.9)에서 스트로할수 St를 구하면 다음과 같다.

$$St = \frac{fD}{U} = 0.204 \times \left(1 - \frac{21.0}{Re}\right) = 0.204 \times \left(1 - \frac{21.0}{300}\right) = 0.190$$

그러므로 주파수는 다음과 같이 된다.

$$f = \frac{St\,U}{D} = \frac{0.190 \times 3.0}{0.0015} = 380\,[\mathrm{Hz}] \quad \cdots \text{(답)}$$

SI 단위, 단위환산표

SI 단위, 단위환산표

그리스 문자 읽는 법

명칭		대문자	소문자
알파	Alpha	A	α
베타	Beta	B	β
감마	Gamma	Γ	γ
델타	Delta	Δ	δ
엡실론	Epsilon	E	ε
제타	Zeta	Z	ζ
에타	Eta	H	η
세타	Theta	Θ	θ
이오타	Iota	I	ι
카파	Kappa	K	κ
람다	Lambda	Λ	λ
뮤	Mu	M	μ
뉴	Nu	N	ν
크시	Xi	Ξ	ξ
오미크론	Omicron	O	o
파이	Pi	Π	π
로	Rho	P	ρ
시그마	Sigma	Σ	σ
타우	Tau	T	τ
입실론	Upsilon	Y	υ
파이	Phi	Φ	φ
카이	Chi	X	χ
프사이	Psi	Ψ	ψ
오메가	Omega	Ω	ω

SI 접두어

단위에 곱하는 배수	접두어	
	명칭	기호
10^{18}	엑사	E
10^{15}	페타	P
10^{12}	테라	T
10^{9}	기가	G
10^{6}	메가	M
10^{3}	킬로	k
10^{2}	헥토	h
10	데카	da
10^{-1}	데시	d
10^{-2}	센티	c
10^{-3}	밀리	m
10^{-6}	마이크로	μ
10^{-9}	나노	n
10^{-12}	피코	p
10^{-15}	펨토	f
10^{-18}	아토	a

주요 SI 기본 단위와 보조 단위

물리량	단위 기호	단위의 명칭
길이	m	미터
질량	kg	킬로그램
시간	s	초
전류	A	암페어
열역학적 온도	K	켈빈
물질량	mol	몰
평면각	rad	라디안

SI 단위와 병용되는 주요 단위

양	단위 기호	단위의 명칭
시간	min	분
	h	시
평면각	°	도
	'	분
	"	초
체적	l, L	리터
질량	t	톤

고유의 명칭을 가진 주요 SI 조립 단위

양	단위 기호	단위의 명칭	다른 단위와의 관계
주파수	Hz	헤르츠	$1[\mathrm{Hz}] = 1[\mathrm{s}^{-1}]$
힘	N	뉴턴	$1[\mathrm{N}] = 1[\mathrm{kg \cdot m/s^2}]$
압력, 응력	Pa	파스칼	$1[\mathrm{Pa}] = 1[\mathrm{N/m^2}]$
에너지, 일, 열량	J	줄	$1[\mathrm{J}] = 1[\mathrm{N \cdot m}]$
일률, 동력, 전력	W	와트	$1[\mathrm{W}] = 1[\mathrm{J/s}]$
전하, 전기량	C	쿨롱	$1[\mathrm{C}] = 1[A \cdot \mathrm{s}]$
전위, 전압, 기전력,	V	볼트	$1[\mathrm{V}] = 1[\mathrm{J/C}]$
정전용량, 커패시터	F	패럿	$1[\mathrm{F}] = 1[\mathrm{C/V}]$
저항	Ω	옴	$1[\Omega] = 1[\mathrm{V}/A]$
컨덕턴스	S	지멘스	$1[\mathrm{S}] = 1[\Omega^{-1}] = 1[A/\mathrm{V}]$
자속	Wb	웨버	$1[\mathrm{Wb}] = 1[\mathrm{V \cdot s}]$
자속밀도, 자기유도	T	테슬라	$1[\mathrm{T}] = 1[\mathrm{Wb/m^2}]$
인덕턴스	H	헨리	$1[\mathrm{H}] = 1[\mathrm{Wb}/A]$
섭씨온도	℃	셀시우스 디그리	t℃ $= (t+273.15)[\mathrm{K}]$

SI 단위로 나타낸 물리상수

상수의 명칭	기호	수치
플랑크 상수	h	6.626075×10^{-34}[J·s]
아보가드로 상수	N_A	6.022137×10^{23}[mol^{-1}]
기체 상수	R	8.31451[J/(mol·K)]
몰부피(이상기체)	V_0	0.0224141[m^3/mol]
볼츠만 상수	k	1.38066×10^{-23}[J/K]
중력 가속도(표준)	g	9.80665[m/s^2]
물의 삼중점(정의)	T_{tr}	273.160[K](=0.010℃)

일률의 단위환산표

kW	kgf·m/s	PS	kcal/h
1	1.01972×10^2	1.35962	8.60000×10^2
9.80665×10^{-3}	1	1.33333×10^{-2}	8.43371
7.35500×10^{-1}	7.50000×10	1	6.32529×10^2
1.16279×10^{-3}	1.18572×10^{-1}	1.58095×10^{-3}	1

압력의 단위환산표

Pa	bar	kgf/cm²	atm	mmAa	mmHg(Torr)
1	1×10^{-5}	1.01972×10^{-5}	9.86923×10^{-6}	1.01972×10^{-1}	7.50062×10^{-3}
1×10^5	1	1.01972	9.86923×10^{-1}	1.01972×10^4	7.50062×10^2
9.80665×10^4	9.80665×10^{-1}	1	9.67841×10^{-1}	1×10^4	7.35559×10^2
1.01325×10^5	1.01325	1.03323	1	1.03323×10^4	7.60000×10^2
9.80665	9.80665×10^{-5}	1×10^{-4}	9.67841×10^{-5}	1	7.35559×10^{-2}
1.33322×10^2	1.33322×10^{-3}	1.35951×10^{-3}	1.31579×10^{-3}	1.35951×10	1

SI 단위로의 환산표

양	SI 단위		SI 이외의 미터 단위계		
	기호	명칭	기호	명칭	SI로의 환산율
질량	kg	킬로그램	t	톤	10^3
힘	N	뉴턴	dyn kgf tf	다인 킬로그램포스 톤포스	10^{-5} 9.80665 9806.65
압력	Pa	파스칼	kgf/m^2 mmAq bar atm mmHg Torr	킬로그램포스 퍼 스퀘어미터 밀리미터 아쿠아 바 기압(스탠다드 아트모스피어) 밀리미터 오브 머큐리 토르	9.80665 9.80665 10^5 101325 101325/760 101325/760
응력	Pa N/m^2	파스칼 뉴턴 퍼 스퀘어미터	kgf/m^2	킬로그램포스 퍼 스퀘어미터	9.80665
에너지 열량 일량 엔탈피	J	줄	kgf·m cal W·h PS·h	킬로그램포스 미터 칼로리 와트 아워 마력시	9.80665 4.1868 3600 $2/6478 \times 10^6$
동력 · 일률 전력 냉동 · 냉각 가열능력	W	와트	kgf·m/s PS kcal/h USRt JRt	킬로그램포스 미터 퍼 세컨드 마력 킬로칼로리 퍼 아워 미국냉동톤 일본냉동톤	9.80665 735.5 1.163 3516 3860
점도 점성계수	Pa·s	파스칼 세컨드	$kgf \cdot s/m^2$ P	킬로그램포스 세컨드 퍼 스퀘어미터 푸아즈	9.80665 10
동점도 동점성계수	m^2/s	스퀘어미터 퍼 세컨드	St	스토크스	10^{-4}
열전도율	$W/(m^2 \cdot K)$	와트 퍼 스퀘어미터 켈빈	$kcal/m^2 \cdot h \cdot ℃$	킬로칼로리 퍼 스퀘어미터 아워 셀시우스 디그리	1.163
비열	kJ/(kg·K)	킬로줄 퍼 킬로그램 켈빈	kcal/kgf·℃	킬로칼로리 퍼 킬로그램포스 셀시우스 디그리	4.1868
온도	K	켈빈	℃	셀시우스 디그리	+273.15

색인